卓越 工程师教育培养计划系列教材

化工仿真实训教程

张亚婷 ◎ 主编　　　任秀彬 ◎ 副主编

化学工业出版社

·北京·

内 容 简 介

《化工仿真实训教程》以东方仿真化工仿真实训教学软件为基础，主要涵盖三方面内容：①仿真系统简介，包括仿真技术的发展和应用、化工仿真培训系统操作方法、学员站和教师站的操作方法；②基本单元操作指导，包括 6 个 2D 单元模块和 6 个 3D 单元模块的工艺流程简介、开停车操作步骤及事故处理操作；③煤化工工艺仿真实训，包括德士古水煤浆气化、鲁奇甲醇合成、四塔甲醇精馏和丙烯聚合 4 个工段的工艺流程简介、开停车操作步骤及事故处理操作。

《化工仿真实训教程》可供化学工程与工艺、能源化学工程等专业本科师生教学使用，也可作为相关企业工艺仿真培训教材。

图书在版编目（CIP）数据

化工仿真实训教程/张亚婷主编．—北京：化学工业出版社，2020.7（2023.9 重印）
ISBN 978-7-122-36907-9

Ⅰ.①化…　Ⅱ.①张…　Ⅲ.①化学工业-计算机仿真-高等学校-教材　Ⅳ.①TQ015.9

中国版本图书馆 CIP 数据核字（2020）第 081544 号

责任编辑：丁建华　徐雅妮　　　　　　　　装帧设计：关　飞
责任校对：边　涛

出版发行：化学工业出版社（北京市东城区青年湖南街 13 号　邮政编码 100011）
印　　装：北京科印技术咨询服务有限公司数码印刷分部
787mm×1092mm　1/16　印张 14½　字数 367 千字　　2023 年 9 月北京第 1 版第 2 次印刷

购书咨询：010-64518888　　　　　　　　售后服务：010-64518899
网　　址：http://www.cip.com.cn
凡购买本书，如有缺损质量问题，本社销售中心负责调换。

定　　价：49.00 元　　　　　　　　　　　　　　版权所有　违者必究

党的二十大擘画了中国式现代化的宏伟蓝图，明确了新时代新征程全面建设社会主义现代化国家、全面推进中华民族伟大复兴的新目标新任务，以习近平同志为核心的党中央把握国内外发展大势，在二十大报告中明确指出："教育、科技、人才是全面建设社会主义现代化国家的基础性、战略性支撑。必须坚持科技是第一生产力、人才是第一资源、创新是第一动力，深入实施科教兴国战略、人才强国战略、创新驱动发展战略，开辟发展新领域新赛道，不断塑造发展新动能新优势。"在数字化时代，传统产业发展的新动能新优势就在于与信息技术的深度融合，实现数字化转型升级。

化学工业在我国国民经济中占有极其重要的地位。随着化工生产技术的不断发展，生产装置大型化、生产过程连续化和自动化的程度不断提高，这都对生产运行人员的操作能力与水平有了更高的要求。为满足化学工业建设与生产的需要，培养能够适应当前及未来化工企业所需要的专业技术人员，亟需加强化工专业学生的实践能力和操作技能的培养。在化工领域，虚拟仿真技术作为数字化转型的重要组成部分，以其先进的技术和全新的概念，引领着化工行业的发展和化工专业教育向更加现代化、创新化的方向迈进。由于化工行业生产的特殊性，虚拟仿真技术在辅助理论教学、提升学生工程实践能力和操作技能上发挥着不可替代的作用。

化工仿真实训课程是化学工程与工艺及相关专业的专业实践课程，编者任教的本门课程于 2021 年荣获陕西省虚拟仿真一流课程。为适应新形势和新要求，本教材基于学校特色和专业虚实结合的"沙盘模型认知-仿真实训-生产实习实践-过程模拟优化"四位一体的实践教学模式，内容上采用从单一设备仿真到整个工艺流程仿真，从 2D 仿真操作到 3D 虚拟现实，从仿真操作到事故综合处理的递进式安排，从而满足化工类专业本科生、企业生产操作人员、技术人员等不同层次、不同类型人才的培养需求。

本书以东方仿真化工仿真实训教学软件为基础，主要涵盖三方面内容：

（1）仿真系统简介，包括仿真技术的发展和应用、化工仿真培训系统操作方法、学员站和教师站的操作方法；

（2）基本单元操作指导，包括 6 个 2D 单元模块和 6 个 3D 单元模块的工艺流程简介、开停车操作步骤及事故处理操作；

（3）煤化工工艺仿真实训，包括德士古水煤浆气化、鲁奇甲醇合成、四塔甲醇精馏和丙烯聚合 4 个工段的工艺流程简介、开停车操作步骤及事故处理操作。

本教材可以满足化学工程与工艺、能源化学工程等本科专业实训需求，为学生仿真培训提供指导，培养和提高本科学生的工程素养和实践能力。

本书由西安科技大学张亚婷主编、任秀彬副主编。全书分 5 章，其中第 1 章由张亚婷编写；第 2 章由段瑛锋编写；第 3 章 3.1～3.5 节由王丽娜编写，3.6 节由陈治平编写；第 4 章由刘国阳和张亚刚编写；第 5 章 5.1～5.3 节由贺新福编写，5.4 节及演示视频由任秀彬编写及编制。书中二维码链接配套 2D、3D 单元操作及煤化工工艺操作视频详解（参见配套资源使用说明），主要设备及原理素材资源由东方仿真科技（北京）有限公司提供技术支持。感谢东方仿真科技（北京）有限公司杨杰、娄京京和郑阳的大力支持和帮助。

由于水平有限，书中不妥和疏漏之处敬请读者提出批评和改进意见，编者不胜感激。

编者

扫码获取免费视频课程
单元操作、工艺仿真一目了然！
（参见配套资源使用说明）

目 录

第 1 章 绪论

1.1 化工生产过程及仿真实训系统 ……… 1
  1.1.1 化工生产过程 ……………… 1
  1.1.2 化工仿真系统简介 ………… 4
  1.1.3 化工仿真实训系统操作的注意

事项 …………………………… 5
1.2 化工仿真实训的作用与意义 ……… 5
  1.2.1 化工仿真实训的作用 ……… 5
  1.2.2 化工仿真实训的意义 ……… 5

第 2 章 化工仿真培训系统操作站的使用

2.1 集散控制系统的介绍 ……………… 7
  2.1.1 DCS 概述 …………………… 7
  2.1.2 DCS 的特点 ………………… 7
  2.1.3 仿真软件的安装 …………… 8
2.2 DCS 仿真系统的操作方法 ……… 10
  2.2.1 系统信息窗口 ……………… 10
  2.2.2 过程报警窗口 ……………… 10
  2.2.3 系统报警窗口 ……………… 11
  2.2.4 用户登录窗口 ……………… 11
  2.2.5 操作窗口菜单 ……………… 12

2.2.6 窗口菜单 …………………… 12
2.2.7 用户预制菜单 ……………… 12
2.2.8 工具箱 ……………………… 12
2.2.9 系统基本维护 ……………… 15
2.3 仿真培训软件 CSTS2007 工作站的
  操作方法 ………………………… 17
  2.3.1 教师站的操作方法 ………… 17
  2.3.2 学员站的操作方法 ………… 36
  2.3.3 PISP 平台评分系统的使用 … 50
思考题 ………………………………… 55

第 3 章 基本单元操作模块 2D 仿真实训

3.1 离心泵单元操作 ………………… 56
  3.1.1 工作原理 …………………… 56
  3.1.2 仿真界面 …………………… 56
  3.1.3 工艺流程简介 ……………… 57
  3.1.4 主要设备、调节器及显示仪表

说明 …………………………… 58
  3.1.5 操作规程 …………………… 58
3.2 换热器单元操作 ………………… 60
  3.2.1 工作原理 …………………… 60
  3.2.2 仿真界面 …………………… 61
  3.2.3 工艺流程简介 ……………… 61
  3.2.4 主要设备、调节器及显示仪表

说明 …………………………… 62
3.2.5 操作规程 …………………… 63
3.3 多效蒸发单元操作 ……………… 65
  3.3.1 工作原理 …………………… 65
  3.3.2 仿真界面 …………………… 66
  3.3.3 工艺流程简介 ……………… 66
  3.3.4 主要设备、调节器及显示仪表

说明 …………………………… 68
  3.3.5 操作规程 …………………… 68
3.4 双塔精馏单元操作 ……………… 70
  3.4.1 工作原理 …………………… 70
  3.4.2 仿真界面 …………………… 70

　　3.4.3　工艺流程简介 ················ 71
　　3.4.4　主要设备、调节器及显示仪表
　　　　　说明 ······················· 73
　　3.4.5　操作规程 ··················· 74
3.5　流化床反应器单元操作 ············ 79
　　3.5.1　工作原理 ··················· 79
　　3.5.2　仿真界面 ··················· 79
　　3.5.3　工艺流程简介 ··············· 80
　　3.5.4　主要设备、调节器及显示仪表
　　　　　说明 ······················· 81

　　3.5.5　操作规程 ··················· 82
3.6　萃取塔单元操作 ················· 85
　　3.6.1　工作原理 ··················· 85
　　3.6.2　仿真界面 ··················· 86
　　3.6.3　工艺流程简介 ··············· 86
　　3.6.4　主要设备、调节器及显示仪表
　　　　　说明 ······················· 88
　　3.6.5　操作规程 ··················· 88
思考题 ··························· 90

第4章　基本单元操作模块3D仿真实训

4.1　间歇反应釜单元操作 ············· 93
　　4.1.1　间歇反应釜介绍 ············· 93
　　4.1.2　仿真界面 ··················· 93
　　4.1.3　工艺流程简介 ··············· 95
　　4.1.4　主要设备、调节器及显示仪表
　　　　　说明 ······················· 96
　　4.1.5　操作规程 ··················· 97
4.2　CO_2压缩机单元操作 ············· 99
　　4.2.1　工作原理 ··················· 99
　　4.2.2　仿真界面 ·················· 101
　　4.2.3　工艺流程简介 ·············· 104
　　4.2.4　主要设备、调节器及显示仪表
　　　　　说明 ······················ 104
　　4.2.5　操作规程 ·················· 106
4.3　固定床反应器单元操作 ··········· 110
　　4.3.1　工作原理 ·················· 110
　　4.3.2　仿真界面 ·················· 111
　　4.3.3　工艺流程简介 ·············· 112
　　4.3.4　主要设备、调节器及显示仪表
　　　　　说明 ······················ 113
　　4.3.5　操作规程 ·················· 114
4.4　管式加热炉单元操作 ············· 116

　　4.4.1　工作原理 ·················· 116
　　4.4.2　仿真界面 ·················· 117
　　4.4.3　工艺流程简介 ·············· 119
　　4.4.4　主要设备、调节器及显示仪表
　　　　　说明 ······················ 119
　　4.4.5　操作规程 ·················· 120
4.5　吸收解吸塔单元操作 ············· 123
　　4.5.1　工作原理 ·················· 123
　　4.5.2　仿真界面 ·················· 124
　　4.5.3　工艺流程简介 ·············· 126
　　4.5.4　主要设备、调节器及显示仪表
　　　　　说明 ······················ 127
　　4.5.5　操作规程 ·················· 128
4.6　精馏塔单元操作 ················ 132
　　4.6.1　工作原理 ·················· 132
　　4.6.2　仿真界面 ·················· 133
　　4.6.3　工艺流程简介 ·············· 134
　　4.6.4　主要设备、调节器及显示仪表
　　　　　说明 ······················ 135
　　4.6.5　操作规程 ·················· 136
思考题 ·························· 139

第5章　煤化工工艺仿真实训

5.1　德士古水煤浆气化工艺仿真 ········ 141
　　5.1.1　工艺原理 ·················· 141
　　5.1.2　仿真工艺流程说明 ·········· 142
　　5.1.3　主要设备、调节器及控制说明 ··· 157
　　5.1.4　操作规程 ·················· 160

5.2　鲁奇甲醇合成工艺仿真 ··········· 180
　　5.2.1　工艺原理 ·················· 180
　　5.2.2　仿真工艺流程说明 ·········· 181
　　5.2.3　主要设备、调节器及显示仪表
　　　　　说明 ······················ 184

5.2.4 操作规程 ……………………… 186

5.3 四塔甲醇精馏工艺仿真 ………… 193

5.3.1 工艺原理 …………………… 193

5.3.2 仿真工艺流程说明 ………… 193

5.3.3 主要设备、调节器及显示仪表
说明 ……………………… 197

5.3.4 操作规程 …………………… 202

5.4 丙烯聚合工艺仿真 ……………… 210

5.4.1 工艺原理 …………………… 210

5.4.2 仿真工艺流程说明 ………… 211

5.4.3 主要设备、调节器及显示仪表
说明 ……………………… 216

5.4.4 操作规程 …………………… 217

思考题 …………………………………… 222

参考文献

第1章

绪　论

仿真技术是 20 世纪 40 年代末伴随着计算机技术的发展而逐步形成的一门新兴学科。仿真技术最初主要用于航空、航天及原子反应堆等周期长、费用大、实际试验难以实现的少数领域，后来逐步发展到石油、化工、冶金、机械等领域。目前，现代仿真技术和综合性仿真系统已经成为高技术产业不可缺少的分析、研究、设计、评价、决策和训练的重要手段。

化学工业作为我国主要支柱产业之一，不仅具有生产过程连续化和过程控制自动化的特点，而且化工原料及产品多数易燃、易爆，部分原料或产品还有强腐蚀性及毒性。为保证安全、稳定、优质和高产，化学工业生产过程对操作人员岗位技能水平要求越来越高，常规的实习及实训教学已不能满足企业要求。化工仿真培训系统能够模拟工厂开车、停车、正常运行和各种事故状态，目前已成为化工类人才专业实践教学的有效途径和手段。通过化工仿真培训系统，模拟工段及工艺过程仿真，可以帮助学生掌握在生产现场实习操作难以了解的问题、训练实际操作技能。同时，还节省了实际操作训练的费用，避免了现场操作的不安全问题，可以使学生在短期内取得一定的工作经验，能够大大提高学生的工程素养。

1.1　化工生产过程及仿真实训系统

1.1.1　化工生产过程

(1) 化工生产过程组成

化工生产过程是利用化学过程和物理过程，将自然界存在的天然资源转变为满足社会需要的产品的过程。化工生产过程一般由三个部分组成：

① 原料预处理：按产品生产的要求，将原料进行净化等操作；

② 化学反应：通过化学变化将一种或几种反应原料转化为所需的产物；

③ 产物纯化：获得符合要求的纯净化工产品。

化工生产过程可以看作是由化学反应和化工单元操作按照一定规律组成的生产系统。这些化学反应和化工单元操作称为生产工序，根据生产系统中不同工序是否发生化学反应，可以将其分为化学工序和物理工序。具体分类及特征如表 1-1 所示。

(2) 化工生产过程的工艺指标

衡量化工生产过程的工艺指标主要包括反应时间、操作周期、生产能力、生产强度、反应转化率、反应选择性、反应收率及消耗定额。

表 1-1 化工生产过程中生产工序分类及特征

名称	特征	主要单元反应或单元操作
化学工序	以化学反应的方式改变物料化学性质	磺化反应、硝化反应、卤化反应、酰化反应、烷基化反应、氧化还原反应、缩合反应、水解反应等
物理工序	改变物料的物理性质而不改变其化学性质	流体输送、传热、蒸馏、蒸发、干燥、结晶、萃取、吸收、吸附、过滤等

反应时间：指反应物的停留时间或接触时间，一般用空间速率和接触时间两项指标表示。

操作周期：在化工生产中，某一产品从原料准备、投料升温、各步单元反应，直到出料，所有操作时间之和为操作周期，也称为生产周期。

生产能力：一般指一台装置、一台设备或一个工厂在单位时间内生产的产品量或处理的原料量。

生产强度：指单位容积或单位面积的设备在单位时间内生产的产品量或加工的原料量。

反应转化率、选择性、收率：它们分别反映了原料通过反应器后的反应程度、原料生成目的产物的量，即原料的利用率。

消耗定额：主要指原料消耗定额和公用工程的消耗定额

(3) 化工生产过程的影响因素

化工生产过程的影响因素包括生产力影响因素和化学反应过程影响因素。

生产力影响因素指设备、人员素质和化学反应进行的状况，而化学反应过程影响因素指温度、压力、原料配比、物料的停留时间、反应过程工艺优化的目标等。

(4) 化工生产过程的操作特点

根据装置所处的状态，可将化工生产装置分为初始状态、运行状态和事故状态。初始状态指设备内无物料，各生产参数都为常温常压的初始状态。对于连续稳定的生产装置，运行状态指设备内有物料，可以进行生产的状态。运行状态又可分为正常运行状态和非正常运行状态。正常运行状态指设备内各生产参数均基本达到理想值的状态，而非正常运行状态指各生产参数与理想值有偏差的状态。事故状态指设备出现故障或参数超出警戒值，生产无法正常进行的状态。

化工生产操作过程主要包括冷态开车、正常维护、正常停车、事故处理等。冷态开车是指将化工生产装置由初始状态操作到正常运行状态的过程，是装置启动的过程，是所有操作过程中最复杂的一个。正常维护是指将偏离理想值的参数调回至理想值，使装置由非正常运行状态返回正常运行状态的过程，是生产装置操作工所完成的主要操作。正常停车是指将化工生产装置由正常运行状态操作到初始状态的过程，是将化工生产装置停下来的过程。事故处理指将装置由事故状态恢复到正常运行状态或初始状态的一系列操作。

(5) 化工生产过程的操作控制

根据市场需求及企业定位，需要确定生产工艺主要控制参数，一般包括：温度、压力、原料配比、反应时间和转化率、催化剂等。而在实际化工生产中主要控制参数一般为温度、压力、液位及流量，由操作人员根据工艺操作规程所要求的控制点，以及相关的工艺参数操作控制，从而完成合格产品的生产。一般化工生产过程的操作控制主要包括测量指标、测量记录、给定自调、自动控制、控制阀的位置、仪表自控自调装置的位置及操作等。

化工生产过程主要参数及调节方法分为以下几大类。

① 温度控制 温度控制主要出现在热量交换的过程中。冷热两股流体在热交换器中进行热量交换，热流体将热量传递给冷流体，温度降低；冷流体从热流体获得热量，温度升高。

根据操作的目的不同，热交换的过程可分为加热过程和冷却过程。

加热过程指选择合适的加热剂，将一定的冷流体加热，使其达到期望温度的过程。此时，温度控制的核心是冷流体出口的温度。冷却过程指选择合适的冷却剂，将一定的热流体降温，使其达到期望温度的过程。此时，温度控制的核心是热流体出口的温度。

对于加热过程，影响冷流体出口温度的主要因素是加热剂的变化及冷负荷的波动。加热剂的流量增大及进口温度升高有利于被加热流体出口温度的升高；冷流体流量变大或进口温度降低，都会使冷流体出口温度变低。

对于冷却过程，影响热流体出口温度的主要因素是冷却剂的变化及热负荷的波动。冷却剂的流量增大及进口温度降低有利于被冷却流体出口温度的降低；热流体流量变大或进口温度升高，都会使热流体出口温度升高。

② 压力控制 如图1-1所示系统中，设备内的压力 p 主要取决于气体的充气量 F_1 和放气量 F_2 的大小。如果 $F_1 = F_2$，即不充气也不放气，则设备内的压力稳定；如果 $F_1 > 0$，$F_2 = 0$，只充气，不放气，设备内的压力 p 将一直升高；如果 $F_1 = 0$，$F_2 > 0$，只放气，不充气，设备内的压力 p 将一直下降。

当设备内的压力 p 偏高时，需开大 F_2 进行放气，从而减低设备内的压力 p；当设备内的压力 p 偏低时，需开大 F_1 进行充气，使设备内的压力增大。

另外，设备内的压力 p 还与设备内部液体的液位高度 H 有关。当液位高度 H 上升，设备上部的空间被压缩，设备内的压力 p 升高；当设备内的液位高度 H 下降，设备上部的空间扩张，设备内的压力 p 下降。

③ 液位控制 化工生产中常需要控制容器或设备内液位的高低，如图1-2所示。设备内液位 H 的高低取决于进入设备的物料流量 F_1 和流出设备的物料流量 F_2 的相对大小。如果 $F_1 = F_2$，设备中无物料积累，则液位高度 H 恒定；如果 $F_1 > F_2$，设备中的物料增加，液位高度 H 上升；如果 $F_1 < F_2$，设备中的物料减少，液位高度 H 下降。如果 $F_1 > 0$（有物料流入），而 $F_2 = 0$（无物料流出），则设备内的液位高度 H 必将不断增长；相反，如果 $F_1 = 0$（无物料流入），而 $F_2 > 0$（有物料流出），则设备内的液位高度 H 必将不断下降。要想让设备内的液位高度 H 上升，所能采取的办法一定是增大 F_1，或减小 F_2；要想让设备内的液位高度 H 下降，所能采取的办法一定是减小 F_1，或增大 F_2。

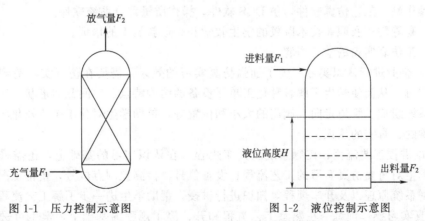

图1-1　压力控制示意图　　　　　图1-2　液位控制示意图

④ 流量控制 管路中流体的流量 F 主要取决于阀门的开度及阀门前后的压力差 Δp。

当阀门前后的压力差 Δp 不变时，开大阀门，则管路中流体流量增加；关小阀门，则管路中流体流量减小。

当阀门的开度不变时，若阀门前后的压力差 Δp 增加，管路中流体的流量 F 增加；相反，当阀门前后的压力差 Δp 减小时，管路中流体的流量 F 减小。

1.1.2 化工仿真系统简介

作为对代替真实物体或系统的模型进行实验和研究的一门应用技术科学，仿真技术可以根据所用模型分为物理仿真和数字仿真两类。化工仿真实训主要采用数字仿真技术，利用仿真机通过数学模型构建出与真实系统相似的操作控制系统，模拟真实的生产装置，再现真实生产过程（或装置）的实时动态特性，使学生可以在高度还原的操作环境中取得与现场操作相近的操作技能和训练效果。

(1) 化工仿真系统的建立

化工仿真系统的建立必须以实际生产过程为基础。通过建立生产装置中各种设备的特征模型及各种过程单元的动态特征模型，模拟生产的动态过程特性，创造与真实装置非常相似的操作环境。其中，工艺过程画面的布置、颜色、数值信息的动态显示、状态信息的动态指示及操作方式等均与真实装置的操作环境相同，可以使学习者进入准工作状态。

仿真实训系统中的"仿控制室"是一个广义的控制室，不仅包括集散控制系统（DCS）中的操作画面和控制功能，还包括现场操作画面（一般为生产准备性操作、间歇性操作，动力设备的就地操作等非连续控制过程）。

(2) 化工仿真实训系统的组成

化工仿真实训系统由硬件、软件及网络系统组成，根据培训对象和任务不同，主要可以分为以下两类。

① 企业人员培训 PTS (Plant Training System) 系统

硬件部分：上位机（教师指令机）一台，下位机（学员操作站）多台；

网络部分：采用点对点的拓扑形式组网；

软件部分：工艺仿真软件，仿 DCS 软件，操作质量评分系统软件。

适用于化工企业的在岗人员针对装置的系统进行培训。

② 学生培训 STS (School Teaching System) 系统

硬件部分：上位机（教师指令机）一台，下位机（学员操作站）数十台；

学员操作站：工艺仿真软件，仿 DCS 软件，操作质量评分系统软件。

适用于高等院校及职业技术院校的学生教学和企业新员工的培训。

(3) 化工仿真实训的学习内容

① 进入企业进行认识实习　为了加强仿真实习的效果，需要在仿真实习前到企业进行短期认识实习，从而使学生了解各种化工单元设备的结构特点、空间几何形状、工艺过程组成，控制系统组成、管道走向、阀门的大小和位置等，帮助学生对化工企业及化工过程建立起一个完整的、真实的认识。

② 理论讲授工艺流程、控制系统及开车规程　在认识实习的基础上，还需采用理论教学方式让学生对将要仿真实习的工艺流程、设备位号、检测控制点位号，正常工况工艺参数范围，控制系统原理以及开车规程等知识进行讲授，帮助学生进一步了解工艺流程。

③ 仿真实习操作训练　在熟悉工艺流程和开、停车规程的基础上，学生可进入仿真实习阶段。为了达到更好的仿真实习效果，一般从常见的典型化工单元操作开始，经过工段级

的操作实习，最后进行大型复杂工业过程的开、停车及事故实训。同时，对于复杂工业过程仿真，可采用学生联合操作的模式进行培训，以增强学生的团队意识。越复杂的流程系统，操作过程中可能出现的非正常工况越多，必须训练出对动态过程的综合分析能力，各变量之间的协调控制（包括手动和自动）能力，以及对将要产生的操作和控制后果的预测能力等，才能自如地驾驭整个工艺过程。

1.1.3　化工仿真实训系统操作的注意事项

　　① 熟悉生产工艺流程，操作设备，控制系统及各项操作规程；
　　② 分清调整变量和被调变量，直接关系和间接关系，分清操作步骤的顺序性；
　　③ 了解变量的上下限，注意阀门应当开大还是开小，把握粗调和细调的分寸，操作时切忌大起大落；
　　④ 开车前要做好准备工作，再行开车；
　　⑤ 蒸汽管线先排凝后运行，高点排气，低点排液；
　　⑥ 理解工艺流程，注意关联类操作，先低负荷开车到正常工况，再缓慢提升负荷；
　　⑦ 建立推动力和过热保护的概念，建立物料量的概念，同时了解物料的性质；
　　⑧ 以动态的思维理解过程运行、利用自动控制系统开车，控制系统有问题立即改成手动；
　　⑨ 故障处理时要从根本上解决问题，投联锁系统时要谨慎。

1.2　化工仿真实训的作用与意义

　　近年来，由于仿真技术不断进步，其在职业教育领域的应用呈星火燎原之势，仿真技术已经渗透到教学的各个领域。无论是理论教学、实验教学，还是实习教学，与传统的教学手段相比无不显示其强大的优势。

1.2.1　化工仿真实训的作用

通过化工仿真实训，可以帮助学生提高以下技能。
　　① 深入了解化工过程的操作原理，提高学生对典型化工过程的开车、运行、停车操作及事故处理的能力；
　　② 提高对复杂化工过程运行分析和决策能力，提出最优开停车方案；
　　③ 掌握复杂控制系统的投运和调整技术，掌握调节器的基本操作技能；
　　④ 学习并掌握一定分析、判断事故和处理事故的能力；
　　⑤ 经过仿真实训后可提高实际操作水平，达到理论联系实际的目的。
　　同时，由于仿真实训过程是在仿真实训设备上进行的，不仅没有人身危险，而且也不会造成设备破坏和环境污染等经济损失。

1.2.2　化工仿真实训的意义

　　化工仿真实训通过人-机对话能够及时地提供反馈信息，使得学生可主动地调整自己的学习进程和速度，教学效果得到提高。同时，也把学生从被动听讲、消极接受教师灌输知识的状态中解放出来，教师站和学生站点对点的教学功能也为因材施教提供了技术手段。

另外，利用计算机图形描述系统的特性，采用动漫技术可使学生在屏幕上直接看到化工生产的运行过程，学生可准确地把握实际情况，在屏幕上直接看见错误操作，加深了学生对系统运行概念化理解，实现了教与学的互相融合。而且由于仿真实训评分采用反馈控制，正反馈在教学中有利于学生形成新的认识，形成良好的操作习惯，负反馈有利于对错误的认识或不良操作的纠正，排除了教与学的盲目性，使教学调控成为可能。

化工仿真实训系统可以再现真实的化工过程，模拟操纵与管理生产中流量、温度、压力、液位、组分等数据的生成及变化。在反复的训练过程中，通过观察、联想、识别、探索，从感性到理性，从直观到思维，可以帮助学生对化工过程进行多方位的思考，透过各种过程参数变化的表象，初步认识化工过程运行的本质，把握化工过程控制的属性及其联系，并且积累较多的化工过程操作经验，提高理论联系实际以及解决化工复杂工程问题的综合能力。

第2章

化工仿真培训系统操作站的使用

2.1 集散控制系统的介绍

2.1.1 DCS 概述

集散控制系统（Distributed Control System，DCS）是以微处理器为基础的集中管理与分散控制的先进性控制系统。

集散控制系统需要检测技术实现其对工艺参数的智能测量及变送，通过先进控制技术完成控制优化，应用网络、光纤等通信技术将显示器、芯片、多媒体等计算机硬件相连接，并通过计算机软件进行数据的控制和管理。

目前商业化应用较多的 DCS 系统有：美国霍尼韦尔（Honeywell）公司的 TDC-2000 (1975)、TDC-3000；日本横河（Yokogawa）公司的 CENTUM、CENTUM-XL；美国福克斯波罗（Foxboro）公司的 IA（Intelligent Automation）；中国浙大中控公司的 ECS-100 和比利时的 HS2000 等系统。

工业微型机控制系统是 DCS 的 PC 化、智能化、小型化、网络化、低成本化、大众化的新形态。

工业监控组态软件具有软件通用化的优势，功能强、价格低、可直接在 Windows 环境下运行、可共享 Windows 的软件资源，操作与控制画面形象细致、简便易学。目前，正以年均几十万套的速度应用和增长。应用较多的产品有：美国的 IntellutionFIX、iFIX、Wonderware Intouch，德国的西门子 WinCC，中国的组态王、世纪星、力控 2.0、开物 2000 等。

2.1.2 DCS 的特点

① 高可靠性　由于 DCS 将系统控制功能分散在各台计算机上实现，系统结构采用容错设计，因此某一台计算机出现的故障不会导致系统其他功能的丧失。此外，由于系统中各台计算机所承担的任务比较单一，可以针对需要实现的功能采用具有特定结构和软件的专用计算机，从而使系统中每台计算机的可靠性也得到提高。

② 开放性　DCS 采用开放式、标准化、模块化和系列化设计，系统中各台计算机采用局域网方式通信，实现信息传输，当需要改变或扩充系统功能时，可将新增计算机方便地连入系统通信网络或从网络中卸下，几乎不影响系统其他计算机的工作。

③ 灵活性　通过组态软件根据不同的流程应用对象进行软硬件组态，即确定测量与控制信号及相互间连接关系、从控制算法库中选择适用的控制规律以及从图形库调用基本图形

组成所需的各种监控和报警画面，从而方便地构成所需的控制系统。

④ 易于维护　功能单一的小型或微型专用计算机，具有维护简单、方便的特点，当某一局部或某个计算机出现故障时，可以在不影响整个系统运行的情况下在线更换，迅速排除故障。

⑤ 协调性　各工作站之间通过通信网络传送各种数据，整个系统信息共享，协调工作，以完成控制系统的总体功能和优化处理。

⑥ 控制功能齐全　控制算法丰富，集连续控制、顺序控制和批处理控制于一体，可实现串级、前馈、解耦、自适应和预测控制等先进控制，并可方便地加入所需的特殊控制算法。DCS 的构成方式十分灵活，可由专用的管理计算机站、操作员站、工程师站、记录站、现场控制站和数据采集站等组成，也可由通用的服务器、工业控制计算机和可编程控制器构成。处于底层的过程控制级一般由分散的现场控制站、数据采集站等就地实现数据采集和控制，并通过数据通信网络传送到生产监控级计算机。生产监控级对来自过程控制级的数据进行集中操作管理，如各种优化计算、统计报表、故障诊断、显示报警等。随着计算机技术的发展，DCS 可以按照需要与更高性能的计算机设备通过网络连接来实现更高级的集中管理功能，如计划调度、仓储管理、能源管理等。

2.1.3　仿真软件的安装

软件的安装步骤如下：将仿真软件安装盘放入驱动器中或点击相应的安装程序文件"Es_Autorun.exe"，选择需要安装的相应产品，出现如图 2-1、图 2-2 所示画面。

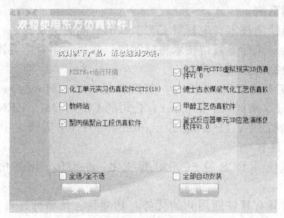

图 2-1　仿真软件安装欢迎界面（1）

图 2-2　仿真软件安装欢迎界面（2）

点击"下一步"即进行下一步安装过程（见图 2-3）。

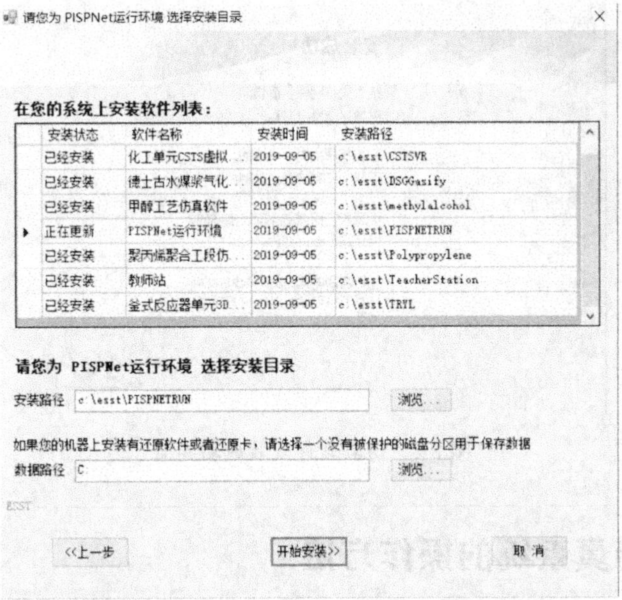

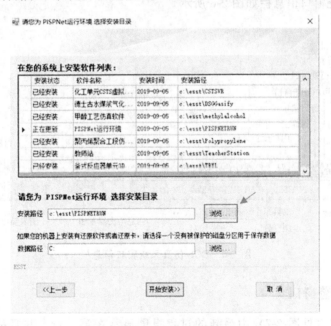

图 2-3　仿真软件开始安装界面

继续点击"开始安装"即可进行标准安装，如用户需要安装在其他路径，可点击浏览按钮"浏览"自己选择路径。但用户需记住此安装路径，以备后面要用到（见图 2-4）。

图 2-4　仿真软件安装路径选择界面

当安装进度条进行完后会提示"安装成功！"（见图 2-5）。

按照上述的安装过程，系统会自动依次提示完成"化工单元实习仿真软件""教师站"的安装。安装过程中可以随时点击"取消"按钮退出安装程序。当整个程序安装完成后，会在电脑桌面出现"化工单元实习仿真软件"和"教师站"的快捷方式图标。

图 2-5　仿真软件安装成功界面

2.2　DCS 仿真系统的操作方法

2.2.1　系统信息窗口

DCS 仿真系统窗口信息栏如图 2-6 所示。

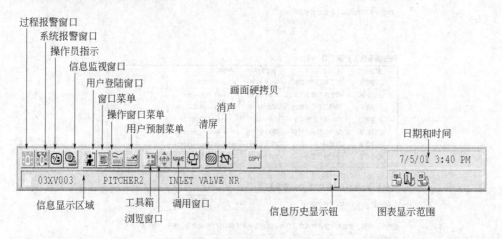

图 2-6　DCS 仿真系统窗口信息栏

2.2.2　过程报警窗口

过程报警窗口（见图 2-7）中最新的过程报警显示在第一行，并且显示报警发生的时间、类别报警的工位、工位注释、报警状态等信息，双击其中某一条信息，可调出相应的仪表面板，使操作人员紧急处理，在二级窗口中，可以选择报警的控制站、甚至其中一个工位，操作人员可以确认报警，并且消声。18 条/页，200 条/窗口。

报警类型：

IOP：输入开路　　　　　　　　　　　　　DV＋：正偏差报警

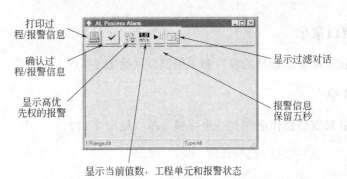

图 2-7 过程报警窗口

OOP：输出开路   DV－：负偏差报警
HH（HI）：高高限（高限）报警   VEL＋：正变化率报警
LL（LO）：低低限（低限）报警   VEL－：负变化率报警

2.2.3 系统报警窗口

整个系统一直受到监控，如果系统报警发生，将显示在这个窗口中，如报警类型、时间等（见图 2-8）。

图 2-8 系统报警窗口

2.2.4 用户登录窗口

用户登录窗口用于限制用户操作监视的权利，标准的用户有三个 ONUSER、OFFUSER 和 ENGUSER，除了 OFFUSER 用户以外，ONUSER 和 ENGUSER 还可以用密码保护（见图 2-9）。

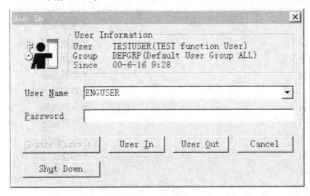

图 2-9 用户登录窗口

2.2.5 操作窗口菜单

操作窗口下拉菜单显示标准的窗口和应用窗口（见图 2-10）。

2.2.6 窗口菜单

窗口菜单是针对窗口操作顺序的一个寻根菜单（见图 2-11）。

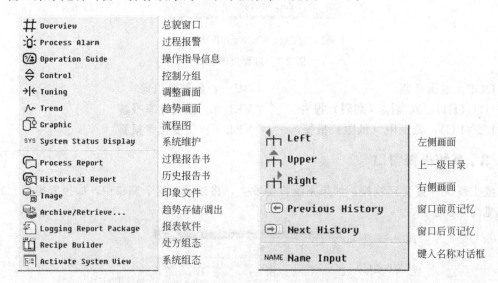

# Overview	总貌窗口	
Process Alarm	过程报警	
Operation Guide	操作指导信息	
Control	控制分组	
Tuning	调整画面	
Trend	趋势画面	
Graphic	流程图	
SYS System Status Display	系统维护	
Process Report	过程报告书	
Historical Report	历史报告书	
Image	印象文件	
Archive/Retrieve...	趋势存储/调出	
Logging Report Package	报表软件	
Recipe Builder	处方组态	
Activate System View	系统组态	

Left	左侧画面
Upper	上一级目录
Right	右侧画面
Previous History	窗口前页记忆
Next History	窗口后页记忆
NAME Name Input	键入名称对话框

图 2-10　操作窗口菜单　　　　　　图 2-11　窗口菜单

2.2.7 用户预制菜单

用户预制菜单是在系统维护中的 HIS　SETUP 中定义的，它非常灵活，可由用户随时更改，其形式也是下拉菜单式。

2.2.8 工具箱

工具箱的内容是将经常操作的窗口综合在一起（见图 2-12）。

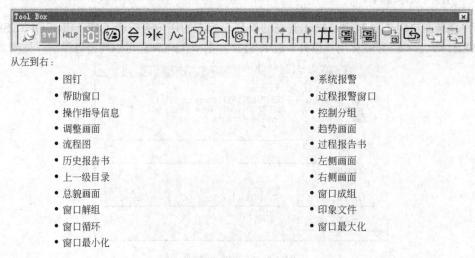

从左到右：

- 图钉
- 帮助窗口
- 操作指导信息
- 调整画面
- 流程图
- 历史报告书
- 上一级目录
- 总貌画面
- 窗口解组
- 窗口循环
- 窗口最小化

- 系统报警
- 过程报警窗口
- 控制分组
- 趋势画面
- 过程报告书
- 左侧画面
- 右侧画面
- 窗口成组
- 印象文件
- 窗口最大化

图 2-12　工具箱窗口

（1）控制分组窗口

控制分组窗口可根据工艺装置及控制关系来分配，最多可同时显示 8 块标准尺寸的仪表面板，可操作仪表的回路状态、设定值、输出值，可确认报警，每一个面板可单独地打开一个仪表面板窗口，进入其调整画面，修改其他参数。控制窗口还可灵活登录为其他仪表工位，进行监视，但这个变动不会改动软件原分配（见图 2-13）。

报警颜色：

- 绿色：正常
- 红色：过程报警（IOP、HH、HI、LO、LL、OOP 等）
- 黄色：报警发生（DV＋、DV－、VEL＋、VEL－、输出限幅）
- 白色：没有报警

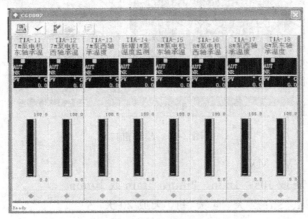

图 2-13　控制分组窗口

（2）调整窗口

调整窗口是每一个仪表工位标准配备的，根据仪表类型的不同，显示的参数内容不同，标准参数有：当前的数据值（测量值、设定值、输出值）、当前的回路状态（手动、自动、串级）、报警的限定值、进入窗口时开始记录的时实趋势（关闭窗口后停止）、如果是调节器，还有 PID 参数等。"："状态表示当前安全级别下，数据不能修改，"＝"状态表示当前安全级别下，数据能修改（见图 2-14）。

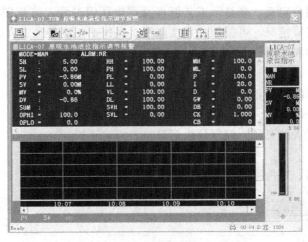

图 2-14　调整窗口

（3）趋势窗口

趋势窗口可根据工艺装置及控制关系来分配，最多可同时显示 8 块仪表的记录曲线，有关趋势数据的说明如下（见图 2-15）。

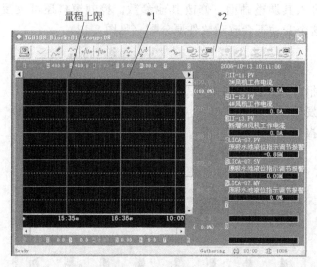

图 2-15　趋势窗口

应用数据：PV、SV、MV

数据采样周期：1s 或 10s；1min、2min、5min 或 10min

记录时间：48min、8h；2 天、4 天、10 天或 20 天

最大数据点数：1024 点；当采用 1s 或 10s 采样时为 256 点

采样数据数：2880 采样点

显示时间轴放大：1/4、1/2、1、2、4 和 8 倍

显示数据轴放大：1、2、5 和 10 倍

8 条曲线分别以 8 种不同颜色表示 8 块仪表，每个仪表的量程标注在趋势显示区的上方，拖曳"*1"在时间轴上移动，将显示在那一时刻 8 个仪表的趋势数值。使用"*2"可以存储趋势数据。

（4）流程图窗口

流程图窗口由用户定义，来显示工艺流程及逻辑联锁过程，流程图中可显示动态数据、活动液面、报警色变等情况，可使用户直接监视、操作工艺流程和工程数据。流程图窗口的色标由工艺情况及物料的颜色而定。

（5）总貌窗口

总貌窗口是窗口的目录，是窗口的管理器，每一页总貌可以显示 32 个块，这些块可以定义为显示某一仪表面板、调用一个窗口、显示报警信息等。

报警颜色及其代表的意义同控制分组窗口。

（6）调用窗口

直接键入窗口名、工位号，可以快速调出窗口（见图 2-16）。

图 2-16　调用窗口

(7) 导航器

导航器是与 WINDOWS-NT 的资源管理器功能类似的窗口管理文件。用户自定义和系统定义构成（见图 2-17、图 2-18）。

图 2-17 仪表面板[导航器，以 PID(比例积分微分)仪表为例]　图 2-18 仪表面板（导航器）

2.2.9 系统基本维护

(1) 系统维护窗口

系统维护窗口是系统状态显示一览画面，总览系统组成各站的情况、通信总线的状态、修改系统时间等（见图 2-19）。

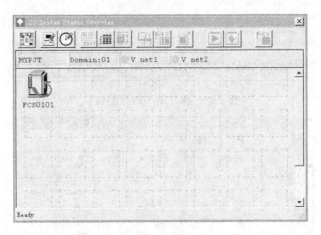

图 2-19 系统维护窗口

(2) 控制站 FCS 维护

选中 FCS（现场总线控制系统）后，双击鼠标或使用操作员键盘的光标和画面进入键，可以进入控制站 FCS 维护窗口，显示的内容有：FCS 的类型、站号、版本号；FCS 的 CPU（中央处理器）的状态、插件箱的类型、插卡的类型；前后机柜柜门的温度、风扇的状态等。

在运行状态下，还可以在线下载 IOM（输入/输出多路复用器），启动/停止 FCS 的 CPU，进行 FCS 的参数存储（见图 2-20）。

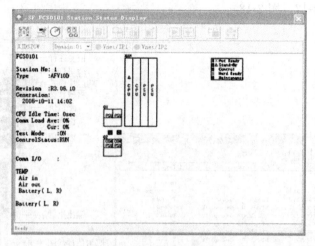

图 2-20　控制站 FCS 维护窗口

(3) 操作站 HIS 维护

操作站（HIS，人机接口站）维护窗口主要有以下的几个内容：站的类型、打印机的指定、报警声音的定义、窗口显示的类型、报警、画面预设菜单、数据库等值化、32 个一触式功能键、操作标记、长时趋势、外设记录等。通过改变一些参数，可以改变 HIS 的性能及更方便地进行操作（见图 2-21）。

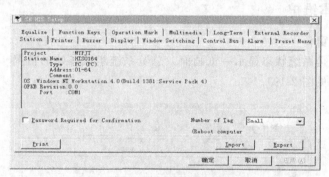

图 2-21　操作站 HIS 维护窗口

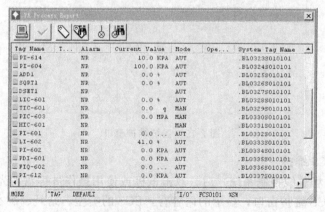

图 2-22　过程报告书窗口

（4）过程报告书

过程报告书是记录系统过程的报告；包括系统过程控制的有关操作、状态的改变、数据的变动等；还有硬软 I/O，在二级菜单中，可有选择地进行显示（见图 2-22）。

（5）历史报告书

系统的所有信息全部都反映在历史报告书中，系统的操作、过程报警、仪表回路状态的切换、仪表数据的改变及发生的时间等。使用历史报告书，可以清楚地观察到系统及工艺过程在过去的时间里所发生的任何事件，发生事件的时间、用户，这样，将为规范化管理提供便利的条件。

2.3　仿真培训软件 CSTS2007 工作站的操作方法

2.3.1　教师站的操作方法

2.3.1.1　启动教师站软件

东方仿真教师站软件安装完毕后，会自动在"桌面"和"开始菜单"生成快捷图标。例如启动化工类教师有以下两种方式：

① 双击桌面快捷图标（见图 2-23）。

② 通过"开始菜单→所有程序→东方仿真→化工类教师站"启动软件。

图 2-23　教师站启动图标

教师站启动之后，出现如图 2-24 所示界面，教师站的上部为功能菜单和快捷图标栏，左边为教师站所组建的多个培训室，右边为各个培训室的详细信息，左下部为教师站基本信息，右下部显示学员站的连接信息。

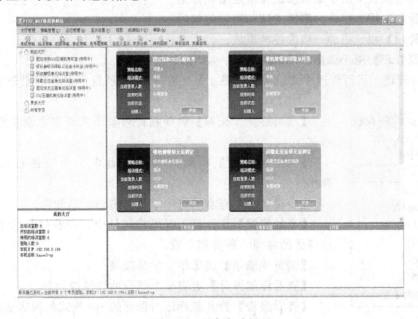

图 2-24　程序启动界面

2.3.1.2 教师站的功能介绍

(1) 功能菜单介绍

教师站的功能菜单包括大厅管理、策略管理、运行管理、显示设置、视图、成绩统计以及帮助七个功能菜单（见图2-25）。

| 大厅管理 | 策略管理(C) | 运行管理(R) | 显示设置(V) | 视图 | 成绩统计(S) | 帮助(H) |

图 2-25 功能菜单

① 大厅管理

【系统状态】显示系统的相关信息，包括培训规模和实际连接的学员站台数（见图2-26）。

【退出】退出教师站程序（见图2-27）。

② 策略管理 策略管理菜单包括考试策略、培训策略、权限管理、事故管理和思考题管理等5个功能按钮（见图2-28），各相应策略的功能如下。

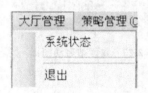

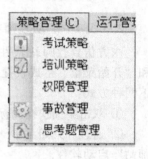

图 2-26 大厅管理图示 　　　图 2-27 退出程序图示 　　　图 2-28 策略管理图示

【考试策略】教师用于编辑修改和组建考试试卷。

【培训策略】教师用于编辑修改和组建培训方案。

【权限管理】用于修改、编辑考试和培训的权限。

【事故管理】用于添加、修改各种事故。

【思考题管理】用于添加、编辑思考题。

③ 运行管理 运行管理中共包括项目终止\交卷等10个项目，主要功能介绍如下（见图2-29）。

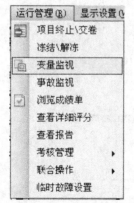

图 2-29 运行管理图示

【项目终止\交卷】教师强行对单个或者多个学员终止培训和考试。

【冻结\解冻】教师对单个或者多个学员进行冻结、解冻操作。

【变量监视】查看所选中学员当前的工艺参数。

【事故监视】在正常工况维持题目中，查看教师站下发给学员的事故的时间、种类和个数。

【浏览成绩单】浏览单个学员成绩。

【查看详细评分】查看单个学员的详细成绩单。

【查看报告】打开教师站所保存的rpt格式的报表文件。

【考核管理】教师手动更改学生的考试成绩。

【联合操作】查看联合操作分组信息和对联合操作的学员进行冻结\解冻。

【临时故障设置】教师可以手动对多个或者单个学员临时发送故障设置，提高学员对软件工艺的了解和提高其应变能力。此功能在冷态开车、停车、事故处理等多个培训模式中都可使用。

④ 显示设置　显示设置中共包括服务器设置等3个项目，主要功能介绍如下（见图2-30）。

【服务器设置】设置服务器所连接的最大人数和服务器的名称。

【自定义显示】教师根据需要设置教师站中显示的学员信息。

【字体及颜色设置】设置教师站中字体的颜色和字号。

⑤ 视图　视图选项用于调整培训室在教师站中的显示模式（见图2-31）。

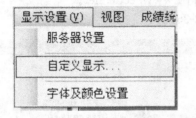

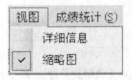

图 2-30　显示设置图示　　　　　图 2-31　视图窗口

【详细信息】使各个培训室以详细信息的模式显示。

【缩略图】调整各个培训室以缩略图的模式显示。

⑥ 成绩统计　在培训和考试过程中，可以查看某个学员的单个成绩单以及带有操作步骤的详细成绩单，查看学员的历史成绩。统计参加考试和培训的所有学员成绩（见图2-32）。

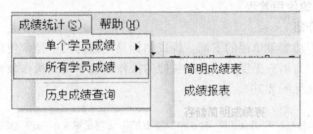

图 2-32　成绩统计图示（1）

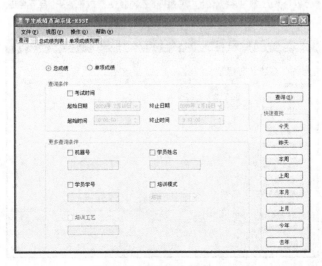

图 2-33　成绩统计图示（2）

【单个学员成绩】选中某个学员后查看该学员的成绩单和详细操作步骤得分情况。

【所有学员成绩】保存和查看所有学员的原始成绩报表（rpt 格式，不可以修改）和简明成绩报表（excel 格式，可修改）。

【历史成绩查询】根据考试时间、学员姓名、学员学号、培训工艺、培训模式查询单个或者多个学员的总成绩或者分项成绩（见图 2-33）。

⑦ 帮助　帮助菜单中共包括 5 个项目，功能介绍如下（见图 2-34）。

【使用交流】发送邮件（support@besct.com）给东方仿真公司。

【化工教学委员会】链接到中国化工教育协会网站 www.cteic.com。

【化工资源网】链接到中国化工培训资源网 www.cctic.net。

【关于】查看教师站的激活信息（见图 2-35）。

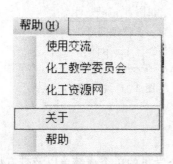

图 2-34　帮助窗口图示

图 2-35　教师站激活信息图示

【帮助】教师站的使用教程。

(2) 快捷图标介绍

快捷图标栏位于功能菜单栏的下部，快捷图标是把教师站中经常使用的功能以快捷图标的形式单独列出来，为用户提供更加方便快捷的操作，便于用户操作教师站，其功能在功能菜单中都能够找到（见图 2-36）。

图 2-36　快捷图标图示

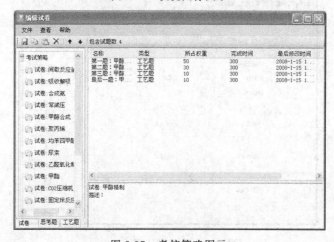

图 2-37　考核策略图示

① 考核策略 用于组建新试卷、编辑已有试卷内容。试卷内容分为一道或者多道工艺题和思考题（见图 2-37）。

在组建试卷的过程中，对工艺题可以自由选择考核的内容（开车、停车、事故处理等项目），设置该题的考试时间、DCS 类型选择、时标、该题分数在整个试卷中所占比重。

② 培训策略 用于教师组建、编辑培训方案。让学员按照培训章程练习仿真软件工艺内容。培训方案只能组建仿真软件工艺内容，可以选择培训内容（开车、停车、事故处理等项目），设置时标、DCS 类型（见图 2-38）。

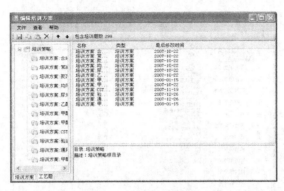

图 2-38 培训策略图示

③ 权限策略 用于设置开闭卷考试、培训、联合操作的权限。点击"修改"按钮可以修改已有权限策略，见图 2-39、图 2-40。

图 2-39 权限策略图示（1）

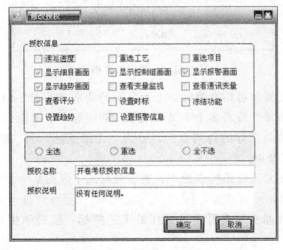

图 2-40 权限策略图示（2）

【闭卷考核】屏蔽评分系统、时标调整、DCS 类型选择，不可以调整工艺和培训项目。

【开卷考核】开放评分系统，屏蔽时标调整、DCS 类型选择，不可以调整工艺和培训项目。

【自由培训】开放软件所有功能，学员按照教师要求练习仿真软件。

【联合操作】多人分组操作同一个仿真软件。

④ 事故策略　事故策略主要用于改变事故作用的时间、增加处理事故的难易程度等（见图 2-41）。

图 2-41　事故策略图示

⑤ 思考题策略　思考题策略主要用于编辑、修改、添加思考题（见图 2-42）。

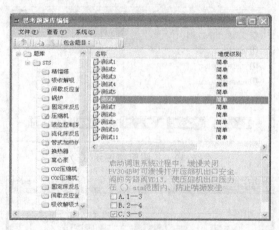

图 2-42　思考题策略图示

⑥ 自定义显示　设置学员站在教师站上面显示的信息（见图 2-43）。

⑦ 学员分数　查看单个或者多个学员的成绩。功能等同于功能菜单栏的成绩统计菜单。

⑧ 排列图标　教师站图标的排列方式，分为"详细信息"和"缩略图"两种。功能等同于功能菜单中的视图菜单。

⑨ 事故监视　在正常工况维持事故中，查看教师站下发给某个学员的临时事故的名称、时间和数量，见图 2-44。

⑩ 变量监视　教师能实时查看学员操作的工艺指标，监视学生在电脑上进行的操作，见图 2-45。

⑪ 备份成绩、查看备份　在考试过程中教师每隔一定的时间手动备份学生成绩（excel

图 2-43　自定义显示

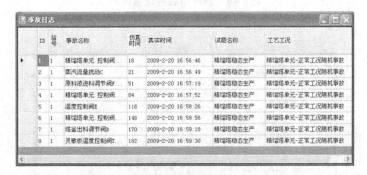

图 2-44　事故监视图示

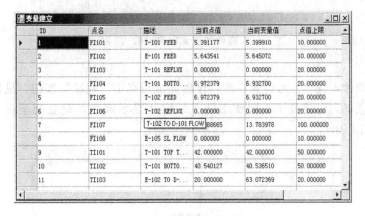

图 2-45　变量监视图示

和 rpt 两种格式），并可以通过"查看备份"打开备份成绩文件夹。

2.3.1.3　教师站的设置及使用

(1) 设置教师站的名称

点击"显示设置→服务器设置"，可以设置教师站的名字和所能连接的最大学生人数，如图 2-46 所示。

点击"完成"按钮，重启教师站后该设置生效。

(2) 设置教师站视觉效果

① 点击"显示设置→字体及颜色设置"，可以设置教师站的字体及颜色显示风格，见

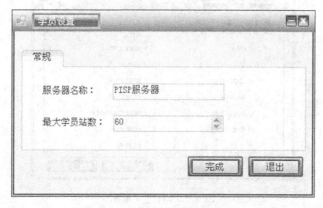

图 2-46 教师站名称设置图示

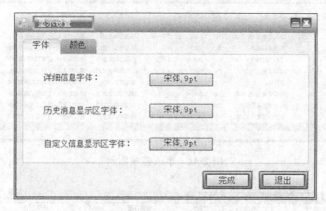

图 2-47 教师站视觉效果设置-字体图示

图 2-47。

② 点击"宋体，9pt"，可设置字体，设置完成后点击"完成"按钮，见图 2-47。

③ 点击颜色框，可使处于不同状态学员的字体显示颜色，设置完毕后，点击"完成"按钮即可（见图 2-48）。

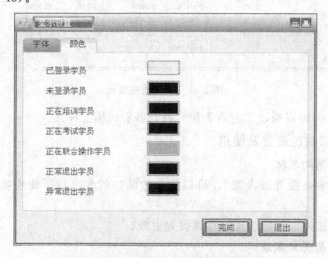

图 2-48 教师站视觉效果设置-颜色图示

④ 点击"显示设置→自定义显示",可以设置在教师站中显示的学员信息项目,见图 2-49。

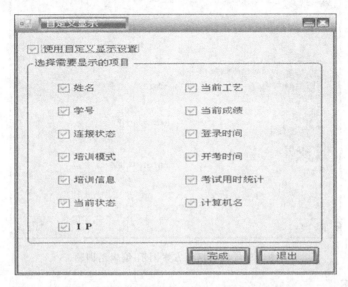

图 2-49　教师站视觉效果设置-自定义显示图示

⑤ 选中要显示的项目前的复选框,点击"完成"按钮即可。教师站设置完毕。

(3) 教师站的策略管理

教师站、学员站连接控制模式分为培训模式、考核模式、联合操作及自由练习四种。

教师站下发的培训项目或试题是分别通过"策略管理→培训策略"和"策略管理→考试策略"命令完成的。随机事故是通过"策略管理→事故管理"命令完成的。下面分别介绍编辑这些方案的有关信息。

编辑培训方案

① 点击"培训策略"后,在出现的培训策略编辑界面,右击"培训方案",选择"添加培训方案"命令,出现如图 2-50 所示界面。

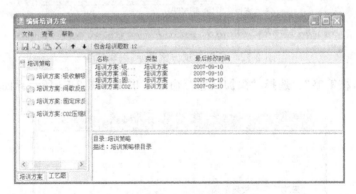

图 2-50　编辑培训方案图示-添加培训方案

② 填好名称目录和描述后,点击"确定"按钮。

③ 右键点击刚建的试卷"培训 1",选择"添加培训题"命令,在所出现界面设置培训工艺、培训项目、时标、DCS 类型,见图 2-51。

从"编辑培训题"界面可以完成培训题的编辑。

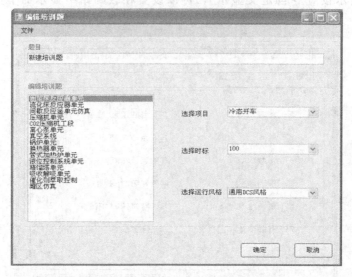

图 2-51　编辑培训方案图示-编辑培训题

编辑考试方案

点击"考核策略"图标进入考试试卷编辑界面。右下方为试卷、思考题、工艺题切换按钮，见图 2-52。

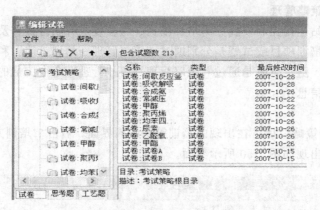

图 2-52　编辑考试方案图示-编辑试卷

① 右击"考核策略"，选择"添加试卷"命令，出现如图 2-53 所示界面。

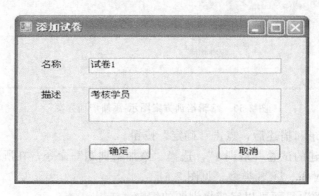

图 2-53　编辑考试方案图示-添加试卷

填好名称和描述后，点击"确定"按钮。

② 右键点击刚建的试卷"试卷1"，选择"添加试题"命令，出现如图2-54所示界面，选择培训工艺、培训项目、运行时标、DCS风格、本题完成时间和本题在试卷中的比重，在"编辑试题"界面可以完成试卷的编辑。

图 2-54 编辑考试方案图示-编辑试题

编辑事故

点击"事故策略"，进入事故编辑界面。根据所选定的工艺，添加相应的事故，例如调节阀卡、阀漏、仪表风停、流通事故、机泵事故、换热器事故、罐事故等（需要有相应的控制点才可以添加），见图2-55。

① 单击每一单元前的"+"，可以看到事故类型，见图2-55。

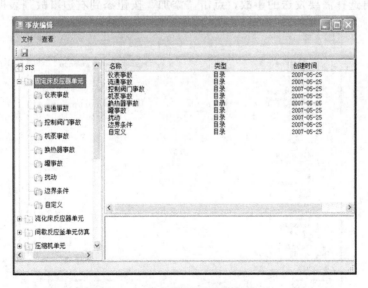

图 2-55 编辑事故图示-事故类型

② 在其中一个事故类型上单击鼠标右键，选择添加事故，以换热器事故为例，出现如图2-56所示界面。

完成完事故设置后，点击"确定"按钮。

图 2-56　编辑事故图示-换热器事故　　　　　　图 2-57　临时故障设置图示

下发事故

① 设置临时事故　该类事故可以在培训或考核的过程中对单个或者多个学员下发，实施干扰，提高学员的应对能力。通过教师站的"运行管理→临时故障设置"下发出，见图 2-57。

a. 点击"临时故障设置"弹出"培训事故设置"对话框如图 2-58 所示，选择所需考核的工艺，然后再选择需要发送的事故，点击"添加"按钮添到右边事故列表框中。

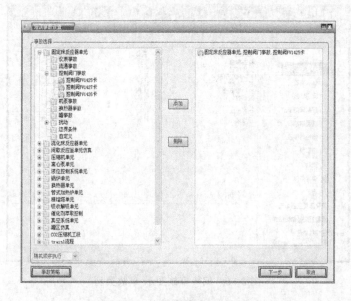

图 2-58　培训事故设置对话框

b. 选择事故后，点击"下一步"，出现"选择学员"对话框，可以选择单个或者多个学员，见图 2-59。

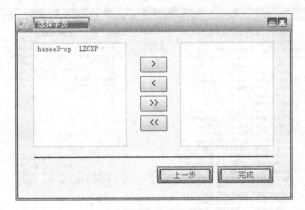

图 2-59 "选择学员"对话框

c. 选择学员后，点击"完成"按钮即可下发事故。

② 正常工况随机事故　正常工况随机事故题目是指在规定的时间内根据教师站编辑好的事故类型，随机下发一定个数的事故（时间和顺序都是随机），学员可以采用多种办法调整阀门，维持工艺参数的稳定。考验学生对工艺的理解和对随机事故处理的应变能力。

a. 在试卷中添加一道正常工况维持题目，设置好本题完成时间、所占比重，然后点击"增加事故"按钮，见图 2-60。

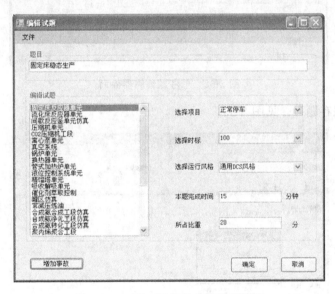

图 2-60　正常工况随机事故设置图示

b. 在弹出的"组合事故"对话框中，将希望发生的事故添加到右边的"随机事故"或"并行事故"框内。对于随机事故，要填写右上端的发生随机事故数（见图 2-61）。

随机事故：同一个时刻教师站每次随机下发一个事故。

并行事故：同一个时刻教师站每次同时下发多个事故。

编辑思考题

点击"思考题策略"弹出思考题编辑器界面，见图 2-62。

① 右击"题库"，选择"添加题目"命令，出现添加思考题界面，输入标题、题干、选项；同时在正确的答案前面打勾。思考题型可以是单选题，也可以是多选题。编辑完毕，点

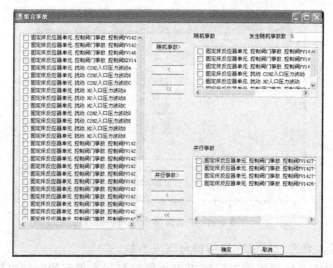

图 2-61 "组合事故"对话框

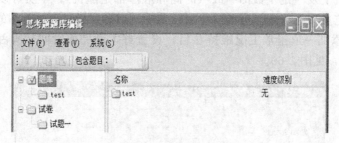

图 2-62 思考题编辑器界面

击"确定"按钮保存题目,见图 2-63。

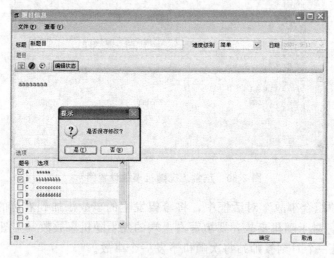

图 2-63 添加思考题界面

② 题目可以插入图片、音乐、FLASH 和 AVI 动画,采用多媒体的形式展现思考题,见图 2-64。

③ 右击试卷,选择"添加试卷"命令,填入试卷名称。在考核试卷中如果希望添加思考题,则需要把"题库"中的思考题先粘贴、复制到思考题策略编辑器中的"试卷"目录

下，然后才能把思考题添加到考核试卷中；同时也可以直接在"试卷"目录下添加思考题，见图 2-65。

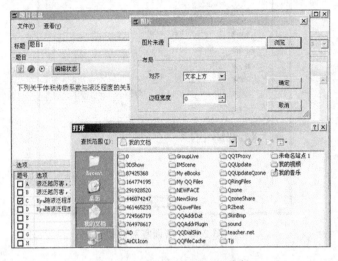

图 2-64　丰富思考题展现形式

图 2-65　在"试卷"目录下添加思考题

④ 编辑好思考题试卷后，右键点击试卷名称，出现操作菜单。可以对试卷中的思考题进行修改、添加和删除；同时还可以把试卷中的题目以 hml 格式导出（见图 2-66）。

⑤ 在导出试卷界面中可以对文件导入、题目顺序、答案顺序以及页面风格等方面进行操作，见图 2-67。

2.3.1.4　培训室的设置及使用

(1) 培训室的建立

① 右键点击"试卷大厅或者化工、环境等大厅"，选择"新建培训室"，见图 2-68。

② 在培训室对话框中更改培训室名称、启用时间、结束时间、人数上限、培训策略、权限及填写创建者名称和培训室描述，见图 2-69。

③ 选择"培训策略"后的"修改"按钮，进入培训模式选择界面。根据培训需要可以选择"培训""考核""联合操作""自由练习"等策略，见图 2-70。

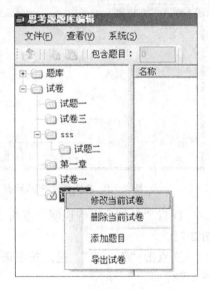

图 2-66　思考题题库编辑操作菜单

图 2-67　导出试卷界面

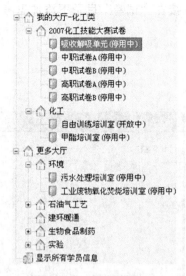

图 2-68 培训室建立图示

图 2-69 培训室对话框

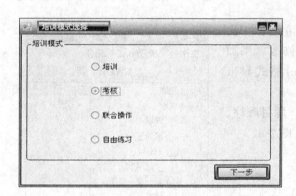

图 2-70 培训模式选择界面

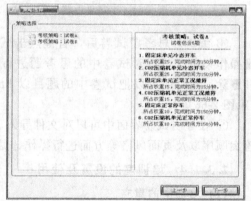

图 2-71 策略选择界面

④ 以"考核"为例说明，点击"下一步"，进入策略选择界面，选择所需要的试卷，见图 2-71。

⑤ 点击"下一步"，进入权限选择界面，选择相应的考试方式，完成培训室的建立，见图 2-72。

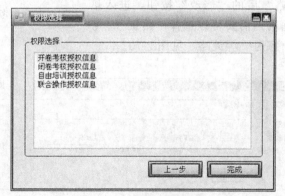

图 2-72 权限选择界面

⑥ 培训室中教师站建立界面如图 2-73 所示。

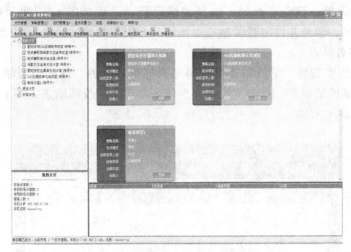

图 2-73　培训室中教师站建立界面

⑦ 点击右侧培训室下方的"开放"按钮，开放培训室，也可以右键点击我的大厅下的培训室，开放该培训室；此外，在"视图"菜单中可以更改状态显示。开放后的培训室状态如图 2-74 所示。

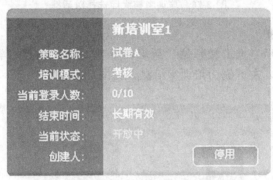

图 2-74　新培训室状态显示

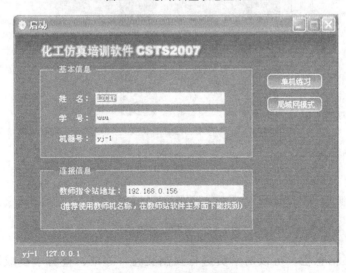

图 2-75　学员站登录界面

(2) 学员站的登录测试

① 学员站的设置 启动学员站，选择网络运行，出现如图 2-75 所示的学员站登录界面，设定登录姓名、学号并设定教师站指令地址（即安装教师站的电脑 IP 地址），点击"局域网模式"，连接教师站。

② 学员站培训室选择 学员站连接教师站需等待几秒钟，然后出现培训考核大厅选择对话框，选中正确的培训室，点击"连接"按钮，学员站与教师站正式连上，学员进入培训考核状态，如图 2-76 所示。

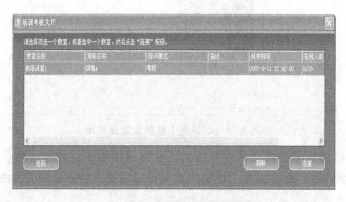

图 2-76 培训考核大厅选择对话框

(3) 教师站界面维护

学员站连接教师站后，点击教师站"新培训室 1"，在右侧显示学员的相关信息，右下方显示学员的登录信息，左下侧为培训室信息，见图 2-77。

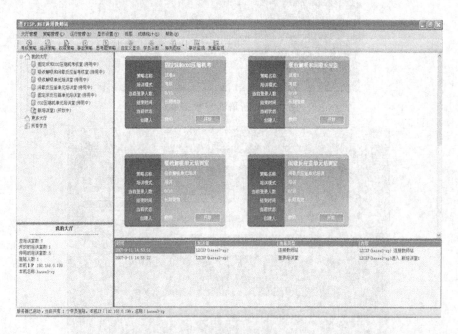

图 2-77 教师站界面图示

右键点击学员信息栏，可以对学员进行强制交卷、冻结、查看学员成绩、监测变量等操作。

2.3.1.5 思考题操作示例

(1) 步骤一

① 点击"思考题策略"图标，弹出如图 2-78 所示对话框。右键点击"试卷"，在"试卷"目录下添加试卷"A"。

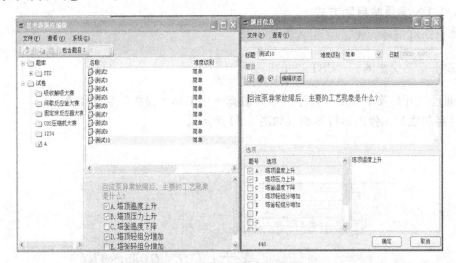

图 2-78　思考题题库及信息编辑对话框

② 在试卷 A 中添加思考题。思考题可以从"题库"中拷贝，也可以自己添加，见图 2-78。

(2) 步骤二

① 点击"考试策略"，在弹出的对话框中，右键点击"考核策略"，添加试卷"实习试卷 A"（左下部），见图 2-79。

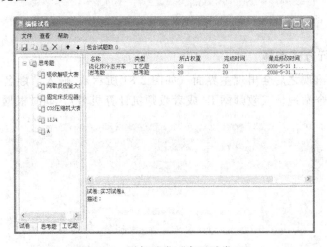

图 2-79　添加试卷"实习试卷 A"

② 点击"工艺题"添加工艺题"流化床冷态开车"。

③ 点击"思考题"按钮，把已经组好的思考题"试卷 A"添加到"实习考核 A"中，并修改名字为"思考题"。

④ 点击"保存"按钮，保存组好的试卷 A，关闭"编辑试卷"对话框。

(3) 步骤三

把组好的试卷 A 添加到"培训大厅→培训室"中，同时开发培训室，即可以用于学员考试。

2.3.2 学员站的操作方法

学员站软件安装完毕之后，软件自动在"桌面"和"开始菜单"生成快捷图标。

2.3.2.1 学员站启动方式

软件启动有两种方式：

① 双击桌面快捷图标"CSTS2007"：

② 通过"开始菜单→所有程序→东方仿真→化工单元操作"启动软件。

软件启动之后，弹出运行界面（如图 2-80 所示）。

图 2-80　学员站系统启动界面

2.3.2.2 运行方式选择

系统启动界面出现之后会出现主界面（如图 2-81 所示），输入"姓名、学号、机器号"，设置正确的教师指令站地址（教师站 IP 或者教师机计算机名），同时根据教师要求选择"单

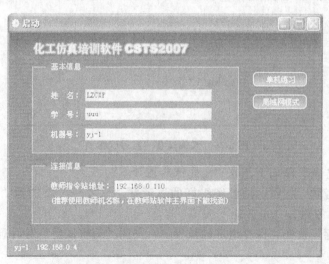

图 2-81　PISP.net 主界面

机练习"或者"局域网模式",进入软件操作界面（见图2-81）。

【单机练习】是指学员站不连接教师机，独立运行，不受教师站的软件的监控。

【局域网模式】是指学员站与教师站连接，老师可以通过教师站的软件实时监控学员的成绩，规定学员的培训内容，组织考试，汇总学员成绩等。

（考试必须在局域网模式下运行软件；建议平时练习也通过局域网模式）

2.3.2.3 工艺选择

选择软件运行模式之后，进入软件培训参数选择页面（图2-82）。

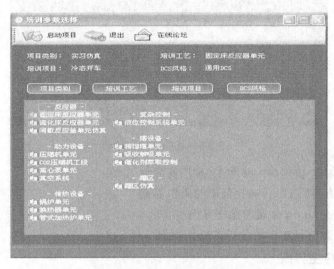

图2-82 培训参数选择页面

【启动项目】按钮的作用是在设置完培训项目和DCS风格后启动软件，进入软件操作界面。

【退出】按钮的作用是退出仿真软件

点击"培训工艺"按钮列出所有的培训单元。根据需要选择相应的培训单元。

2.3.2.4 培训项目选择

选择"培训工艺"后，进入"培训项目"列表里面选择所要运行的项目，如冷态开车、正常停车、事故处理。每个培训单元包括多个培训项目（见图2-83）。

图2-83 培训项目选择

2. 3. 2. 5　DCS 类型选择

北京东方仿真控制技术有限公司提供的仿真软件，包括四种 DCS 风格，有"通用 DCS风格、TDC3000、IA 系统、CS3000 风格"。根据需要选择所要运行 DCS 类型，单击确定，然后单击"启动项目"进入仿真软件操作画面（如图 2-84 所示）。

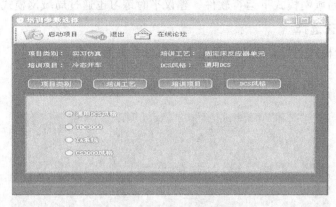

图 2-84　DCS 类型选择

【通用 DCS 风格】仿国内大多数 DCS 厂商界面

【TDC3000】仿美国 Honywell 公司的操作界面

【IA 系统】仿 foxboro 公司的操作界面

【CS3000 风格】仿日本横河公司的操作界面

2. 3. 2. 6　程序主界面

（1）工艺菜单

仿真系统启动之后，启动两个窗口，一个是流程图操作窗口，一个是智能评价系统。首先进入流程图操作窗口，进行软件操作。在流程图操作界面的上部是"菜单栏"，下部是"功能按钮栏"（如图 2-85 所示）。

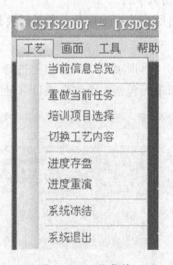

图 2-85　工艺菜单

工艺菜单包括当前信息总览，重做当前任务，培训项目选择，切换工艺内容，进度存盘，进度重演，冻结/解冻，系统退出。

【当前信息总览】显示当前培训内容的信息（如图 2-86 所示）。

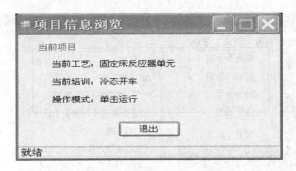

图 2-86　项目信息浏览

【重做当前任务】系统进行初始化，重新启动当前培训项目。

【切换工艺内容】退出当前培训项目，重新选择培训工艺。

【培训项目选择】退出当前培训项目，重新选择培训工艺。

【进度存盘】进度存档，保存当前数据。以便下次调用时可直接从当前工艺状态开始（如图 2-87 所示）。

图 2-87　保存界面

【进度重演】读取所保存的快门文件（*.sav），恢复以前所存储的工艺状态。

【系统冻结】类似于暂停键。系统"冻结"后，DCS 软件不接受任何操作，后台的数学模型也停止运算。

【系统退出】退出仿真系统（见图 2-88）。

图 2-88　退出系统提示

（2）画面菜单

画面菜单包括程序中的所有画面进行切换，有流程图画面、控制组画面、趋势画面、报警画面、辅助画面。选择菜单项（或按相应的快捷键）可以切换到相应的画面（见图2-89）。

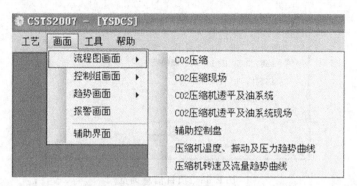

图 2-89　画面菜单

【流程图画面】用于各个DCS图和现场图的切换。

【控制组画面】把各个控制点集中在一个画面，便于工艺控制。

【趋势画面】保存各个工艺控制点的历史数据。

【报警画面】将出现报警的控制点，集中在同一个界面。一般情况下，在冷态开车过程中容易出现低报，此时可以不予理睬。

（3）工具菜单

工具菜单可以用来对变量监视、仿真时钟进行设置，如图2-90所示。

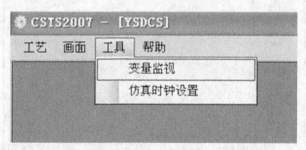

图 2-90　工具菜单

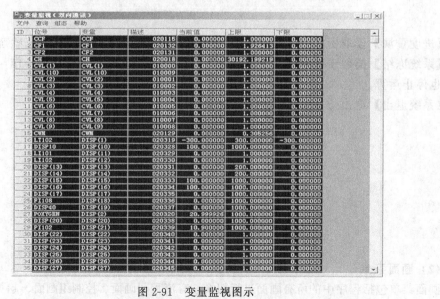

图 2-91　变量监视图示

【变量监视】监视变量。可实时监视变量的当前值，察看变量所对应的流程图中的数据点以及对数据点的描述和数据点的上下限（如图 2-91 所示）。

【仿真时钟设置】：即时标设置，设置仿真程序运行的时标。选择该项会弹出设置时标对话框（如图 2-92 所示）。时标以百分制表示，默认为 100％，选择不同的时标可加快或减慢系统运行的速度。系统运行的速度与时标成正比。

（4）帮助菜单

如图 2-93 所示，帮助菜单包括帮助主题、产品反馈、关于三个选项。

图 2-92　仿真时钟设置窗口

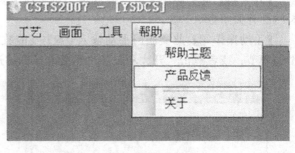

图 2-93　帮助菜单

【帮助主题】打开仿真系统平台操作手册。

【产品反馈】可以把对仿真软件的意见 E-MAIL 给生产商，以便并及时修正缺点，提升软件质量。

【关于】显示软件的版本信息、用户名称和激活信息（见图 2-94）。

图 2-94　激活信息

2.3.2.7　画面介绍及操作方式

（1）流程图画面

流程图画面有 DCS 图和现场图两种。

【DCS 图】DCS 图画面和工厂 DCS 控制室中的实际操作画面一致。在 DCS 图中显示所有工艺参数，包括温度、压力、流量和液位，同时在 DCS 图中只能操作自控阀门，而不能操作手动阀门。

【现场图】现场图是仿真软件独有的，是把在现场操作的设备虚拟在一张流程图上。在现场图中只可以操作手动阀门，而不能操作自控阀门。

流程图画面是主要的操作界面，包括流程图、显示区域和可操作区域。在流程图操作画面中当鼠标光标移到可操作的区域上面时会变成一个手的形状，表示可以操作。鼠标单击时会根据所操作的区域，弹出相应的对话框。如点击按钮 **TO DCS** 可以切换到 DCS 图，但是不同风格的操作系统弹出的对话框也不同。

① 通用 DCS 风格

a. 现场图　现场图中的阀门主要有开关阀和手动调节阀两种，在阀门调节对话框的左上角标有阀门的位号和说明：

【开关阀】此类阀门只有"开和关"两种状态。直接点击"打开"和"关闭"即可实现阀门的开关闭合。

【手动操作阀】此类阀门手动输入 0～100 的数字调节阀门的开度，即可实现阀门开关大小的调节；或者点击"开大和关小"按钮以 5% 的进度调节（见图 2-95）。

图 2-95　阀门图示

b. DCS 图　在 DCS 图中通过 PID 控制器调整气动阀、电动阀和电磁阀等自动阀门的开关闭合。在 PID 控制器中可以实现自动/AUT、手动/MAN、串级/CAS 三种控制模式的切换（见图 2-96）。

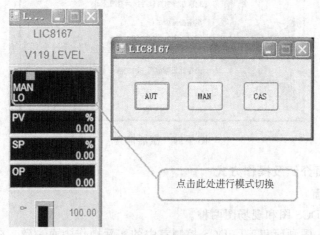

图 2-96　模式切换图示

【AUT】计算机自动控制。

【MAN】计算机手动控制。

【CAS】串级控制。两只调节器串联起来工作，其中一个调节器的输出作为另一个调节器的给定值。

【PV】实际测量值，由传感器测得。

【SP】设定值，计算机根据 SP 值和 PV 值之间的偏差，自动调节阀门的开度；在自动/AUT 模式下可以调节此参数（调节方式同 OP 值）。

【OP】计算机手动设定值，输入 0~100 的数据调节阀门的开度；在手动/MAN 模式下调节此参数（见图 2-97）。

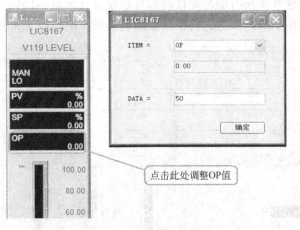

图 2-97　阀门开度设置

② TDC3000 风格

a. 现场图　对于 TDC3000 风格的流程图现场图中，有如下操作模式。操作区内包括所操作区域的工位号及描述。操作区有下面两种形式（见图 2-98、图 2-99）。

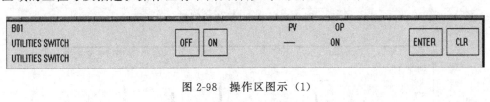

图 2-98　操作区图示（1）

图 2-99　操作区图示（2）

图 2-98 所示操作区一般用来设置泵的开关、阀门开关等一些开关形式（即只有是与否两个值）的量。点击 OP 会出现"OFF"和"ON"两个框，执行完开或关的操作后点击"ENTER"，OP 下面会显示操作后的新的信息，点击"CLR"将会清除操作区。

图 2-99 所示操作区一般用来设置阀门开度或其他非开关形式的量。OP 下面显示该变量的当前值。点击 OP 则会出现一个文本框，在下面的文本框内输入想要设置的值，然后按回车键即可完成设置，点击"CLR"将会清除操作区。

b. DCS 图　在 DCS 图中会出现该操作区，该操作区主要是显示控制回路中所控制的变量参数的测量值（PV）、设定值（SP）、当前输出值（OP）、"手动 MAN"/"自动 AUT/串级 CAS"方式等，可以切换"手动"/"自动/串级"方式，在手动方式下设定输出值等，其操作方式与前面所述的两个操作区相同（见图 2-100）。

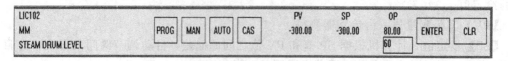

图 2-100　操作区图示（3）

（2）控制组画面

控制组画面包括流程中所有的控制仪表和显示仪表（如图 2-101、图 2-102 所示），不管是 TDC3000 还是通用的 DCS 都与它们在流程画面里所介绍的功能和操作方式相同。

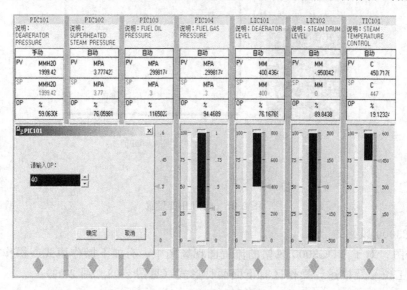

图 2-101　DCS 风格控制组

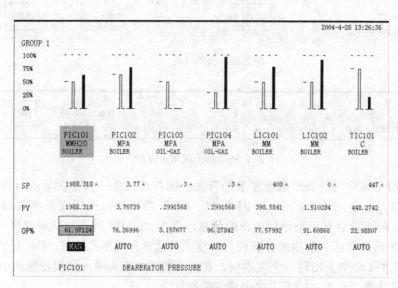

图 2-102　TDC3000 风格控制组

（3）报警画面

选择"报警"菜单中的"显示报警列表"，将弹出报警列表窗口（如图 2-103 所示）。报

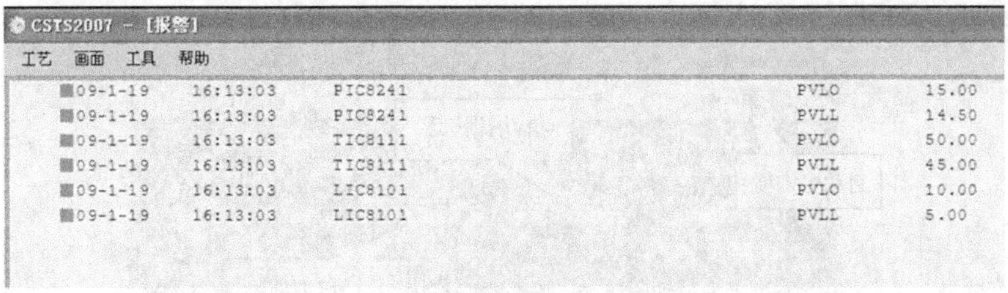

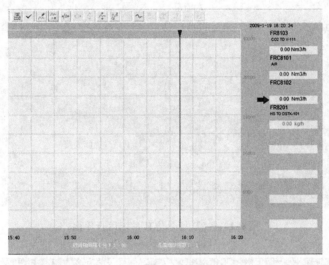

图 2-103　报警画面

警列表显示了报警的时间、报警的点名、报警点的描述、报警的级别、报警点的当前值及其他信息。

（4）趋势画面

通用 DCS：在"趋势"菜单中选择某一菜单项，会弹出如图 2-104 所示的趋势画面，该画面一共可同时显示 8 个点的当前值和历史趋势。

图 2-104　趋势画面

在趋势画面中可以用鼠标点击相应的变量的位号，查看该变量趋势曲线，同时有一个绿色箭头进行指示。也可以通过上部的快捷图标栏调节横纵坐标的比例；还可以用鼠标拖动白色的标尺，查看详细历史数据。

2.3.2.8　3D 仿真软件介绍及操作方式

（1）启动方式

① 双击软件图标启动软件（见图 2-105）。

② 点击"培训工艺"和"培训项目"，根据教学学习的需要选择某一培训项目，然后点击"启动项目"启动软件（见图 2-106）。

（2）软件运行界面

3D 场景仿真系统运行界面见图 2-107。

操作质量评分系统运行界面见图 2-108。

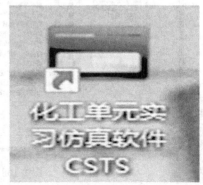

图 2-105　化工单元实习仿真软件

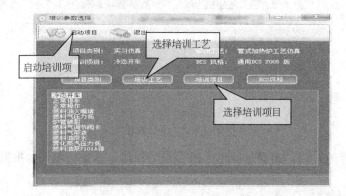

图 2-106 启动项目过程

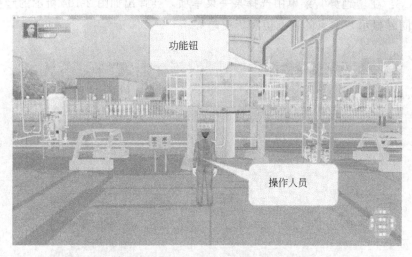

图 2-107 3D场景仿真系统运行界面

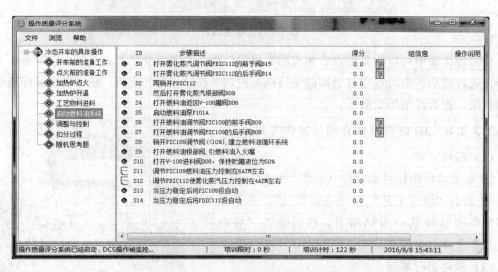

图 2-108 操作质量评分系统运行界面

(3) 3D场景仿真系统介绍

① 移动方式

- 按住 WSAD 键可控制当前角色向前后左右移动。
- 按住 Q、E 键可进行角色视角左转与右转。
- 点击 R 键或功能按钮中"走跑切换"按钮可控制角色进行走、跑切换。
- 鼠标右键点击一个地点，当前角色可瞬移到该位置。

② 视野调整　用户在操作软件过程中，所能看到的场景都是由摄像机来拍摄，摄像机跟随当前控制角色（如培训学员）。所谓视野调整，即摄像机位置的调整。

- 按住鼠标左键在屏幕上向左或向右拖动，可调整操作者视野即摄像机位置向左转或是向右转，但当前角色并不跟随场景转动。
- 按住鼠标左键在屏幕上向上或向下拖动，可调整操作者视野即摄像机位置向上转或是向下，相当于抬头或低头的动作。
- 滑动鼠标滚轮向前或是向后转动，可调整摄像机与角色之间的距离变化。

③ 视角切换　点击空格键即可切换视角，在默认人物视角和全局视角间切换。

④ 操作阀门　当控制角色移动到目标阀门附近时，鼠标悬停在阀门上，此阀门会闪烁，代表可以操作阀门；如果距离较远，即使将鼠标悬停在阀门位置，阀门也不会闪烁，代表距离太远，不能操作。

- 左键双击闪烁阀门，可进入操作界面。
- 在操作界面上方有操作框，点击后进行开关操作，同时阀门手轮或手柄会相应转动。
- 按住上下左右方向键，可调整摄像机以当前阀门为中心进行上下左右的旋转。
- 滑动鼠标滚轮，可调整摄像机与当前阀门的距离。
- 单击右键，退出阀门操作界面。

⑤ 查看仪表　当控制角色移动到目标仪表附近时，鼠标悬停在仪表上，此仪表会闪烁，说明可以查看仪表；如果距离较远，即使将鼠标悬停在仪表位置，仪表也不会闪烁，说明距离太远，不可观看。

- 左键双击闪烁仪表，可进入操作界面。
- 在仪表界面上显示有相应的实时数据显示，如温度、压力等。
- 点击关闭标识，退出仪表显示界面。

⑥ 操作电源控制面板　电源控制面板位于实验装置旁，可根据设备名称找到该设备的电源面板。当控制角色移动到电源控制面板目标电源附近时，鼠标悬停在该电源面板上，此电源面板会闪烁，出现相应设备的位号，说明可以操作电源面板；如果距离较远，即使将鼠标悬停在电源面板位置，电源面板也不会闪烁，代表距离太远，不能操作（见图 2-109）。

- 在操作面板界面上双击绿色按钮，开启相应设备，同时绿色按钮会变亮。
- 在操作面板界面上双击红色按钮，关闭相应设备，同时绿色按钮会变暗。
- 按住上下左右方向键，可调整摄像机以当前控制面板为中心进行上下左右的旋转。
- 滑动鼠标滚轮，可调整摄像机与当前电源面板的距离。

⑦ 知识点　知识点主要介绍相应单元操作所用到的主要设备及阀门，在 2D 界面有知识点的按钮，也可从 3D 中控室中双击电脑屏幕调出知识点界面。

(4) 功能按钮介绍

点击某一个功能按钮后弹出如图 2-110 所示界面，再次点击该功能按钮，界面消失。下面介绍操作中几个常用的功能按钮。

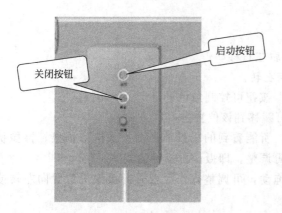

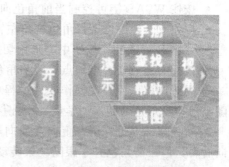

图 2-109 操作电源控制面板   图 2-110 功能按钮面板

① 查找功能 查找 ：左键点击查找功能按钮，弹出查找框。适用于知道阀门位号，不知道阀门位置的情况（见图 2-111）。

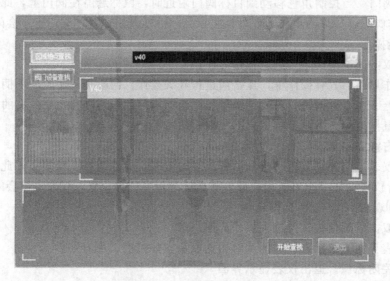

图 2-111 查找功能按钮面板

• 上部为搜索区，在搜索栏内输入目标阀门位号，如 VA101，按回车或"搜索"开始搜索，在显示区将显示出此阀门位号；也可直接点击，在显示区将显示出所有阀门位号（见图 2-112）。

图 2-112 搜索框界面

• 中部为显示区，显示搜索到的阀门位号。

• 下部为操作确认区，选中目标阀门位号，点击开始查找按钮，进入到查找状态；若点击退出，则取消此操作。

• 进入查找状态后，主场景画面会切换到目标阀门的近景图，可大概查看周边环境。点击右键退出阀门近景图。

主场景中当前角色头顶出现绿色指引箭头，实施指向目标阀门方向，到达目标阀门位置后，指引箭头消失（见图2-113）。

图 2-113　角色操作界面

② 演示功能 [演示]：左键点击"演示"功能按钮，即开始播放间歇釜反应单元的漫游，漫游中介绍了本软件的工艺、设备及物料流动过程。

③ 手册功能 [手册]：左键点击"手册"功能按钮，即弹出本软件的操作手册。便于了解软件的使用。

④ 帮助功能 [帮助]：单击"帮助"功能按钮，会出现如图 2-114 所示的操作帮助界面。

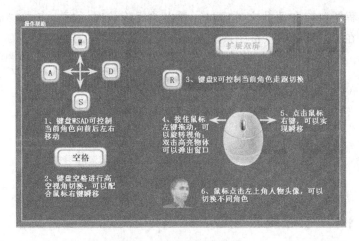

图 2-114　操作帮助界面

- 按住 WSAD 键可控制当前角色向前后左右移动。
- 空格键进行高空视角切换，可以配合鼠标右键瞬移。
- 按住 Q、E 键可进行左转弯与右转弯。

● 点击 R 键或功能按钮中"走跑切换"按钮可控制角色进行走、跑切换。

● 按住鼠标左键在屏幕上向左或向右拖动，可调整操作者视野即摄像机位置向左转或是向右转，但当前角色并不跟随场景转动。

● 点击鼠标右键可实现瞬移。

● 通过鼠标左键点击左上角人物头像，可以切换当前角色（见图 2-114）。

⑤ 视角功能 ：视角功能中保存了各个视角，点击不同视角可以从不同角度观察三维（3D）环境（见图 2-115）。

图 2-115　角色操作界面

⑥ 地图功能　地图：地图功能主要展现了厂区的环境和主要的操作区域。

2.3.2.9　退出系统

直接关闭流程图窗口和评分文件窗口，弹出关闭确认对话框，点击"是"就会退出系统，另外，还可在工艺菜单中点击"系统退出"退出系统（见图 2-116）。

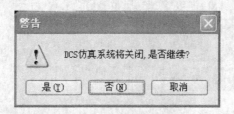

图 2-116　退出系统图示

2.3.3　PISP 平台评分系统的使用

启动软件系统进入操作平台，同时也就启动了过程仿真系统平台 PISP 操作质量评分系统，评分系统界面如图 2-117 所示。

过程仿真系统平台 PISP.net 评分系统是智能操作指导、诊断、评测软件（以下简称智能软件），它通过对用户的操作过程进行跟踪，在线为用户提供如下功能。

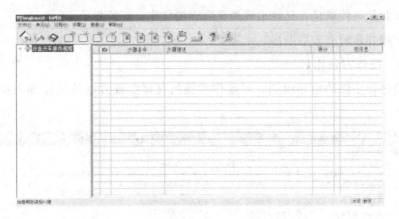

图 2-117　PISP. net 评分系统界面

2.3.3.1　操作状态指示

对当前操作步骤和操作质量所进行的状态以不同的图标表示出来。

操作步骤状态图标及提示（见图 2-118）：

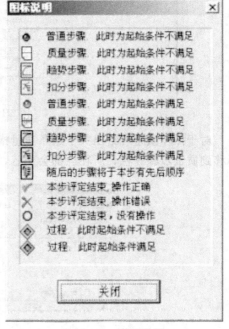

：表示此过程的起始条件没有满足，该过程不参与评分。

：表示此过程的起始条件满足，开始对过程中的步骤进行评分。

：为普通步骤，表示本步骤还没有开始操作，也就是说，还没有满足此步的起始条件。

：表示本步已经开始操作，但还没有操作完，也就是说，已满足此步的起始条件，但此操作步骤还没有完成。

：表示本步操作已经结束，并且操作完全正确（得分等于 100%）。

：表示本步操作已经结束，但操作不正确（得分为 0）。

图 2-118　图标说明

：表示过程终止条件已满足，本步操作无论是否完成都被强迫结束。

2.3.3.2　操作质量图标及提示

操作质量图标及提示如图 2-118 所示。

：表示这条质量指标还没有开始评判，即起始条件未满足。

：表示参数变化趋势未满足要求。

：在 PISP. net 的评分系统中包括了扣分步骤，主要是当操作严重不当，可能引起重大事故时，从已得分数中扣分，此图标表示起始条件不满足，即还没有出现失误操作。

：表示起始条件满足，本步骤已经开始参与评分，若本步评分没有终止条件，则会一直处于评分状态。

：表示参数变化趋势满足要求。

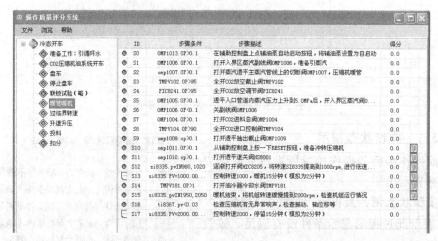

：表示起始条件满足，已经出现严重失误的操作，开始扣分。

：表示操作步骤有先后顺序，未满足。

2.3.3.3 操作方法指导

在线给出操作步骤的指导说明，对操作步骤的具体实现方法给出详细的操作说明（见图 2-119）。

图 2-119 操作步骤说明

对于操作质量可给出关于这条质量指标的目标值、上下允许范围、上下评定范围，当鼠标移到质量步骤一栏，所在栏都会变蓝，双击点出该步骤属性对话框（见图 2-120）。

图 2-120 步骤属性对话框

（提示：质量评分从起始条件满足后，开始评分，如果没有终止条件，评分贯穿整个操作过程。控制指标越接近标准值的时间越长，得分越高。）

2.3.3.4 操作诊断及诊断结果指示

实时对操作过程进行跟踪检查，并对用户的操作进行实时评价，将操作错误的过程或动作一一说明，以便用户对这些错误操作查找原因及时纠正或在今后的训练中进行改正及重点训练（见图 2-121）。

图 2-121　操作诊断结果

2.3.3.5　查看分数

实时对操作过程进行评定，对每一步进行评分，并给出整个操作过程的综合得分，可以实时查看用户所操作的总分，并生成评分文件。

"浏览→成绩"查看总分和每个步骤实时成绩（见图 2-122）。

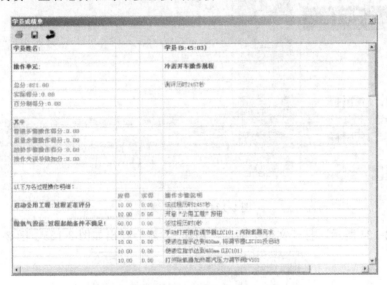

图 2-122　学员成绩单

2.3.3.6　其他辅助功能

PISP.net 评分系统辅助功能：

① 学员最后的成绩可以生成成绩列表，成绩列表可以保存也可以打印。如图 2-123 所示，点击"浏览"菜单中的"成绩"就会弹出对话框，此对话框包括学员资料、总成绩、各项分部成绩及操作步骤得分的详细说明。

② 单击"文件"菜单下面的"打开"可以打开以前保存过的成绩单，单击"保存"菜单可以保存新的成绩单覆盖原来旧的成绩单，"另存为"则不会覆盖原来保存过的成绩单（见图 2-124）。

图 2-123　智能评价系统图示

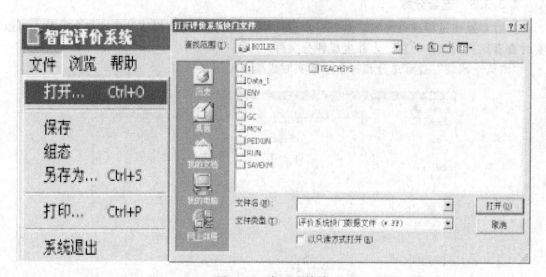

图 2-124　打开成绩单

③ 如图 2-124 所示，打开文件下面的"组态"，就会弹出如图 2-125、图 2-126 所示的对

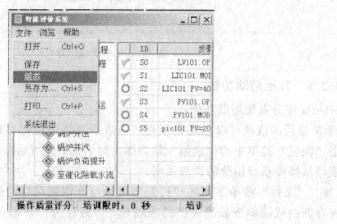

图 2-125　评分组态选项

图 2-126　评分组态对话框

话框，在该对话框中可以对评分内容重新组态，其中包括操作步骤、质量评分、所得分数等
（该功能需要东方仿真公司授权使用）。

④ 可直接单击"文件"下面的"系统退出"退出操作系统。

⑤ 如图 2-127 所示，单击"光标说明"，查看相关的光标说明，帮助操作者进行操作。

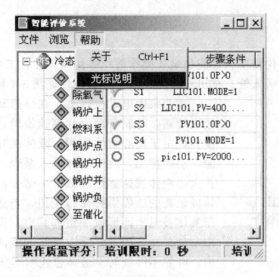

图 2-127　光标说明选项

思考题

1. 当产生过程或系统报警时，在 DSC 系统中如何确认报警范围、类型？

2. 当产生过程或系统报警时，如何利用查询功能确定报警信息？

3. 如何通过教师站的"培训策略"和"考试策略"命令来完成下发培训项目或试题？

4. 如何在局域网模式下准确进入相应的培训项目？

5. 如何通过 PISP 操作质量评分系统实时对操作过程进行跟踪检查，并最终生成评分文件？

第 3 章

基本单元操作模块 2D 仿真实训

3.1 离心泵单元操作

3.1.1 工作原理

离心泵由于具有结构简单、性能稳定和操作简单等优点，在化工生产中广泛应用于液体输送或加压。离心泵由吸入管、排出管和离心泵主体组成，如图 3-1 所示。

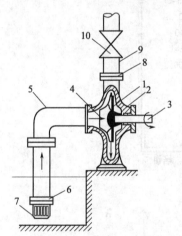

图 3-1 单级单吸式离心泵
的结构示意图
1—叶轮；2—泵壳；3—泵轴；
4—吸入口；5—吸入管；
6—底阀；7—滤网；
8—排出口；9—排出管；
10—调节阀

离心泵由电动机带动，在泵启动前，液体充满泵体及吸入管路，叶轮带动叶片高速旋转，叶片间的液体也一起旋转，由于离心力的作用，液体从叶轮中心被甩向叶轮外缘，动能增加，此时液体进入泵壳，由于泵壳中流道逐渐扩大，液体流速逐渐降低，一部分动能转变为静压能，液体以较高的压强沿排出口流出，与此同时，叶轮中心处由于液体被甩出而形成一定的真空，而液面处的压强比叶轮中心处要高，因此，吸入管路的液体在压差作用下进入泵内。叶轮不停旋转，液体也连续不断地被吸入和压出。

离心泵的操作中有两种现象应当避免：气缚和汽蚀。

在启动泵前，泵内没有灌满被输送的液体，或在运转过程中泵内渗入了空气，由于气体的密度小于液体，产生的离心力小，无法把空气甩出去，导致叶轮中心所形成的真空度不足以将液体吸入泵内，尽管叶轮在不停地旋转，却由于离心泵失去了自吸能力而无法输送液体，这种现象称为气缚。

当贮槽液面的压力一定时，如果叶轮中心的压力降低到等于被输送液体当前温度下的饱和蒸气压时，叶轮进口处的液体会出现大量的气泡，这些气泡随液体进入高压区后又迅速被压碎，致使气泡所在空间形成真空，周围的液体质点以极大的速度冲向气泡中心，造成瞬间冲击压力，从而使叶轮很快损坏，同时伴有泵体振动，发出噪声，泵的流量，扬程和效率明显下降，这种现象叫汽蚀。

3.1.2 仿真界面

离心泵单元 DCS 仿真界面如图 3-2 所示，仿真现场界面如图 3-3 所示。

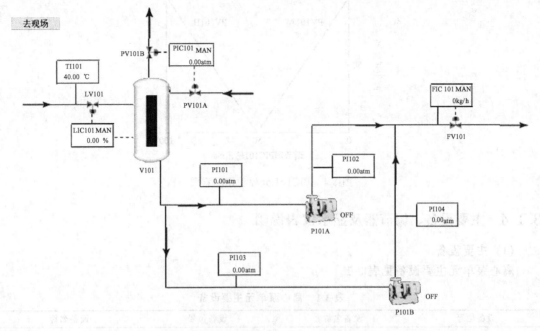

图 3-2　离心泵单元 DCS 仿真界面

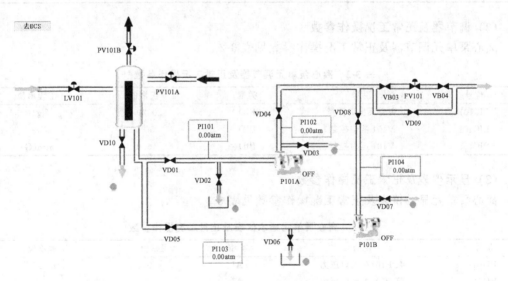

图 3-3　离心泵单元仿真现场界面

3.1.3　工艺流程简介

某带压液体（约 40℃）经调节阀 LV101 进入储罐 V101，储罐液位由液位控制器 LIC101 通过调节 V101 的进料量来控制，罐内压力由 PIC101 分程控制，PV101A、PV101B 分别调节进入 V101 和出 V101 的氮气量，从而保持罐压恒定在 5.0atm（G，1atm＝101325Pa），两调节阀的分程控制如图 3-4 所示。罐内液体由泵 P101A/B 抽出，泵出口流量在流量调节器 FIC101 的控制下输送到其他设备。

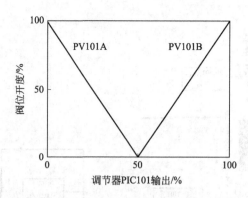

图 3-4　PIC101 分程动作示意图

3.1.4　主要设备、调节器及显示仪表说明

(1) 主要设备

离心泵单元主要设备见表 3-1。

表 3-1　离心泵单元主要设备

设备位号	设备名称	设备位号	设备名称
V101	液体储罐	P101B	离心泵 B(备用泵)
P101A	离心泵 A		

(2) 调节器及正常工况操作参数

离心泵单元调节器及正常工况操作参数见表 3-2。

表 3-2　离心泵单元调节器及正常工况操作参数

位号	说明	类型	正常值	工程单位
FIC101	离心泵出口流量	PID	20000.0	kg/h
LIC101	V101 液位控制	PID	50.0	%
PIC101	V101 压力控制	PID	5.0	atm(G)

(3) 显示仪表及正常工况操作参数

离心泵单元显示仪表及正常工况操作参数见表 3-3。

表 3-3　离心泵单元显示仪表及正常工况操作参数

位号	说明	类型	正常值	工程单位
PI101	泵 P101A 入口压力	AI	4.0	atm(G)
PI102	泵 P101A 出口压力	AI	12.0	atm(G)
PI103	泵 P101B 入口压力	AI	4.0	atm(G)
PI104	泵 P101B 出口压力	AI	12.0	atm(G)
TI101	进料温度	AI	50.0	℃

3.1.5　操作规程

3.1.5.1　开车操作

(1) 准备工作

① 盘车、核对吸入条件、调整填料或机械密封装置（软件中省略，但实际工作时应

完成）。

② 确认各调节阀处于手动关闭状态，各手操阀处于关闭状态。

(2) 罐 V101 充液、充压

① 打开 LIC101 调节阀，开度约为 50%，向 V101 罐充液。

② 待 V101 罐液位＞5% 后，缓慢打开分程压力调节阀 PV101A 向 V101 罐充压，当压力达到 5.0atm 时，PIC101 设定 5.0atm，投自动。

离心泵单元操作
扫描二维码观看视频

③ 当 LIC101 达到 50% 时，LIC101 设定 50%，投自动。

(3) 灌泵排气

① 待 V101 罐充压充到正常值 5.0atm 后，全开 P101A 泵入口阀 VD01，向离心泵充液。

② 全开 P101A 泵后排气阀 VD03 排放泵内不凝性气体，观察 P101A 泵后排空阀 VD03 的出口，当有液体溢出时，显示标志变为绿色，即 P101A 泵已无不凝气体，关闭 P101A 泵后排空阀 VD03，离心泵启动准备工作就绪。

(4) 启动离心泵

① 启动 P101A（或 B）泵。

② 待 PI102 指示比入口压力大 1.5～2.0 倍后，打开 P101A 泵出口阀 VD04。

③ 顺次打开 FIC101 调节阀的前阀 VB03、后阀 VB04，逐渐开大调节阀 FIC101 的开度，使 PI101、PI102 趋于正常值。

④ 通过调节器 FIC101 微调调节阀 FV101，在测量值与给定值（20000kg/h）相对误差 5% 范围内且较稳定时，FIC101 设定 20000kg/h，投自动。

3.1.5.2　正常操作

(1) 正常工况操作参数

① 离心泵出口压力：12.0atm。

② V101 罐液位 LIC101：50.0%。

③ V101 罐内压力 PIC101：5.0atm。

④ 泵出口流量 FIC101：20000kg/h。

(2) 负荷调整

可任意改变泵、按键的开关状态，手操阀的开度及液位调节阀、流量调节阀、分程压力调节阀的开度，观察其现象。其中 P101A 泵功率正常值 15kW，FIC101 量程正常值 20t/h。

3.1.5.3　停车操作

(1) V101 罐停进料

将调节器 LIC101 置手动，并手动关闭调节阀 LV101，停 V101 罐进料。

(2) 停泵

① 待罐 V101 液位小于 10% 时，关闭 P101A（或 B）泵的出口阀 VD04。

② 停 P101A 泵，关闭 P101A 泵前阀 VD01。

③ 将调节阀 FIC101 置手动，关闭调节阀 FV101 及其后、前阀 VB04 和 VB03。

(3) 泵 P101A 泄液

打开泵 P101A 泄液阀 VD02，观察 P101A 泵泄液阀 VD02 的出口，当不再有液体泄出时，显示标志变为红色，关闭 P101A 泵泄液阀 VD02。

(4) V101 罐泄压、泄液

① 待罐 V101 液位小于 10% 时，打开 V101 罐泄液阀 VD10。

② 待 V101 罐液位小于 5%时，通过调节器 PIC101 打开 V101 泄压阀 PV101B。

③ 观察 V101 罐泄液阀 VD10 的出口，当不再有液体泄出时，显示标志变为红色，关闭泄液阀 VD10 和 PV101B。

3.1.5.4 事故处理

离心泵操作主要事故及处理方法见表 3-4。

表 3-4　离心泵操作主要事故及处理方法

序号	事故名称	事故现象	处理方法
1	P101A 泵坏	①P101A 泵出口压力急剧下降。 ②FIC101 流量急剧减小	切换到备用泵 P101B ①按正常操作启动泵 P101B(参见 3.1.4.1 开车操作之启动离心泵) ②待 P101B 进出口压力指示正常,按停泵顺序停止 P101A 运转,关闭泵 P101A 入口阀 VD01 ③通知维修部门
2	调节阀 FV101 阀卡	FIC101 的液体流量不可调节	①打开 FV101 的旁通阀 VD09,调节流量使其达到正常值 ②手动关闭调节阀 FV101 及其后阀 VB04、前阀 VB03 ③通知维修部门
3	P101A 入口管线堵	①P101A 泵入口、出口压力急剧下降。 ②FIC101 流量急剧减小到零	切换到备用泵 P101B,并通知维修部门进行维修
4	P101A 泵汽蚀	①P101A 泵入口、出口压力上下波动。 ②P101A 泵出口流量波动(大部分时间达不到正常值)	切换到备用泵 P101B
5	P101A 泵气缚	①P101A 泵入口、出口压力急剧下降。 ②FIC101 流量急剧减少	切换到备用泵 P101B

3.2　换热器单元操作

3.2.1　工作原理

化工生产中所指的换热器，常指间壁式换热器，它利用金属壁将冷、热两种流体间隔开，热流体将热传到壁面的一侧（对流传热），通过间壁内的热传导，再由间壁的另一侧将热传给冷流体，从而使热物流被冷却，冷物流被加热，满足化工生产中对冷物流或热物流温度的控制要求。

本单元选用的是列管式换热器，如图 3-5 所示。在对流传热中，传递的热量除与传热推动力（温度差）有关外，还与传热面积和传热系数成正比。传热面积减少时，传热量减少；如果间壁上有气膜或垢层，都会降低传热系数，减少传热量。所以，开车时要排不凝气；发

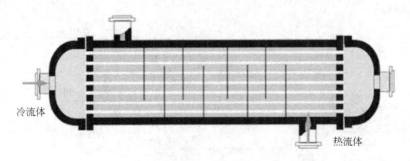

图 3-5　列管式换热器结构示意图

生管堵或严重结垢时，必须停车检修或清洗。

另外，考虑到金属的热胀冷缩性质，尽量减小温差应力和局部过热问题，开车时应先进冷物料后进热物料；停车时则先停热物料后停冷物料。

3.2.2　仿真界面

列管式换热器 DCS 仿真界面如图 3-6 所示，仿真现场界面如图 3-7 所示。

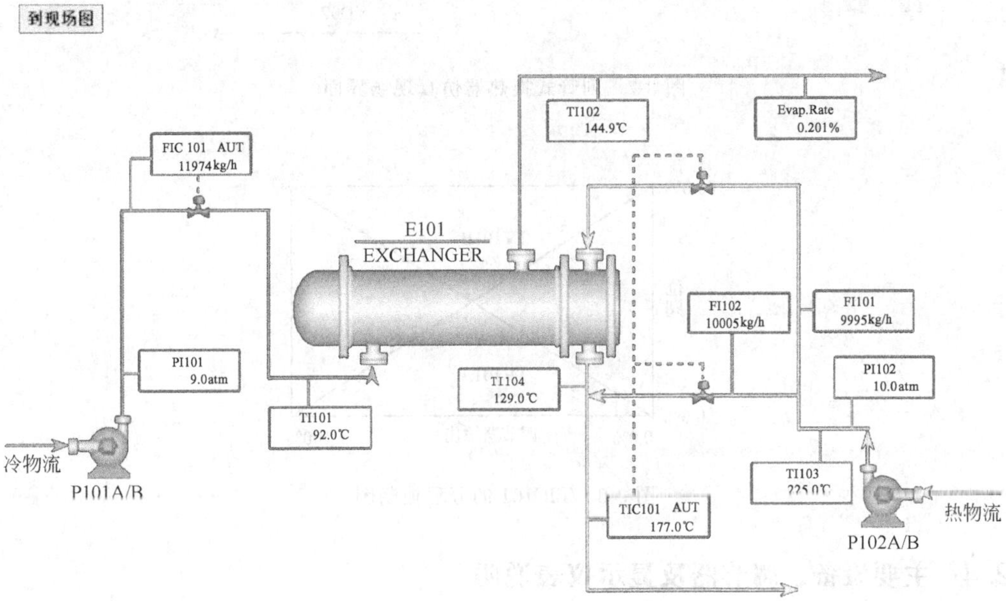

到现场图

图 3-6　列管式换热器 DCS 仿真界面

3.2.3　工艺流程简介

来自界外的 92℃冷物流（沸点：198.25℃）由泵 P101A/B 送至换热器 E101 的壳程被流经管程的热物流加热至 145℃，并有 20％被汽化。冷物流流量由流量控制器 FIC101 控制，正常流量为 12000kg/h。来自另一设备的 225℃热物流经泵 P102A/B 送至换热器 E101 与流经壳程的冷物流进行热交换，热物流出口温度由 TIC101 控制（177℃）。

为保证热物流的流量稳定，TIC101 采用分程控制，TV101A 和 TV101B 分别调节流经 E101 和副线的流量，两调节阀的分动作如图 3-8 所示，TIC101 输出 0％～100％分别对应 TV101A 开度 0％～100％、TV101B 开度 100％～0％。

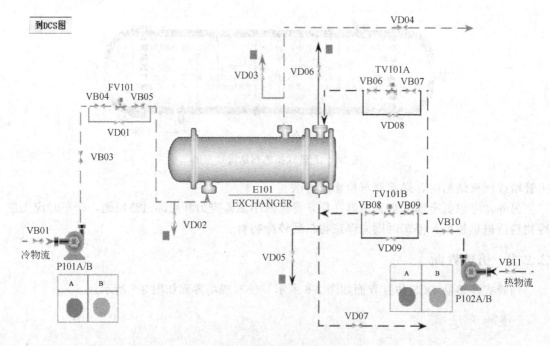

图 3-7 列管式换热器仿真现场界面

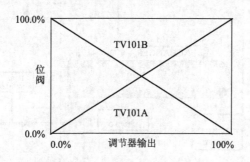

图 3-8 TIC101 的分程控制图

3.2.4 主要设备、调节器及显示仪表说明

(1) 主要设备

换热器单元主要设备见表 3-5。

表 3-5 换热器单元主要设备

设备位号	设备名称	设备位号	设备名称
P101A/B	冷物流进料泵	P102A/B	热物流进料泵
E101	列管式换热器		

(2) 调节器及正常工况操作参数

换热器单元调节器及正常工况操作参数见表 3-6。

表 3-6　换热器单元调节器及正常工况操作参数

位号	说明	类型	正常值	工程单位
FIC101	冷流入口流量控制	PID	12000	kg/h
TIC101	热流入口温度控制	PID	177	℃

(3) 显示仪表及正常工况操作参数

换热器单元显示仪表及正常工况操作参数见表 3-7。

表 3-7　换热器单元显示仪表及正常工况操作参数

位号	说明	类型	正常值	工程单位
PI101	冷流入口压力显示	AI	9.0	atm
TI101	冷流入口温度显示	AI	92	℃
PI102	热流入口压力显示	AI	10.0	atm
TI102	冷流出口温度显示	AI	145.0	℃
TI103	热流入口温度显示	AI	225	℃
TI104	热流出口温度显示	AI	129	℃
FI101	流经换热器流量	AI	10000	kg/h
FI102	未流经换热器流量	AI	10000	kg/h

注：AI—模拟量输入。

3.2.5　操作规程

3.2.5.1　开车操作

(1) 开车前准备

开工状态为换热器处于常温常压，各调节阀处于手动关闭状态，各手操阀处于关闭状态。

(2) 启动冷物流进料泵 P101A

① 打开换热器 E101 壳程排气阀 VD03。

② 打开 P101A 泵的前阀 VB01。

③ 启动泵 P101A。

④ 当进料压力指示表 PI101 指示达 4.5atm 以上，打开 P101A
泵的出口阀 VB03。

换热器单元操作
扫描二维码观看视频

(3) 冷物流 E101 进料

① 打开 FIC101 的前阀 VB04，后阀 VB05，手动逐渐开大调节阀 FV101（FIC101）。

② 观察壳程排气阀 VD03 的出口，当有液体溢出时（VD03 旁边标志变绿），标志着壳程已无不凝性气体，关闭壳程排气阀 VD03，壳程排气完毕。

③ 打开冷物流出口阀 VD04，将其开度置为 50%。

④ 手动调节 FV101，使 FIC101 达到 12000kg/h 且较稳定时，设定为 12000kg/h，投自动。

(4) 启动热物流入口泵 P102A

① 打开管程放空阀 VD06。

② 打开 P102A 泵的前阀 VB11。

③ 启动 P102A 泵，当热物流进料压力表 PI102 指示大于 10atm 时，全开 P102 泵的出口阀 VB10。

(5) 热物流进料

① 打开 TV101A 的前阀 VB06，后阀 VB07。

② 打开 TV101B 的前阀 VB08，后阀 VB09。

③ 打开调节阀 TV101A（默认即开）给 E101 管程注液，观察 E101 管程排气阀 VD06 的出口，当有液体溢出时（VD06 旁边标志变绿），标志着管程已无不凝性气体，此时关管程排气阀 VD06，E101 管程排气完毕。

④ 打开 E101 热物流出口阀 VD07，将其开度置为 50%。

⑤ 手动调节管程温度控制阀 TIC101，使其出口温度在（177±2）℃，且较稳定，TIC101 设定在 177℃，投自动。

3.2.5.2 正常操作

(1) 正常工况操作参数

① 冷物流流量为 12000kg/h，出口温度为 145℃，汽化率 20%。

② 热物流流量为 10000kg/h，出口温度为 177℃。

(2) 备用泵的切换

① P101A 与 P101B 之间可任意切换。

② P102A 与 P102B 之间可任意切换。

3.2.5.3 停车操作

(1) 停热物流进料泵 P102A

① 关闭 P102 泵的出口阀 VB10。

② 停 P102A 泵，待 PI102 指示小于 0.1atm 时，关闭 P102 泵入口阀 VB11。

(2) 停热物流进料

① 将 TIC101 置手动，并关闭 TV101A 阀。

② 关闭 TV101A 的前阀 VB06，后阀 VB07。

③ 关闭 TV101B 的前阀 VB08，后阀 VB09。

④ 关闭 E101 热物流出口阀 VD07。

(3) 停冷物流进料泵 P101A

① 关闭 P101 泵的出口阀 VB03。

② 停 P101A 泵，待 PI101 指示小于 0.1atm 时，关闭 P101 泵入口阀 VB01。

(4) 停冷物流进料

① FIC101 置手动。

② 关闭 FIC101 的前阀 VB04，后阀 VB05。

③ 关闭 FV101 阀。

④ 关闭 E101 冷物流出口阀 VD04。

(5) E101 管程、壳程泄液

① 打开管程泄液阀 VD05，观察管程泄液阀 VD05 的出口，当不再有液体泄出时，关闭泄液阀 VD05。

② 打开壳程泄液阀 VD02，观察壳程泄液阀 VD02 的出口，当不再有液体泄出时，关闭泄液阀 VD02。

3.2.5.4 事故处理

换热器操作主要事故及处理方法见表 3-8。

表 3-8　换热器操作主要事故及处理方法

序号	事故名称	事故现象	处理方法
1	FIC101 阀卡	①FIC101 流量减小 ②P101 泵出口压力升高 ③冷物流出口温度升高	关闭 FIC101 前后阀,打开 FIC101 的旁路阀(VD01),调节流量使其达到正常值
2	P101A 泵坏	①P101 泵出口压力急剧下降 ②FIC101 流量急剧减小 ③冷物流出口温度升高,汽化率增大	关闭 P101A 泵,开启 P101B 泵,并调节流量使其达到正常值
3	P102A 泵坏	①P102 泵出口压力急剧下降 ②冷物流出口温度下降,汽化率降低	关闭 P102A 泵,开启 P102B 泵,并调节流量使其达到正常值
4	TV101A 阀卡	①热物流经换热器换热后温度降低 ②冷物流出口温度低	关闭 TV101A 前后阀,打开 TV101A 的旁路阀(VD01),调节流量使其达到正常值。关闭 TV101B 前后阀,调节旁路阀(VD09)
5	部分管堵	①热物流流量减小 ②冷物流出口温度降低,汽化率降低 ③热物流 P102 泵出口压力略升高	停车,拆换热器清洗
6	换热器结垢严重	热物流出口温度高	停车,拆换热器清洗

3.3 多效蒸发单元操作

3.3.1 工作原理

在大规模工业生产过程中,蒸发水分必然消耗大量的加热蒸汽,为了减少蒸汽消耗量,通常采用多效蒸发操作(见图 3-9)。

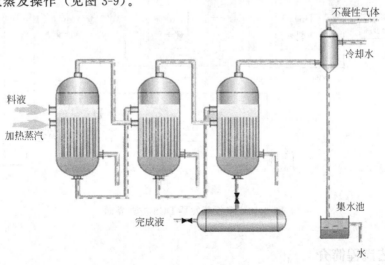

图 3-9　多效蒸发器结构示意图

将加热蒸汽通入蒸发器，液体受热沸腾会产生二次蒸汽，该二次蒸汽又可作为后效的加热介质，整个过程中仅第一效需要消耗生蒸汽（在多效蒸发中常将第一效的加热蒸汽称为生蒸汽），这就是多效蒸发的操作原理。由于二次蒸汽的压力和温度较原加热蒸汽低，一般多效蒸发装置的后几效总是在真空下操作。

将多个蒸发器连接起来一同操作，即组成一个多效蒸发器。每一蒸发器称为一效，通入生蒸汽的蒸发器称为第一效，利用第一效的二次蒸汽加热的，称为第二效，依此类推。由于各效（末效除外）的二次蒸汽都作为下一效蒸发器的加热蒸汽，故提高了生蒸汽的利用率。因此如果多效蒸发和单效蒸发装置中所蒸发的水量相等，则多效蒸发消耗的生蒸汽量远小于单效蒸发。

多效蒸发操作有四种不同的加料方法：并流法、逆流法、错流法和平流法。并流加料法是工业中最常用的方法。并流加料法中，溶液流向与蒸汽相同，即由第一效顺序流至末效，因为后一效蒸发室的压力较前一效低，故各效之间不需用泵输送溶液，这也是并流法的一个优点。另外，前一效的溶液沸点较后一效的沸点高，因此当溶液自前一效进入后一效内，即成过热状态而自行蒸发，可以生成更多的二次蒸汽。

3.3.2 仿真界面

多效蒸发器 DCS 仿真界面如图 3-10 所示，仿真现场界面如图 3-11 所示。

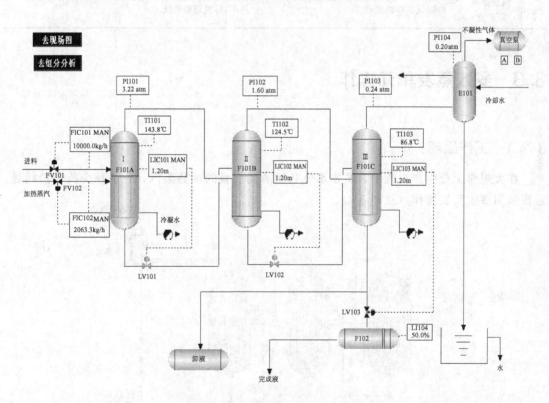

图 3-10 多效蒸发器 DCS 仿真界面

3.3.3 工艺流程简介

原料 NaOH 水溶液（沸点进料，沸点为 143.8℃）经流量调节器 FIC101 控制流量

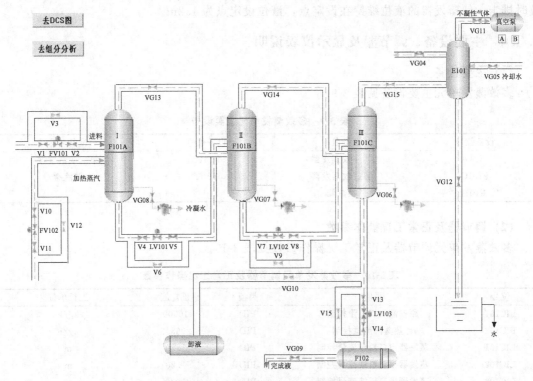

图 3-11 多效蒸发器仿真现场界面

（10000kg/h）后，进入蒸发器 F101A，料液受热沸腾，产生 136.9℃的二次蒸汽，料液从蒸发器底部经阀门 LV101 流入第二效蒸发器 F101B。压力为 500kPa、温度为 151.7℃左右的加热蒸汽经流量调节器 FIC102 控制流量（2063.4kg/h）后，进入 F101A 加热室的壳程，冷凝成水后经阀门 VG08 排出。第一效蒸发器 F101A 蒸发室压力控制在 327kPa，溶液的液面高度通过液位控制器 LIC101 控制在 1.2m。第一效蒸发器产生的二次蒸汽经过蒸发器顶部阀门 VG13 后，进入第二效蒸发器 F101B 加热室的壳程，冷凝成水后经阀门 VG07 排出。从第一效流入第二效的料液，受热汽化产生 112.7℃的二次蒸汽，料液从蒸发器底部经阀门 LV102 流入第三效蒸发器 F101C。第二效蒸发器 F101B 蒸发室压力控制在 163kPa，溶液的液面高度通过液位控制器 LIC102 控制在 1.2m。第二效蒸发器产生的二次蒸汽经过蒸发器顶部阀门 VG14 后，进入第三效蒸发器 F101C 加热室的壳程，冷凝成水后经阀门 VG06 排出。从第二效流入第三效的料液，受热汽化产生 60.1℃的二次蒸汽，料液从蒸发器底部经阀门 LV103 流入积液罐 F102。第三效蒸发器 F101C 蒸发室压力控制在 20kPa，溶液的液面高度通过液位控制器 LIC103 控制在 1.2m。完成液不满足工业生产要求时，经阀门 VG10 卸液。第三效产生的二次蒸汽送往冷凝器被冷凝而除去。真空泵用于保持蒸发装置的末效或后几效在真空下操作。

　　FV101 控制原料液的入口流量，FIC101 检测蒸发器的原料液入口流量的变化，并将信号传至 FV101 控制阀开度，使蒸发器入口流量维持在设定点。流量设定点为 10000kg/h。

　　FV102 控制加热蒸汽的流量，FIC102 检测蒸发器的二次蒸汽流量的变化，并将信号传至 FV102 控制阀开度，使二次蒸汽流量维持在设定点。流量设定点为 2063.4kg/h。

　　LV101、LV102 和 LV103 控制蒸发器出口料液的流量，LIC101、LIC102 和 LIC103 检测蒸发器的液位，并将信号传给 LV101、LV102 和 LV103 控制阀的开度，使蒸发器的料液及时排走，使蒸发器的液位维持在设定点，液位设定点为 1.2m。

3.3.4 主要设备、调节器及显示仪表说明

(1) 主要设备

多效蒸发单元主要设备见表 3-9。

表 3-9 多效蒸发单元主要设备

设备位号	设备名称	设备位号	设备名称
F101A	第一效蒸发器	F101B	第二效蒸发器
F101C	第三效蒸发器	F102	储液罐
E101	换热器		

(2) 调节器及正常工况操作参数

多效蒸发单元调节器及正常工况操作参数见表 3-10。

表 3-10 多效蒸发单元调节器及正常工况操作参数

位号	说明	类型	正常值	工程单位
FIC101	原料液入口流量控制	PID	10000	kg/h
FIC102	加热蒸汽流量控制	PID	2063.3	kg/h
LIC101	蒸发器出口料液流量控制	PID	1.20	m
LIC102	蒸发器出口料液流量控制	PID	1.20	m
LIC103	蒸发器出口料液流量控制	PID	1.20	m

(3) 显示仪表及正常工况操作参数

多效蒸发单元显示仪表及正常工况操作参数见表 3-11。

表 3-11 多效蒸发单元显示仪表及正常工况操作参数

位号	说明	类型	正常值	工程单位
PI101	压力显示	AI	3.22	atm
PI102	压力显示	AI	1.60	atm
PI103	压力显示	AI	0.25	atm
PI104	压力显示	AI	0.20	atm
TI101	温度显示	AI	143.8	℃
TI102	温度显示	AI	124.5	℃
TI103	温度显示	AI	87.0	℃
LI104	液位显示	AI	50	%

3.3.5 操作规程

3.3.5.1 开车操作

① 分别打开冷却水阀 VG05、VG04。

② 开真空泵 A、泵前阀 VG11，开度为 50%，控制冷凝器压力在 0.20atm。

③ 待冷凝器压力接近 0.20atm 时，开阀门 VG15，控制末效蒸发器压力为负压。

④ 开启排冷凝水阀门 VG12。

⑤ 开疏水阀 VG06、VG07 和 VG08。

⑥ 打开 FV101 前阀 V1、后阀 V2、手动调节 FV101，使 FIC101 指示值稳定到

10000kg/h，FV101 投自动（设定值为 10000kg/h）。

多效蒸发单元操作
扫描二维码观看视频

⑦ 打开 LV101 前阀 V4、后阀 V5，当 FV101 液位接近 0.8m 时，打开阀门 LV101，调整 F101A 液位在 1.2m 左右时，将 LIC101 投自动（设定值为 1.2m）。

⑧ 当 F101A 压力大于 1atm 时，打开阀门 VG13。

⑨ 打开阀门 LV102 前阀 V7、后阀 V8，当 F101B 液位接近 0.8m 时，打开阀门 LV102，调整 F101B 液位在 1.2m 左右时，将 LIC102 投自动（设定值为 1.2m）。

⑩ 当 F101B 压力大于 1atm 时，开阀门 VG14。

⑪ 调整阀门 VG10 的开度，使 F101C 中的料液保持一定的液位高度。

⑫ 打开 FV102 前阀 V11、后阀 V10，手动调节 FV102，使 FIC102 指示值稳定到 2063.4kg/h，将 FV102 投自动（设定值为 2063.4kg/h）。

⑬ 调整阀门 VG13 开度，使 F101A 压力控制在 3.22atm，温度控制在 143.8℃。

⑭ 调整阀门 VG14 开度，使 F101B 压力控制在 1.60atm，温度控制在 124.5℃。

⑮ F101C 温度控制在 86.8℃。

3.3.5.2 正常操作

① 原料液入口流量 FIC101 为 10000kg/h。

② 加热蒸汽流量 FIC102 为 2063.4kg/h，压力 PI105 为 500kPa。

③ 第一效蒸发室压力 PI101 为 3.22atm，二次蒸汽温度 TI101 为 143.8℃。

④ 第一效加热室液位 LIC101 为 1.2m。

⑤ 第二效蒸发室压力 PI102 为 1.60atm，二次蒸汽温度 TI102 为 124.5℃。

⑥ 第二效加热室液位 LIC102 为 1.2m。

⑦ 第三效蒸发室压力 PI103 为 0.25atm，二次蒸汽温度 TI103 为 86.8℃。

⑧ 第二效加热室液位 LIC103 为 1.2m。

⑨ 冷凝器压力 PIC104 为 0.20atm。

3.3.5.3 停车操作

① 将控制器 LIC103 设定为手动，关闭 LIC103，关闭 LIC103 的前截止阀 V13，后截止阀 V14。

② 打开泄液阀 VG10，调整 VG10 开度，使 FIC101 中保持一定的液位高度。

③ 将 FIC102 设定为手动，关闭 FV102，停热物流进料，关闭 FIC102 的前截止阀 V11，后截止阀 V10。

④ 将控制器 FIC101 设定为手动，关闭 FIC101 的前截止阀 V1，后截止阀 V2。

⑤ 全开排气阀 VG13。

⑥ 将控制器 LIC101 设定为手动，调整 LV101 的开度，使 F101A 的液位接近 0。

⑦ 当 F101A 中压力接近 1atm 时，关闭阀门 VG13。

⑧ 关闭阀 LV101，关闭 LV101 的前截止阀 V4，后截止阀 V5。

⑨ 调整 VG14 开度，当 F101B 中压力接近 1atm 时，关闭阀门 VG14。

⑩ 调整 LV102 开度，使 F101B 液位为 0。

⑪ 关闭阀 LV102，关闭 LV102 的前截止阀 V7，后截止阀 V8。

⑫ 逐渐开大 VG10 泄液，使 F101C 液位为 0。

⑬ 关闭阀 VG10、VG15。

⑭ 关闭真空泵阀 VG11。

⑮ 关闭冷却水阀 VG05、VG04。

⑯ 关闭冷凝水阀 VG12。

⑰ 关闭疏水阀 VG08、VG07、VG06。

3.3.5.4 事故处理

多效蒸发操作主要事故及处理方法见表 3-12。

表 3-12 多效蒸发操作主要事故及处理方法

序号	事故名称	事故现象	处理方法
1	冷流流进料调节阀卡	FV101 卡,进料量减少,蒸发器液位下降,温度降低、压力减少	打开旁路阀 V3,保持进料量至正常值
2	F101A 液位超高	F101A 液位 LIC101 超高,蒸发器压力升高、温度增加	调整 LV101 开度,使 F101A 液位稳定在 1.2m
3	真空泵 A 故障	真空泵 A 停,画面真空泵 A 显示为开,但冷凝器 E101 和末效蒸发器 F101C 压力急剧上升	启动备用真空泵 B

3.4 双塔精馏单元操作

3.4.1 工作原理

精馏是化工生产过程中应用极为广泛的传质传热过程，其实质是利用混合物中各组分具有不同的挥发度，即同一温度下各组分的蒸气分压不同，使液相中轻组分转移到气相，气相中的重组分转移到液相，从而实现组分的分离。

双塔精馏指的是两塔串联起来进行精馏的过程，核心设备为轻组分脱除塔和产品精制塔（见图 3-12）。轻组分脱除塔将原料中的轻组分从塔顶蒸出，蒸出的轻组分或作为产品或回收利用，塔釜产品直接送入产品精制塔进一步精制。产品精制塔塔顶得到最终产品，塔釜的重组分物质经过处理排放或回收利用。

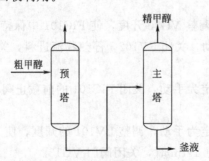

图 3-12 双塔精馏塔结构示意图

3.4.2 仿真界面

双塔精馏操作 DCS 仿真界面及仿真现场界面如图 3-13～图 3-16 所示。

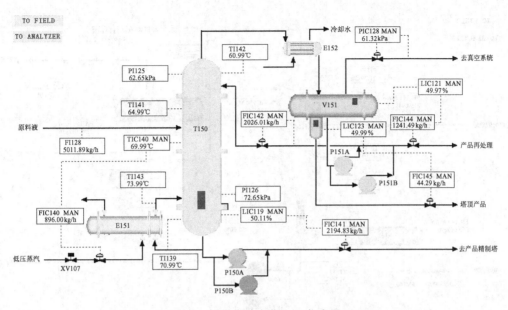

图 3-13　轻组分脱除塔 DCS 仿真界面

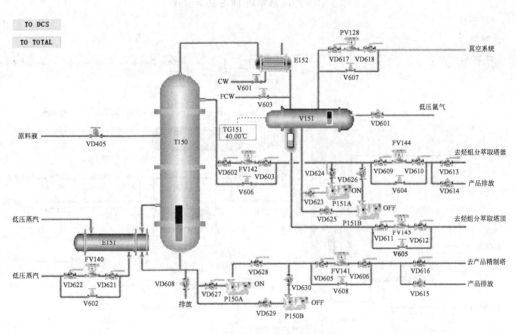

图 3-14　轻组分脱除塔仿真现场界面

3.4.3　工艺流程简介

　　本流程是以丙烯酸甲酯生产流程中的醇拨头塔和酯提纯塔为依据进行仿真。醇拨头塔对应仿真单元里的轻组分脱除塔 T150，酯提纯塔对应仿真单元里的产品精制塔 T160。醇拨头塔为精馏塔，利用精馏的原理，将主物流中少部分的甲醇从塔顶蒸出，含有丙烯酸甲酯和少部分重组分的物流从塔底排出至 T160，并进一步分离。酯提纯塔 T160 塔顶分离出产品丙烯酸甲酯，塔釜分离出的重组分产品返回至废液罐进行再处理或回收利用。

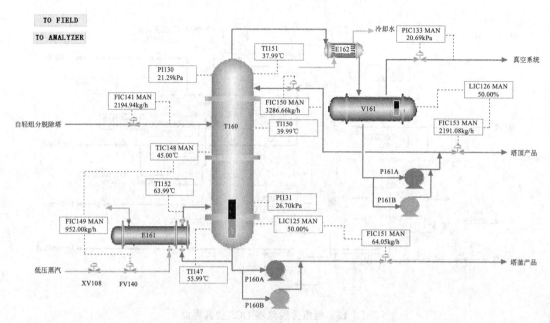

图 3-15　产品精制塔 DCS 仿真界面

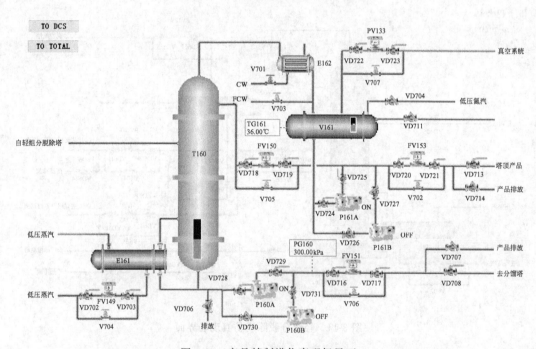

图 3-16　产品精制塔仿真现场界面

原料液由轻组分脱除塔中部进料，进料量不可控制。灵敏板温度由调节器 TIC140 通过调节再沸器加热蒸汽的流量，来控制提馏段灵敏板温度，从而控制醇的分离质量。轻组分脱除塔塔釜液（主要为丙烯酸甲酯及重组分）作为产品精制塔的原料直接进入产品精制塔。塔釜的液位和塔釜产品采出量由 LIC119 和 FIC141 组成的串级控制器控制。再沸器采用低压蒸汽加热。塔顶的上升蒸气（主要是甲醇）经塔顶冷凝器（E152）全部冷凝成液体，该冷凝液靠位差流入回流罐（V151）。V151 为油水分离罐，油相一部分作为塔顶回流，一部分作为塔顶产品送下一工序，水相直接回收到醇回收塔。操作压力 61.38kPa(G)（表压），控制器 PIC128 将调节回流罐的气相排放量，来控制塔内压力稳定。冷凝器以冷却水为载热体。回流罐水相液位由液位控制器 LIC128 调节塔顶产品采出量来维持恒定。回流罐油相液位由液位控制器 LIC121 调节塔顶产品采出量来维持恒定。另一部分液体由回流泵（P151A、B）送回塔顶作为回流，回流量由流量控制器 FIC142 控制。

由轻组分脱除塔塔釜来的原料进入产品精制塔中部，进料量由 FIC141 控制。由调节器 TIC148 通过调节再沸器加热蒸汽的流量，来控制提馏段灵敏板温度，从而控制醇的分离质量。产品精制塔塔釜液（主要为重组分）直接采出回收利用。

塔釜的液位和塔釜产品采出量由 LIC1259 和 FIC151 组成的串级控制器控制。再沸器采用低压蒸汽加热。塔顶的上升蒸气（主要是丙烯酸甲酯）经塔顶冷凝器（E162）全部冷凝成液体，该冷凝液靠位差流入回流罐（V161）。塔顶产品，一部分作为回流液返回产品精制塔，回流量由流量控制器 FIC142 控制。一部分作为最终产品采出。操作压力 21.29kPa(G)，控制器 PIC133 将调节回流罐的气相排放量，来控制塔内压力稳定。冷凝器以冷却水为载热体。回流罐液位由液位控制器 LIC126 调节塔顶产品采出量来维持恒定。

双塔精馏单元复杂控制回路主要是串级回路的使用，在轻组分脱除塔、产品精制塔和塔顶回流罐中都使用了液位与流量串级回路。塔釜再沸器中使用了温度与流量的串级回路。

串级回路是在简单调节系统基础上发展起来的。在结构上，串级回路调节系统有两个闭合回路。主、副调节器串联，主调节器的输出为副调节器的给定值，系统通过副调节器的输出操纵调节阀动作，实现对主参数的定值调节。所以在串级回路调节系统中，主回路是定值调节系统，副回路是随动系统。例如：T150 的塔釜液位控制 LIC119 和塔釜出料 FIC141 构成一串级回路，FIC141.SP 随 LIC119.OP 的改变而变化。

3.4.4　主要设备、调节器及显示仪表说明

（1）主要设备

双塔精馏单元主要设备见表 3-13。

表 3-13　双塔精馏单元主要设备

设备位号	设备名称	设备位号	设备名称
T150	轻组分脱除塔	E151	轻组分脱除塔塔釜再沸器
E152	轻组分脱除塔塔顶冷凝器	V151	轻组分脱除塔塔顶冷凝罐
P151A/B	轻组分脱除塔塔顶回流泵	P150A/B	轻组分脱除塔塔釜外输泵
T160	产品精制塔	E161	产品精制塔塔釜再沸器
E162	产品精制塔塔顶冷凝器	V161	产品精制塔塔顶冷凝罐
P161A/B	产品精制塔塔顶回流泵	P160A/B	产品精制塔塔釜外输泵

（2）调节器及正常工况操作参数

双塔精馏单元调节器及正常工况操作参数见表 3-14。

表 3-14　双塔精馏单元调节器及正常工况操作参数

位号	说明	类型	正常值	工程单位
FIC140	低压蒸汽流量	PID	896.0	kg/h

位号	说明	类型	正常值	工程单位
FIC141	轻组分脱除塔塔釜流量	PID	2195.0	kg/h
FIC142	轻组分脱除塔塔顶回流量	PID	2027.0	kg/h
FIC144	脱除塔塔顶油相产品量	PID	1241.0	kg/h
FIC145	脱除塔塔顶水相产品量	PID	44.0	kg/h
TIC140	脱除塔灵敏板温度	PID	70.0	℃
PIC128	脱除塔塔顶回流罐压力	PID	62	kPa
FIC149	低压蒸汽流量	PID	952	kg/h
FIC150	精制塔塔顶回流量	PID	3287	kg/h
FIC151	精制塔塔釜产品量	PID	64	kg/h
FIC153	精制塔塔顶产品量	PID	2191	kg/h
TIC148	精制塔灵敏板温度	PID	45.0	℃
PIC133	精制塔塔顶回流罐压力	PID	20.7	kPa

(3) 显示仪表及正常工况操作参数

双塔精馏单元显示仪表及正常工况操作参数见表 3-15。

表 3-15 双塔精馏单元显示仪表及正常工况操作参数

位号	说明	类型	正常值	工程单位
FI128	进料流量	AI	4944	kg/h
TI141	脱除塔进料段温度	AI	65	℃
TI143	脱除塔塔釜蒸汽温度	AI	74	℃
TI139	脱除塔塔釜温度	AI	71	℃
TI142	脱除塔塔顶温度	AI	61	℃
PI125	脱除塔塔顶压力	AI	63	kPa
PI126	脱除塔塔釜压力	AI	73	kPa
TI152	精制塔塔釜蒸汽温度	AI	64	℃
TI147	精制塔塔釜温度	AI	56	℃
TI151	精制塔塔顶温度	AI	38	℃
TI150	精制塔进料段温度	AI	40	℃
PI130	精制塔塔顶压力	AI	21	kPa
PI131	精制塔塔釜压力	AI	27	kPa

3.4.5 操作规程

3.4.5.1 开车操作

(1) 开车前准备

本装置的开车状态为所有设备均经过吹扫试压，压力为常压，温度为环境温度，所有可操作的阀均处于关闭状态。

（2）抽真空

① 打开压力控制阀 PV128 的前阀 VD617、后阀 VD618，打开压力控制阀 PV128，给 T150 系统抽真空，直到压力接近 60kPa。

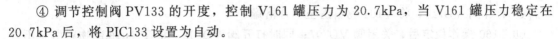

② 打开压力控制阀 PV133 前阀 VD722、后阀 VD723，打开压力控制阀 PV133，给 T160 系统抽真空，直到压力接近 20kPa。

双塔精馏单元操作
扫描二维码观看视频

③ 调节控制阀 PV128 的开度，控制 V151 罐压力为 61.33kPa，当 V151 罐压力稳定在 61.33kPa 后，将 PIC128 设置为自动。

④ 调节控制阀 PV133 的开度，控制 V161 罐压力为 20.7kPa，当 V161 罐压力稳定在 20.7kPa 后，将 PIC133 设置为自动。

（3）T160、V161 脱水

① 打开阀 VD711，引轻组分产品洗涤回流罐 V161；待 V161 液位达到 10% 后，打开 P161A 泵入口阀 VD724。

② 启动 P161A，打开泵出口阀 VD725。

③ 打开控制阀 FV150 及其前后阀 VD718、VD719，引轻组分洗涤 T160；待 T160 底部液位达到 5% 后，关闭轻组分进料阀 VD711；待 V161 中洗液全部引入 T160 后，关闭 P161A 泵出口阀 VD725。

④ 关闭泵 P161A，关闭泵入口阀 VD724。

⑤ 关闭控制阀 FV150，打开 VD706，将废洗液排出，洗涤液排放完毕后，关闭 VD706。

（4）启动 T150

① 打开 E152 冷却水阀 V601，E152 投用；打开 VD405，进料。

② 当 T150 底部液位达到 25% 后，打开 P150A 泵入口阀 VD627，启动 P150A，并打开泵出口阀 VD628。

③ 打开控制阀 FV141 及其前后阀 VD605、VD606。

④ 打开阀门 VD615，将 T150 底部物料排放至不合格罐，控制好塔液面。

⑤ 打开控制阀 FV140 及其前后阀 VD622、VD621，给 E151 引蒸汽；待 V151 液位达到 25% 后，打开 P151A 泵入口阀，启动 P151A，并打开泵出口阀。

⑥ 打开控制阀 FV142 及其前后阀 VD602、VD603，给 T150 打回流。

⑦ 打开控制阀 FV144 及其前后阀 VD609、VD610。

⑧ 打开阀 VD614，将部分物料排至不合格罐。

⑨ 待 V151 水包液位达到 25% 后，打开 FV145 及其前后阀 VD611、VD612，向轻组分萃取塔排放。

⑩ 待 T150 操作稳定后，打开阀 VD613；同时关闭 VD614，将 V151 物料从产品排放改至轻组分萃取塔釜。

⑪ 关闭阀 VD615，同时打开阀 VD616，将 T150 底部物料由去不合格罐改到去 T160 进料。

⑫ 控制 TG151 温度为 40℃，控制塔底温度 TI139 为 71℃。

（5）启动 T160

① 打开阀 V701，E162 冷却器投用。

② 待 T160 液位达到 25% 后，打开 P160A 泵入口阀 VD728；启动泵 P160A，并打开泵出口阀 VD729。

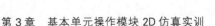

③ 打开控制阀 FV151 及其前后阀 VD716、VD717；同时打开 VD707，将 T160 塔底物料送至不合格罐。

④ 打开控制阀 FV149 及其前后阀 VD702、VD703，向 E161 引蒸汽。

⑤ 待 V161 液位达到 25％后，打开回流泵 P161A 入口阀 VD724，启动回流泵 P161A，并打开回流泵 P161A 出口阀 VD725。

⑥ 打开塔顶回流控制阀 FV150，打回流。

⑦ 打开控制阀 FV153 及其前后阀 VD720、VD721。

⑧ 打开阀 VD714，将 V161 物料送至不合格罐。

⑨ T160 操作稳定后，关闭阀 VD707；同时打开阀 VD708，将 T160 底部物料由至不合格罐改至分馏塔。

⑩ 关闭阀 VD714；同时打开阀 VD713，采出塔顶产品。

⑪ 控制 TG161 温度为 36℃；控制塔底温度 TI147 为 56℃。

(6) 调节至正常

① 待 T150 塔操作稳定后，将 FIC142 设置为自动，设定值 2027kg/h。

② 待 T160 塔操作稳定后，将 FIC150 设置为自动，设定值 3287kg/h。

③ 待 T150 塔灵敏板温度接近 70℃，且操作稳定后，将 TIC140 设置为自动，设定值 70℃。

④ FIC140 投串级。

⑤ 将 LIC121 设置为自动，设定值 50％。

⑥ FIC144 投串级。

⑦ 将 LIC123 设置为自动，设定值 50％。

⑧ FIC145 投串级。

⑨ 将 LIC119 设置为自动，设定值 50％。

⑩ FIC141 投串级。

⑪ 将 LIC126 设置为自动，设定值 50％。

⑫ FIC153 投串级。

⑬ 待 T160 塔灵敏板温度接近 45℃，且操作稳定后，将 TIC148 设置为自动，设定值 45℃。

⑭ FIC149 投串级。

⑮ 将 LIC125 设置为自动，设定值 50％。

⑯ FIC151 投串级。

3.4.5.2 正常操作

(1) 正常工况下工艺参数

① 塔顶采出量 FIC145 为 44kg/h，液位 LIC123 为 50％。

② 塔釜采出量 FIC141 为 2194kg/h，液位 LIC119 为 50％。

③ 塔顶采出量 FIC144 为 1241kg/h。

④ 塔顶回流量 FIC142 为 2027kg/h。

⑤ 塔顶回流罐压力 PIC128 为 61.66kPa。

⑥ 灵敏板温度 TIC140 为 70.32℃，流量 FIC140 为 896kg/h。

⑦ 塔顶采出量 FIC153 为 2192kg/h，液位 LIC126 为 50％。

⑧ 塔釜采出量 FIC151 为 64kg/h，液位 LIC125 为 50%。

⑨ 塔顶回流量 FIC150 为 3287kg/h。

⑩ 塔顶回流罐压力 PIC133 为 20.69kPa。

⑪ 灵敏板温度 TIC148 为 45℃，流量 FIC149 为 952kg/h。

(2) 工艺生产指标的调整方法

① 质量调节：本系统的质量调节采用以提馏段灵敏板温度作为主参数，以再沸器和加热蒸汽流量的调节系统，以实现对塔的分离质量控制。

② 压力控制：在正常的压力情况下，由塔顶回流罐气体排放量来调节压力，当压力高于操作压力时，调节阀开度增大，以实现压力稳定。

③ 液位调节：塔釜液位由调节塔釜的产品采出量来维持恒定。设有高低液位报警。回流罐液位由调节塔顶产品采出量来维持恒定，设有高低液位报警。

④ 流量调节：进料量和回流量都采用单回路流量控制；再沸器加热介质流量由灵敏板温度调节。

3.4.5.3 停车操作

(1) T150 降负荷

① 手动逐步关小调节阀 V405，使进料降至正常进料量的 70%。

② 保持灵敏板温度 TIC140 的稳定性，并保持塔压 PIC128 的稳定性。

③ 关闭 VD613，停止塔顶产品采出。

④ 打开 VD614，将塔顶产品排至不合格罐。

⑤ 断开 LIC121 和 FIC144 的串级，手动开大 FV144，使液位 LIC121 降至 20%；断开 LIC123 和 FIC145 的串级，手动开大 FV145，使液位 LIC123 降至 20%；断开 LIC119 和 FIC119 的串级，手动开大 FV141，使液位 LIC119 降至 30%。

(2) T160 降负荷

① 关闭 VD616，停止塔釜产品采出。

② 打开 VD615，将塔顶产品排至不合格罐。

③ 关闭 VD708，停止塔釜产品采出。

④ 打开 VD707，将塔顶产品排至不合格罐。

⑤ 关闭 VD713，停止塔顶产品采出。

⑥ 打开 VD714，将塔顶产品排至不合格罐。

⑦ 断开 LIC126 和 FIC153 的串级，手动开大 FV153，使液位 LIC126 降至 20%，断开 LIC125 和 FIC151 的串级，手动开大 FV151，使液位 LIC125 降至 20%。

(3) 停进料和再沸器

① 关闭调节阀 V405，停进料。

② 断开 FIC140 和 TIC140 的串级，关闭调节阀 FV140，停加热蒸汽。

③ 关闭 FV140 前截止阀 VD622、后截止阀 VD621。

④ 断开 FIC149 和 TIC148 的串级，关闭调节阀 FV149，停加热蒸汽。

⑤ 关闭 FV149 前截止阀 VD702、后截止阀 VD703。

(4) T150 塔停回流

① 手动开大 FV142，将回流罐内液体全部打入精馏塔，以降低塔内温度。

② 当回流罐液位降至 0% 时，停回流，关闭调节阀 FV142。

③ 关闭 FV104 前截止阀 VD603、后截止阀 VD602。

④ 关闭泵 P151A 出口阀 VD624，停泵 P151A，关闭泵入口阀 VD623。

（5）T160 塔停回流

① 手动开大 FV150，将回流罐内液体全部打入精馏塔，以降低塔内温度。

② 当回流罐液位降至 0%，停回流，关闭调节阀 FV150。

③ 关闭 FV150 前截止阀 VD719，后截止阀 VD718。

④ 关闭泵 P161A 出口阀 VD725，停泵 P161A，关闭泵入口阀 VD724。

（6）降温

① 将 V151 水包水排净后将 FV145 关闭，关闭 FV145 前阀 VD611、后阀 VD612。

② 关闭泵 P150A 出口阀 VD628，待 T150 底部物料排空后，停 P150A，关闭泵入口阀 VD627。

③ 关闭泵 P160A 出口阀 VD729，待 T160 底部物料排空后，停 P160A，并闭泵入口阀 VD728。

（7）系统打破真空

① 关闭控制阀 PV128 及其前后阀 VD617、VD618。

② 关闭控制阀 PV133 及其前后阀 VD722、VD723。

③ 打开阀 VD601，向 V151 充入 LN（液氮）。

④ 打开阀 VD704，向 V161 充入 LN。

⑤ 待至 T150 系统达到常压状态，关闭阀 VD601，停 LN。

⑥ 待至 T160 系统达到常压状态，关闭阀 VD704，停 LN。

3.4.5.4 事故处理

双塔精馏操作主要事故及处理方法见表 3-16。

表 3-16 双塔精馏操作主要事故及处理方法

序号	事故名称	事故现象	处理方法
1	停电	泵停运	紧急停车
2	停冷却水	塔顶温度上升,塔顶压力升高	停车
3	停加热蒸汽	塔釜温度持续下降	停车
4	回流泵故障	塔顶回流量减少,塔温度上升	启动备用泵
5	塔釜出料调节阀卡	塔釜液位上升	打开旁路阀
6	原料液进料调节阀卡	进料流量减少,塔温度升高	打开旁路阀
7	热蒸汽压力过高	热蒸汽流量增加,塔温度上升	将控制阀设为手动,调小开度
8	回流控制阀卡	回流量减少,塔温度升高	打开旁路阀
9	加热蒸汽压力过低	热蒸汽流量减少,塔温度下降	将控制阀设为手动,增大开度
10	仪表风停	回流控制阀卡,控制回路中的控制阀门或全开或全关	关闭控制阀,打开旁路阀到合适开度
11	进料压力突然增大	进料流量增加	调节阀开度调小
12	回流罐液位超高	没有及时排出塔顶冷凝液,回流罐液位很高	打开备用泵,调节回流管线和塔顶物流采出管线上控制阀的开度

3.5 流化床反应器单元操作

3.5.1 工作原理

气体（或液体）在一定的流速范围内，将堆成一定厚度（床层）的催化剂或物料的固体细粒强烈搅动，使之像沸腾的液体一样并具有液体的一些特性，如对器壁有流体压力的作用、能溢流和具有黏度等，此种操作状况称为流态化。在流体作用下呈现流态化的固体粒子层称为流化床（又称为沸腾床）。流化床反应器则是指气体（或液体）在由固体物料或催化剂构成的沸腾床层内进行化学反应的设备，又称"沸腾床反应器"，如图 3-17 所示。

图 3-17　流化床
反应器结构

流化床反应器上部有扩大段，内装旋风分离器，用以回收被气体带走的催化剂；底部设置原料进口管和气体分布板；中部为反应段，装有冷却水管和导向挡板，用以控制反应温度和改善气固接触条件。

与固定床反应器相比，流化床反应器具有以下优点：①可以实现固体物料的连续输入和输出；②流体和颗粒的运动使床层具有良好的传热性能，床层内部温度均匀，而且易于控制，特别适用于强放热反应；③便于进行催化剂的连续再生和循环操作，适于催化剂失活速率高的过程的进行。

3.5.2 仿真界面

DCS 仿真界面如图 3-18 所示，仿真现场界面如图 3-19 所示。

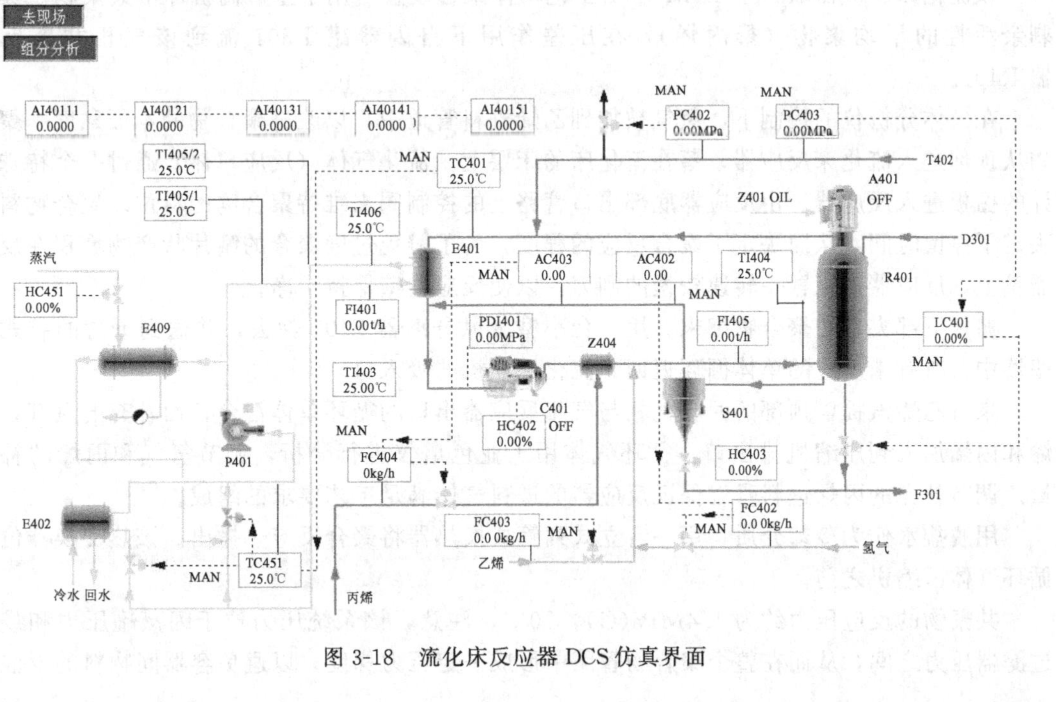

图 3-18　流化床反应器 DCS 仿真界面

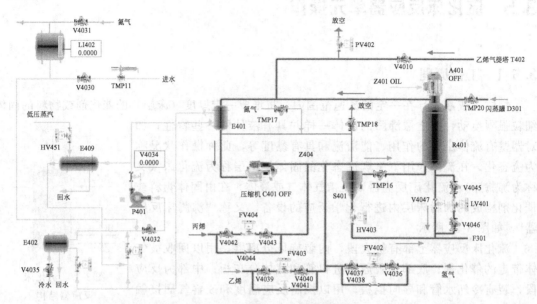

图 3-19　流化床反应器仿真现场界面

3.5.3　工艺流程简介

该工艺以乙烯、丙烯聚合为例，乙烯、丙烯以及反应混合气在 70℃、1.35MPa 压力下，通过具有剩余活性的干均聚物（聚丙烯）的引发，在流化床反应器里进行聚合反应，主反应为：

$$nC_2H_4 + nC_3H_6 \longrightarrow (C_2H_4 - C_3H_6)_n$$

该流化床反应器取材于 HIMONT 工艺本体聚合装置，用于生产高抗冲击共聚物。具有剩余活性的干均聚物（聚丙烯），在压差作用下自闪蒸罐 D301 流到该气相共聚反应器 R401。

在气体分析仪的控制下，氢气被加到乙烯进料管道中，以改进聚合物的本征黏度。聚合物从顶部进入流化床反应器，落在流化床的床层上。流化气体（反应单体）通过一个特殊设计的栅板进入反应器。由反应器底部出口管路上的控制阀来维持聚合物的料位。聚合物料位决定了停留时间，从而决定了聚合反应的程度，为了避免过度聚合的鳞片状产物堆积在反应器壁上，反应器内配置一转速较慢的刮刀，以使反应器壁保持干净。

栅板下部夹带的聚合物细末，用一台小型旋风分离器 S401 除去，并送到下游的袋式过滤器中。所有未反应的单体循环返回到流化压缩机的吸入口。

来自乙烯汽提塔顶部的回收气相与气相反应器出口的循环单体汇合，而补充的氢气，乙烯和丙烯加入到压缩机排出口。循环气体用工业色谱仪进行分析，调节氢气和丙烯的补充量。调节补充的丙烯进料量以保证反应器的进料气体满足工艺要求的组成。

用脱盐水作为冷却介质，用一台立式列管式换热器将聚合反应热撤出。该热交换器位于循环气体压缩机之前。

共聚物的反应压力约为 1.4MPa(G)，70℃，注意，该系统压力位于闪蒸罐压力和袋式过滤器压力之间，从而在整个聚合物管路中形成一定压力梯度，以避免容器间物料的返混并使聚合物向前流动。

3.5.4 主要设备、调节器及显示仪表说明

(1) 主要设备

流化床反应器单元主要设备见表 3-17。

表 3-17 流化床反应器单元主要设备

设备位号	设备名称	设备位号	设备名称
A401	R401 的刮刀	C401	R401 循环压缩机
E401	R401 气体冷却器	E402	脱盐水冷却器
E409	夹套水加热器	P401	开车加热泵
R401	共聚反应器	S401	R401 旋风分离器

(2) 调节器及正常工况操作参数

流化床反应器单元调节器及正常工况操作参数见表 3-18。

表 3-18 流化床反应器单元调节器及正常工况操作参数

位号	说明	类型	正常值	工程单位
AC402	反应产物中 H_2/C_2 比	PID	0.18	
AC403	反应产物中 C_2/C_3 比	PID	0.38	
FC402	氢气进料流量	PID	0.35	kg/h
FC403	乙烯进料流量	PID	567.0	kg/h
FC404	丙烯进料流量	PID	400.0	kg/h
HC402	压缩机导流叶片	PID	40	%
HC403	旋风分离器底阀	PID	40	%
LC401	R401 料位	PID	60	%
PC402	R401 压力	PID	1.40	MPa
PC403	R401 压力	PID	1.35	MPa
TC401	R401 循环气温度	PID	70.0	℃
TC451	脱盐水温度	PID	50.0	℃

(3) 显示仪表及正常工况操作参数

流化床反应器单元显示仪表及正常工况操作参数见表 3-19。

表 3-19 流化床反应器单元显示仪表及正常工况操作参数

位号	说明	类型	正常值	工程单位
FI401	E401 循环水流量	AI	36.0	t/h
FI405	R401 气相进料流量	AI	120.0	t/h
TI402	E401 循环气入口温度	AI	70.0	℃
TI403	E401 出口温度	AI	65.0	℃
TI404	R401 入口温度	AI	75.0	℃
TI405/1	E401 入口水温度	AI	60.0	℃
TI405/2	E401 出口水温度	AI	70.0	℃
TI406	E401 出口水温度	AI	70.0	℃
LI402	水罐液位	AI	50	%

3.5.5 操作规程

3.5.5.1 冷态开车

(1) 开车准备

准备工作包括：系统中用氮气充压，循环加热氮气，随后用乙烯对系统进行置换（按照实际正常的操作，用乙烯置换系统要进行两次，考虑到时间关系，只进行一次）。这一过程完成之后，系统将准备开始单体开车。

① 系统氮气充压加热

a. 充氮：打开充氮阀 TMP17，用氮气给反应器系统充压。

b. 当氮充压至 0.1MPa(G) 时，按照正确的操作规程，启动 C401 共聚循环气体压缩机，将导流叶片（HIC402）定在 40%。

流化床反应器单元操作 (1)
扫描二维码观看视频

c. 环管充液：打开进水阀 V4030，给水罐充液，打开充氮阀 V4031。

d. 当水罐液位大于 10% 时，打开泵 P401 入口阀 V4032，启动泵 P401，调节泵出口阀 V4034 至 60% 开度。

e. 打开反应器至旋分器阀 TMP16。

f. 手动开低压蒸汽阀 HC451，启动换热器 E409，加热循环氮气。

g. 打开循环水阀 V4035。

h. 当循环氮气温度达到 70℃ 时，TC451 投自动，设定值 68℃。

② 氮气循环

a. 当反应系统压力达 0.7MPa 时，关充氮阀 TMP17。

b. 在不停压缩机的情况下，用 PIC402 和放空阀 TMP18 给反应系统泄压至 0.0MPa(G)。

c. 在充氮泄压操作中，不断调节 TC451 设定值，维持 TC401 温度在 70℃ 左右。

③ 乙烯充压

a. 当系统压力降至 0.0MPa(G) 时，关闭放空阀 PV402 和 TMP18。

b. 打开 FV403 的前阀 V4039、后阀 V4040。

c. 由 FC403 开始乙烯进料，乙烯进料量稳定在 567.0kg/h 时，将 FC403 投自动，设定值 567.0kg/h。

d. 用乙烯使系统压力充至 0.25MPa(G)。

e. 调节 TC451，使反应器气相出口温度 TC401 维持在 70℃ 左右。

(2) 干态运行开车

本规程旨在聚合物进入之前，使共聚集反应系统具备合适的单体浓度，另外通过该步骤也可以在实际工艺条件下，预先对仪表进行操作和调节。

① 反应进料

a. 当 R401 压力至 0.25MPa(G) 时，打开 FV402 的前阀 V4036、后阀 V4037，启动氢气进料阀 FC402，氢气进料设定在 0.102kg/h，FC402 投自动。

b. 当 R401 压力至 0.5MPa(G) 时，打开 FV404 的前阀 V4042、后阀 V4043，启动丙烯进料阀 FC404，丙烯进料设定在 400kg/h，FC404 投自动。

c. 打开自乙烯汽提塔来的进料阀 V4010。

d. 当系统压力升至 0.8MPa(G) 时，打开旋风分离器 S401 底部阀 HC403 至 20% 开度，维持 R401 压力缓慢上升。

② 准备接收 D301 来的均聚物

a. 再次加入丙烯，将 FIC404 改为手动，调节 FV404 为 85%。

b. 当 AC402 和 AC403 平稳后，调节 HC403 开度至 25%。

c. 启动共聚反应器的刮刀，准备接收从闪蒸罐（D301）来的均聚物，并调节 TC451，使反应器气相出口温度 TC401 维持在 70℃ 左右。

(3) 共聚反应物的开车

a. 确认系统温度 TC451 维持在 70℃ 左右。

b. 当系统压力升至 1.2MPa(G)，开大 HC403 开度在 40%，打开 LV401 前阀 V4045，后阀 V4046，打开 LV401，开度在 20%～25%，以维持流态化。

c. 打开来自 D301 的聚合物进料阀 TMP20。

d. 停低压加热蒸汽，关闭 HV451。

e. 调节 TC451，使 R401 气相出口温度 TC401 维持在 70℃ 左右。

(4) 稳定状态的过渡

① 反应器的液位

a. 随着 R401 液位的增加，系统温度将升高，及时降低 TC451 的设定值，不断取走反应热，维持 TC401 温度在 70℃ 左右。

流化床反应器单元操作（3）
扫描二维码观看视频

b. 当 R401 压力在 1.35MPa(G) 时，将 PC402 投自动，设定值 1.35MPa。

c. 手动调节 LV401 至 30%，让共聚物稳定地流过此阀。

d. 当液位达到 60% 时，将 LC401 投自动，设定值 60%。

e. 随系统压力的增加，料位将缓慢下降，PC402 调节阀自动开大，为了维持系统压力在 1.35MPa，缓慢提高 PC402 的设定值至 1.40MPa(G)。

f. 将 TC401 投自动，设定值 70℃。

g. 将 TC401 与 TC451 设置为串级控制。

h. 将 PC403 投自动，设定值 1.35MPa。

② 反应器压力和气相组成控制

a. 压力和组成趋于稳定时，将 LC401 和 PC403 投串级。

b. 将 AC403 投自动，将 FC404 和 AC403 串级连接。

c. 将 AC402 投自动，将 FC402 和 AC402 串级连接。

3.5.5.2 正常操作

① FC402：调节氢气进料量（与 AC402 串级），正常值 0.35kg/h。

② FC403：单回路调节乙烯进料量，正常值 567.0kg/h。

③ FC404：调节丙烯进料量（与 AC403 串级），正常值 400.0kg/h。

④ PC402：单回路调节系统压力，正常值 1.4MPa。

⑤ PC403：主回路调节系统压力，正常值 1.35MPa。

⑥ LC401：反应器料位（与 PC403 串级），正常值 60%。

⑦ TC401：主回路调节循环气体温度，正常值 70℃。

⑧ TC451：分程调节取走反应热量（与 TC401 串级），正常值 50℃。

⑨ AC402：主回路调节反应产物中 H_2/C_2 之比，正常值 0.18。

⑩ AC403：主回路调节反应产物中 $C_2/(C_3+C_2)$ 之比，正常值 0.38。

3.5.5.3 停车操作

(1) 降反应器料位

关闭 D301 供料阀 TMP20；手动缓慢调节 LV401 使反应器料位 LC401 降至 10％以下。

(2) 关闭乙烯进料，保压

① 当反应器料位降至 10％，关闭乙烯进料阀 FV403。

② 关闭 FV403 的前阀 V4039、后阀 V4040。

③ 当反应器料位降 LC401 至 0％，关闭反应器出口阀 LV401。

④ 关闭 FV401 的前阀 V4045、后阀 V4046。

⑤ 关旋风分离器 S401 的出口阀 HV403。

(3) 关丙烯及氢气进料

① 手动切断丙烯进料阀 FV404。

② 关闭 FV404 的前阀 V4042、后阀 V4043。

③ 手动切断氢气进料阀 FV402。

④ 关闭 FV402 的前阀 V4036、后阀 V4037。

⑤ 当 PV402 开度大于 80％时，排放导压至火炬。

⑥ 当压力 PC402 为零后，关闭 PV402。

⑦ 停反应器刮刀 A401。

(4) 氮气吹扫

① 打开 TMP17，将氮气加入系统。

② 当氮气压力达 0.35MPa 时，关闭 TMP17。

③ 打开 PV402 放火炬，将系统压力降为零。

④ 停压缩机 C401。

3.5.5.4 事故处理

流化床操作主要事故及处理方法见表 3-20。

表 3-20　流化床操作主要事故及处理方法

序号	事故名称	事故现象	处理方法
1	泵 P401 停	温度调节器 TC451 急剧上升,然后 TC401 随之升高	①将 FC404 改为手动,调节丙烯进料阀 FV404,增加丙烯进料量 ②调节压力调节器 PC402,维持系统压力在 1.35MPa 左右 ③将 FC403 改为手动,调节乙烯进料阀 FV403,维持 C_2/C_3 比在 0.5 左右
2	压缩机 C401 停	系统压力急剧上升	①关闭 D301 供料阀 TMP20 ②将 PC402 改为手动,手动调节 PC402,维持系统压力在 1.35MPa 左右 ③将 LC401 改为手动,手动调节 LC401,维持反应器料位在 60％左右
3	丙烯进料停	丙烯进料阀卡,进料量为 0.0	①将 FC403 改为手动,手动关小乙烯进料量,维持 C_2/C_3 比在 0.5 左右 ②关 D301 供料阀 TMP20 ③手动关小 PV402,维持压力在 1.35MPa 左右 ④LC401 改为手动,关小 LC401,维持料位在 40％左右
4	乙烯进料停	乙烯进料阀卡,进料量为 0.0	①将 FC404 改为手动,手动关闭丙烯进料阀 FV404,维持 C_2/C_3 比在 0.5 左右 ②将 FC402 改为手动,手动关小氢气进料阀 FV402,维持 H_2/C_2 比在 0.17 左右,反应温度 TC401 在 70℃左右
5	D301 供料停	D301 供料阀 TMP20 关,供料停止	①将 LC401 改为手动,手动关闭 LV401 ②将 FC404 改为手动,手动调小调节阀 FC404,关小丙烯进料量 ③将 FC403 改为手动,手动调小调节阀 FC403,关小乙烯进料量 ④手动调节系统压力 PC402 在 1.35MPa 左右,反应器料位 LC401 在 60％左右

3.6 萃取塔单元操作

3.6.1 工作原理

萃取是利用化合物在两种互不相溶（或微溶）的溶剂中溶解度或分配系数的不同，使化合物从一种溶剂内转移到另外一种溶剂中（见图3-20）。经过反复多次萃取，将绝大部分的化合物提取出来。

分配定律是萃取方法理论的主要依据，物质对不同的溶剂有着不同的溶解度。在两种互不相溶的溶剂中，加入某种可溶性的物质时，它能分别溶解于两种溶剂中，实验证明，在一定温度下，该化合物与此两种溶剂不发生分解、电解、缔合和溶剂化等作用时，此化合物在两液层中之比是一个定值。不论所加物质的量是多少，都是如此。用公式表示：

$$c_A/c_B = K$$

式中，c_A，c_B 分别表示一种化合物在两种互不相溶的溶剂中的摩尔浓度；K 是常数，称为"分配系数"。

有机化合物在有机溶剂中一般比在水中溶解度大。用有机溶剂提取溶解于水的化合物是萃取的典型实例。在萃取时，若在水溶液中加入一定量的电解质（如氯化钠），利用"盐析效应"以降低有机物和萃取溶剂在水溶液中的溶解度，常可提高萃取效果。

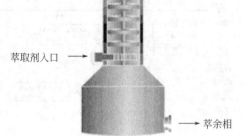

图 3-20　萃取塔反应器结构

往复运动

萃取相

原料液入口

筛板

萃取剂入口

萃余相

要把所需要的化合物从溶液中完全萃取出来，通常萃取一次是不够的，必须重复萃取数次。利用分配定律的关系，可以算出经过萃取后化合物的剩余量。

设：V 为原溶液的体积；W_0 为萃取前化合物的总量；W_1 为萃取一次后化合物的剩余量；W_2 为萃取二次后化合物的剩余量；W_n 为萃取 n 次后化合物的剩余量；S 为萃取溶液的体积。

经一次萃取，原溶液中该化合物的浓度为 W_1/V；而萃取溶剂中该化合物的浓度为 $(W_0 - W_1)/S$；两者之比等于 K，即：

$$\frac{W_1/V}{(W_0 - W_1)/S} = K$$

同理，经二次萃取后，则有：$\dfrac{W_2/V}{(W_1 - W_2)/S} = K$

$$W_2 = W_1 \frac{KV}{KV + S} = W_0 \left(\frac{KV}{KV + S}\right)^2$$

因此，经 n 次提取后：$W_n = W_0 \left(\dfrac{KV}{KV + S}\right)^n$

当用一定量溶剂时，希望在水中的剩余量越少越好。而上式 $KV/(KV+S)$ 总是小于1，所以 n 越大，W_n 就越小。也就是说把溶剂分成数次作多次萃取比用全部量的溶剂作一次萃取为好。但应该注意，上面的公式适用于几乎和水不相溶的溶剂，例如苯、四氯化碳等。而与水有少量互溶的溶剂乙醚等，上面公式只是近似的。但还是可以定性地指出预期的结果。

3.6.2　仿真界面

萃取控制 DCS 仿真界面如图 3-21 所示，仿真现场界面如图 3-22 所示。

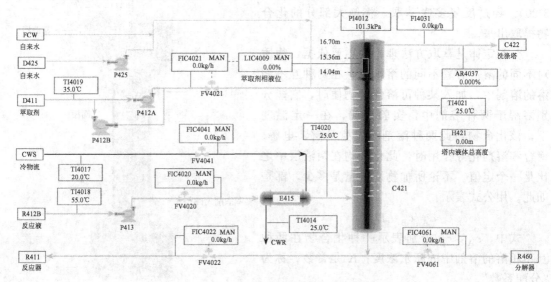

图 3-21　萃取控制 DCS 仿真界面

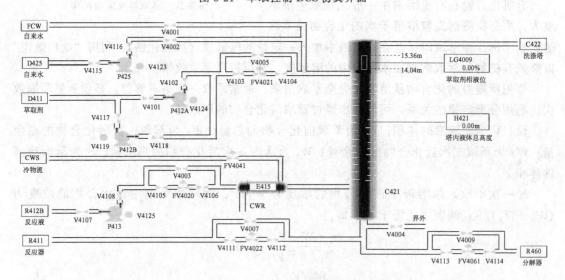

图 3-22　萃取控制仿真现场界面

3.6.3　工艺流程简介

本装置通过萃取剂（水）萃取丙烯酸丁酯生产过程中的催化剂（对甲苯磺酸），工艺如下（见图 3-23）：

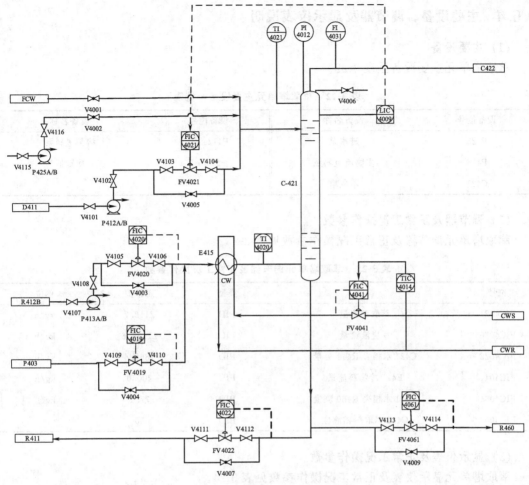

图 3-23　萃取塔单元带控制点流程图

将自来水（FCW）通过阀 V4001 或者通过泵 P425 及阀 V4002 送进催化剂萃取塔 C421，当液位调节器 LIC4009 为 50％时，关闭阀 V4001 或者泵 P425 及阀 V4002；开启泵 P413 将含有产品和催化剂的 R412B 的流出物在被 E415 冷却后送入催化剂萃取塔 C421 的塔底；开启泵 P412A，将来自 D411 作为溶剂的水从顶部加入。泵 P413 的流量由 FIC4020 控制在 21126.6 kg/h；P412 的流量由 FIC4021 控制在 2112.7kg/h；萃取后的丙烯酸丁酯主物流从塔顶排出，进入塔 C422；塔底排出的水相中含有大部分的催化剂及未反应的丙烯酸，一路返回反应器 R411A 循环使用，一路去重组分分解器 R460 作为分解用的催化剂。

萃取过程中用到的物质见表 3-21。

表 3-21　萃取过程中用到的物质

序号	组分	名称	分子式
1	H_2O	水	H_2O
2	BUOH	丁醇	$C_4H_{10}O$
3	AA	丙烯酸	$C_3H_4O_2$
4	BA	丙烯酸丁酯	$C_7H_{12}O_2$
5	D-AA	3-丙烯酰氧基丙酸	$C_6H_8O_4$
6	FUR	糠醛	$C_5H_4O_2$
7	PTSA	对甲苯磺酸	$C_7H_8O_3S$

3.6.4 主要设备、调节器及显示仪表说明

(1) 主要设备

萃取塔单元主要设备见表 3-22。

表 3-22　萃取塔单元主要设备一览表

设备位号	设备名称	设备位号	设备名称
P425	进水泵	P412A/B	溶剂进料泵
P413	主物流进料泵	E415	冷却器
C421	萃取塔		

(2) 调节器及正常工况操作参数

萃取塔单元调节器及正常工况操作参数见表 3-23。

表 3-23　萃取塔单元调节器及正常工况操作参数

位号	说明	类型	正常值	单位
FIC4021	萃取剂流量	PID	2112.7	kg/h
FIC4020	反应液流量	PID	21126.6	kg/h
FIC4022	C421 水相去 R411 流量	PID	1868.4	kg/h
FIC4041	E415 冷物料流量	PID	20000	kg/h
FIC4061	C421 水相去 R460 流量	PID	77.1	kg/h
LIC4009	C421 萃取剂相液位	PID	50	%

(3) 显示仪表及正常工况操作参数

萃取塔单元显示仪表及正常工况操作参数见表 3-24。

表 3-24　萃取塔单元显示仪表及正常工况操作参数

位号	说明	类型	正常值	工程单位	位号	说明	类型	正常值	工程单位
TI4014	冷物料出 E415 温度	AI	40	℃	TI4021	C421 塔顶温度	AI	35	℃
TI4017	冷物料初始温度	AI	20	℃	PI4012	C421 塔顶压力	AI	101.3	kPa
TI4018	反应液初始温度	AI	55	℃	FI4031	C421 塔顶出口流量	AI	21293.8	kg/h
TI4019	萃取剂初始温度	AI	35	℃	H421	C421 液体总液位	AI	16.7	m
TI4020	反应液出 E415 温度	AI	35	℃	AR4037	塔顶物料氧含量	AI	0.080	%

3.6.5 操作规程

3.6.5.1 冷态开车

(1) 开车前准备

进料前确认所有调节器为手动状态，调节阀和现场阀均处于关闭状态，机泵处于关停状态。

(2) 灌水

① 依次打开泵 P425 的前阀 V4115、开关阀 V4123、后阀 V4116，以启动泵 P425。

② 打开手阀 V4002，使其开度为 50%，对萃取塔 C421 进行罐水。

③ 当 C421 界面液位 LIC4009 的显示值接近 50％，关闭阀门 V4002。

④ 依次关闭泵 P425 的后阀 V4116、开关阀 V4123、前阀 V4115。

（3）启动换热器

开启调节阀 FV4041，使其开度为 50％，对换热器 E415 通冷物料。

（4）引反应液

① 依次打开泵 P413 的前阀 V4107、开关阀 V4125、后阀 V4108，以启动泵 P413。

② 全开调节器 FIC4020 的前阀 V4105、后阀 V4106，打开调节阀 FV4020，使其开度为 50％，将 R412B 出口液体经热换器 E415，送至 C421。

（5）引萃取剂

① 依次打开泵 P412 的前阀 V4101、开关阀 V4124、后阀 V4102，以启动泵 P412。

② 全开调节器 FIC4021 的前阀 V4103、后阀 V4104，打开调节阀 FV4021，使其开度为 50％，将 D411 出口液体送至 C421。

萃取塔单元操作
扫描二维码观看视频

（6）放萃取液

① 依次打开调节器 FIC4022 的前阀 V4111、后阀 V4112，打开调节阀 FV4022，使其开度为 50％，将 C421 塔底的部分液体返回 R411A 中。

② 依次打开调节器 FIC4061 的前阀 V4113、后阀 V4114，打开调节阀 FV4061，使其开度为 50％，将 C421 塔底的另外部分液体送至重组分分解器 R460 中。

（7）调至平衡

① 萃取剂液位 LIC4009 达到 50％且稳定时，投自动，设定值为 50％。

② FIC4021 流量达到 2112.7kg/h 且稳定时，投自动，设定值为 2112.7kg/h；并与 LIC4009 串级。

③ FIC4020 的流量达到 21126.6kg/h 且稳定时，投自动，设定值为 21126.6kg/h。

④ FIC4022 的流量达到 1868.4kg/h 且稳定时，投自动，设定值为 1868.4kg/h。

⑤ FIC4061 的流量达到 77.1kg/h 且稳定时，投自动，设定值为 77.1kg/h。

⑥ FIC4041 的流量达到 20000.0kg/h 且稳定时，投自动，设定值为 20000.0kg/h。

3.6.5.2 正常运行

① FIC4021 为 2112.7kg/h。

② FIC4020 为 21126.6kg/h。

③ FIC4022 为 1868.4kg/h。

④ FIC4041 为 20000.0kg/h。

⑤ FIC4061 为 77.1kg/h。

⑥ LIC4009 为 50％。

⑦ TI4014 为 30℃。

⑧ TI4021 为 35℃。

⑨ PI4012 为 101.3kPa。

⑩ TI4021 为 35℃。

⑪ FI4031 为 21293.8kg/h。

3.6.5.3 正常停车

（1）停主物料进料

① 将调节阀 FV4020 置手动，并将开度调为 0，关闭后阀 V4106、前阀 V4105。

② 关闭泵 P413 的后阀 V4108、开关阀 V4125、前阀 V4107。

（2）停换热器

将 FIC4041 置手动，并关闭 FV4041 阀。

(3) 灌自来水

① 打开进自来水阀 V4001，使其开度为 50%。

② 当罐内物料相中的 BA 的含量小于 0.9% 时，关闭 V4001。

(4) 停萃取剂

① 将 LIC4009 置手动。

② 将控制阀 FIC4021 置手动，关闭阀 FV4021，并关闭控制阀 FIC4021 的后阀 V4104、前阀 V4103。

③ 关闭泵 P412A 的后阀 V4102、开关阀 V4124、前阀 V4101。

(5) 萃取塔 C421 泄液

① 将 FIC4022 置手动，同时将 FV4022 的开度调为 100%。

② 打开调节阀 FV4022 的旁通阀 V4007。

③ 将 FIC4061 置手动，同时将 FV4061 的开度调为 100%。

④ 打开调节阀 FV4061 的旁通阀 V4009。

⑤ 打开阀 V4004。

⑥ 泄液结束后，关闭调节阀 FV4022，并关闭控制阀 FV4022 的后阀 V4112、前阀 V4111。

⑦ 关闭旁通阀 V4007。

⑧ 关闭调节阀 FV4061，并关闭控制阀 FV4061 的后阀 V4114、前阀 V4113。

⑨ 关闭旁通阀 V4009。

⑩ 关闭阀 V4004。

3.6.5.4 事故处理

萃取塔单元操作主要事故及处理方法见表 3-25。

表 3-25 萃取塔单元操作主要事故及处理方法

序号	事故名称	主要现象	处理方法
1	P412A 泵坏	①P412A 泵的出口压力急剧下降 ②FIC4021 的流量急剧减小	①停泵 P12A； ②换备用泵 P412B
2	调节阀 FV4020 阀卡	FIC4020 的流量不可调节	①打开旁通阀 V4003； ②关闭 FV4020 的前后阀 V4105、V4106

思考题

1. 简述离心泵的工作原理和结构。

2. 举例说出除离心泵以外你所知道的其他类型的泵。

3. 什么叫汽蚀？汽蚀现象有什么破坏作用？

4. 发生汽蚀现象的原因有哪些？如何防止汽蚀现象的发生？

5. 为什么启动前一定要将离心泵灌满被输送液体？

6. 离心泵在启动和停止运行时泵的出口阀应处于什么状态？为什么？

7. 离心泵单元仿真对泵 P101A 和泵 P101B 在进行切换时，应如何调节其出口阀 VD04 和 VD08，为什么要这样做？

8. 冷态开车与停车时加料区别？

9. 开车时不排出不凝气会有什么后果？如何操作才能排净不凝气？

10. 为什么停车后管程和壳程都要高点排气、低点泄液？

11. 你认为换热器单元系统调节器 TIC101 的设置合理吗？如何改进？

12. 影响间壁式换热器传热量的因素有哪些？

13. 传热有哪几种基本方式，各自的特点是什么？

14. 工业生产中常见的换热器有哪些类型？

15. 什么叫蒸馏？在化工生产中分离什么样的混合物？

16. 精馏的主要设备有哪些？

17. 根据本章实际情况，结合"化工原理"讲述的原理，说明回流比的作用。

18. 若精馏塔灵敏板温度过高或过低，则意味着分离效果如何？应通过改变哪些变量来调节至正常？

19. 请分析本章仿真流程中如何通过分程控制来调节精馏塔正常操作压力。

20. 结合本章具体情况，说明串级控制的工作原理。

21. 请分析本章仿真流程的串级控制的优点是什么？

22. 结合本章说明比例控制的工作原理。

23. 在开车及运行过程中，为什么一直要保持氮封？冷态开车时，为什么要首先进行系统氮气充压加热？

24. 熔融指数（MFR）表示什么？氢气在共聚过程中起什么作用？试描述 AC402 指示值与 MFR 的关系？

25. 气相共聚反应的温度为什么绝对不能偏差所规定的温度？

26. 气相共聚反应的停留时间是如何控制的？

27. 气相共聚反应器的流态化是如何形成的？

28. 什么叫流化床？与固定床比有什么特点？

29. 请解释以下概念：共聚、均聚、气相聚合、本体聚合。

30. 请简述本章所选流程的反应机理。

31. 冷态开车时，进料前为什么要确认所有调节器为手动状态、调节阀和现场阀均处于关闭状态、机泵处于关停状态？

32. 对于一种液体混合物，根据哪些因素决定是采用蒸馏方法还是采用萃取方法进行分离？

33. 请解释以下概念：液泛、轴向混合，它们对萃取操作有何影响？

34. 温度对于萃取分离效果有何影响？如何选取萃取分离的温度？

第 4 章

基本单元操作模块 3D 仿真实训

虚拟现实技术是近年来出现的高新技术，也称灵境技术或人工环境。虚拟现实是利用电脑模拟产生一个三维空间的虚拟世界，提供使用者关于视觉、听觉等感官的模拟，让使用者如同身临其境一般，可以及时、没有限制地观察三维空间内的事物。

虚拟现实技术的应用正对操作人员培训进行着一场前所未有的革命。虚拟现实技术的引入，将使企业、学校进行员工、学生培训的手段和思想发生质的飞跃，更加符合社会发展的需要。虚拟现实应用于培训领域是教育技术发展的一个飞跃。它营造了"自主学习"的环境，由传统的"以教促学"的学习方式代之为学习者通过自身与信息环境的相互作用来获取知识、技能的新型学习方式。

虚拟现实已经被世界上越来越多的大型企业、学校广泛地应用到职业教学培训当中，对企业及学校提高培训效率，提高员工及学生分析、处理问题能力，减少决策失误，降低企业及学校风险起到了重要的作用。利用虚拟现实技术建立起来的虚拟实训基地，其"设备"与"部件"多是虚拟的，可以根据技术发展随时生成新的设备。培训内容可以不断更新，使实践训练及时跟上技术的发展。同时，虚拟现实的交互性，使学员能够在虚拟的学习环境中扮演一个角色，全身心地投入到学习环境中去，这非常有利于学员的技能训练。由于虚拟的训练系统无任何危险，学员可以反复练习，直至掌握操作技能为止。

图 4-1 所示为 3D 模块启动后的培训参数选择列表，根据学习需要点选某一培训项目后，点击"启动项目"启动软件。

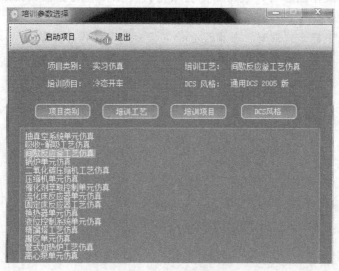

图 4-1　3D 模块培训参数选择列表

4.1 间歇反应釜单元操作

4.1.1 间歇反应釜介绍

间歇反应釜（反应器）是指间歇进行化学反应的装置。在化工生产过程中，对于大批生产通常采用连续反应器。对于批量生产，特别是不同规格和产值高的产品往往采用间歇反应釜。间歇反应釜具有操作灵活、生产可变、投资低、上马快等特点，因此广泛应用于医药、农药、染料和各种精细化工工业。

采用间歇操作的反应器几乎都是釜式反应器，其余类型均极罕见，常见的间歇反应釜如图 4-2 所示。间歇反应釜适用于反应速率慢的化学反应，以及产量小的化学品生产过程。

间歇反应釜 3D 单元操作是构建一个虚拟的三维空间，利用电脑模拟产生这个三维空间的虚拟世界，提供使用者关于视觉、听觉等感官的模拟，让使用者如同身临其境一般，可以及时、没有限制地观察间歇反应釜 3D 单元操作的全过程。

图 4-2　间歇反应釜

4.1.2 仿真界面

4.1.2.1　2D 仿真界面

间歇反应釜单元的 2D 仿真 DCS 界面如图 4-3 所示，仿真现场如图 4-4 所示。

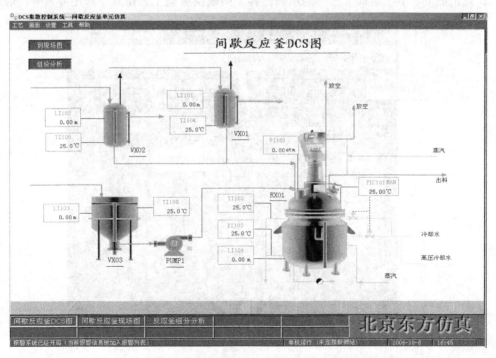

图 4-3　间歇反应釜单元 2D 仿真 DCS 界面

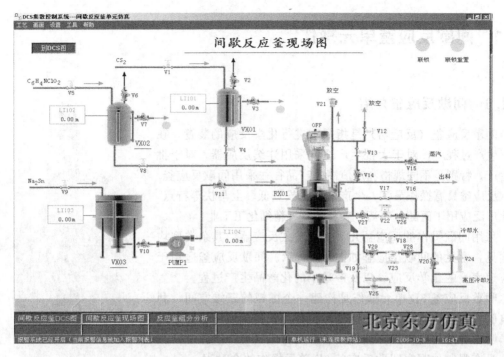

图 4-4　间歇反应釜单元仿真现场界面

4.1.2.2　3D 仿真界面

① 双击 [图标] 图标启动 3D 仿真软件。

② 点击图 4-5 中"培训工艺"的培训内容"间歇反应釜工艺仿真"和图 4-6 中"培训项

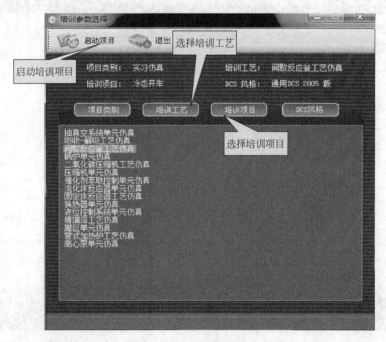

图 4-5　培训工艺选择界面

目"的相应培训教学内容项目,然后点击左上角"启动项目"启动软件。

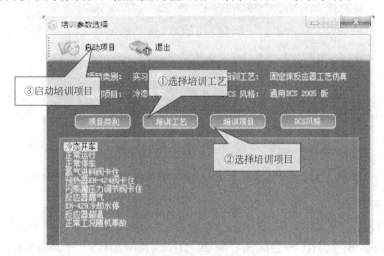

图 4-6 培训项目选择界面

启动软件后即进入间歇反应釜 3D 仿真软件的运行界面如图 4-7 所示,根据 4.1.5 节的相关内容和步骤进行操作。图 4-8 所示为间歇反应釜操作单元冷态开车运行时的操作质量评分系统,反映操作人员对单元操作的规范情况,系统会对操作过程进行打分评判。

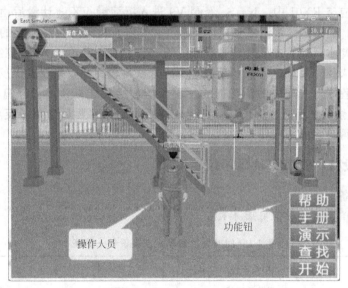

图 4-7 间歇反应釜 3D 仿真系统运行界面

4.1.3 工艺流程简介

间歇反应在助剂、制药、染料等行业的生产过程中很常见。本工艺过程的产品(2-巯基苯并噻唑)就是橡胶制品硫化促进剂 DM(2,2-二硫代苯并噻唑)的中间产品,它本身也是硫化促进剂,但活性不如 DM。

全流程的缩合反应包括备料工序和缩合工序。考虑到突出重点,将备料工序略去。则缩合工序共有三种原料,多硫化钠(Na_2S_n)、邻硝基氯苯($C_6H_4ClNO_2$)及二硫化碳(CS_2)。

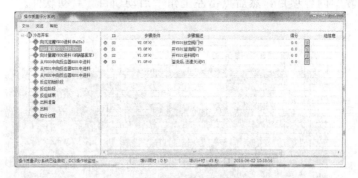

图 4-8　间歇反应釜操作单元冷态开车操作质量评分系统运行界面

主反应如下：

$$2C_6H_4NClO_2 + Na_2S_n \longrightarrow C_{12}H_8N_2S_2O_4 + 2NaCl + (n-2)S\downarrow$$

$$C_{12}H_8N_2S_2O_4 + 2CS_2 + 2H_2O + 3Na_2S_n \longrightarrow 2C_7H_4NS_2Na + 2H_2S\uparrow + 2Na_2S_2O_3 + (3n-4)S\downarrow$$

副反应如下：

$$C_6H_4NClO_2 + Na_2S_n + H_2O \longrightarrow C_6H_6NCl + Na_2S_2O_3 + (n-2)S\downarrow$$

工艺流程如下：

来自备料工序的 $C_6H_4ClNO_2$、CS_2 分别经阀 V5、V1 注入计量罐 VX02、VX01 计量后利用位差进入反应釜 RX01 中。Na_2S_n 经阀 V9 进入沉淀罐 VX03 计量后由泵 PUMP1 输入反应釜 RX01 中。经夹套蒸汽适量加热后，三种原料在反应釜中发生复杂的化学反应。釜温由夹套蒸汽、冷却水及蛇管中的冷却水控制，设有分程控制 TIC101（只控制冷却水），通过控制反应釜温度来控制反应速率及副反应速率，来获得较高的收率及确保反应过程安全。

在本工艺流程中，主反应的活化能要比副反应的活化能高，因此升温后更利于反应收率。在 90℃的时候，主反应和副反应速率比较接近，因此，要尽量延长反应温度在 90℃以上的时间，以获得更多的主反应产物。

4.1.4　主要设备、调节器及显示仪表说明

(1) 主要设备

间歇反应釜单元主要设备见表 4-1。

表 4-1　间歇反应釜单元主要设备一览表

设备位号	设备名称	设备位号	设备名称
R01	间歇反应釜	VX01	CS_2 计量罐
VX02	邻硝基氯苯计量罐	VX03	Na_2S_n 沉淀罐
PUMP1	离心泵		

(2) 调节器及正常工况操作参数

间歇反应釜单元调节器及正常工况操作参数见表 4-2。

表 4-2　间歇反应釜单元调节器及正常工况操作参数

位号	说明	类型	正常值	工程单位
TIC101	反应釜 RX01 温度控制	PID	115	℃

(3) 显示仪表及正常工况操作参数

间歇反应釜单元显示仪表及正常工况操作参数见表 4-3。

表 4-3　间歇反应釜单元显示仪表及正常工况操作参数

位号	说明	类型	正常值	工程单位
TI102	RX01 反应釜夹套冷却水出口温度	AI	25	℃
TI103	RX01 反应釜蛇管冷却水出口温度	AI	25	℃
TI104	CS_2 计量罐 VX01 温度	AI	29	℃
TI105	邻硝基氯苯罐 VX02 温度	AI	40	℃
TI106	多硫化钠沉淀罐 VX03 温度	AI	40	℃
LI101	CS_2 计量罐 VX01 液位	AI	0	m
LI102	邻硝基氯苯罐 VX02 液位	AI	0	m
LI103	多硫化钠沉淀罐 VX03 液位	AI	0.08	m
LI104	反应釜 RX01 液位	AI	2.3	m
PI101	反应釜 RX01 压力	AI	0	atm

4.1.5　操作规程

4.1.5.1　冷态开车

(1) 开车前准备

装置开工状态为各计量罐、反应釜、沉淀罐处于常温、常压状态,各种物料均已备好,全部阀门、机泵处于关停状态(除蒸汽联锁阀外)。

(2) 备料过程

① 向沉淀罐 VX03 进料（Na_2S_n）：打开阀门 V9,向罐 VX03 充液;当 VX03 液位接近 3.60m 时,关小 V9,至 3.60m 时关闭 V9;静置 4min（实际 4h）备用。

② 向计量罐 VX01 进料（CS_2）：打开放空阀 V2;打开溢流阀 V3;并打开进料阀 V1（开度约为 50%）向罐 VX01 充液,液位接近 1.4m 时,可关小 V1;当溢流标志变绿后,迅速关闭 V1;待溢流标志再度变红后,关闭溢流阀 V3。

③ 向计量罐 VX02 进料（邻硝基氯苯）：打开放空阀 V6、溢流阀 V7;打开进料阀 V5,开度约为 50%,向罐 VX02 充液。液位接近 1.2m 时,可关小 V5;溢流标志变绿后,迅速关闭 V5;待溢流标志再度变红后,关闭溢流阀 V7。

(3) 进料

① 微开放空阀 V12,准备进料。

② 从 VX03 中向反应器 RX01 中进料（Na_2S_n）：打开泵前阀 V10,打开进料泵 PUM1,打开泵后阀 V11,向 RX01 中进料;当液位小于 0.1m 时停止进料,关泵后阀 V11;关泵 PUM1;关泵前阀 V10。

间歇反应釜单元操作（1）
扫描二维码观看视频

③ 从 VX01 中向反应器 RX01 中进料（CS_2）：检查放空阀 V2 开放;打开进料阀 V4 向 RX01 中进料;待进料完毕后（LI101 为 0.00m）关闭 V4。

④ 从 VX02 中向反应器 RX01 中进料（邻硝基氯苯）：检查放空阀 V6 开放;打开进料阀 V8 向 RX01 中进料;待进料完毕后（LI102 为 0.00m）关闭 V8。

⑤ 进料完毕后关闭放空阀 V12。

(4) 反应初始阶段

① 依次打开阀门 V26、V27、V28、V29，确认 V12、V4、V8、V11 已关闭，打开联锁 LOCK。

② 开启反应釜搅拌电机 M1。

③ 适当打开夹套蒸汽加热阀 V19，观察反应釜内温度和压力上升情况，保持适当的升温速度。控制反应温度直至反应结束。

(5) 反应过程控制

① 当釜温升至 55～65℃左右关闭 V19，停止通蒸汽加热。

② 当釜温升至 75℃ 以上时，打开 TIC101，向反应釜通冷却水。

③ 当温度升至 110℃ 以上时，进入剧烈反应阶段，需小心控制，防止超温。当温度难以控制时，打开高压水阀 V20，可关闭搅拌器 M1 以使反应降速。当压力过高时，可微开 RX01 放空阀 V12 以降低气压（但放空会使 CS_2 损失，污染大气）。

间歇反应釜单元操作（2）
扫描二维码观看视频

④ 反应温度大于 128℃ 时，相当于 RX01 压力 PI101 超过 8atm，已处于事故状态，如联锁开关处于"ON"的状态，联锁起动（开高压冷却水阀 24，关搅拌器 M1，关夹套加热蒸汽阀 V25）。

⑤ RX01 压力超过 15atm（相当于温度大于 160℃），反应釜安全阀 V21 作用。

(6) 反应结束

当邻硝基氯苯浓度小于 0.1mol/L 时可以结束反应，关闭搅拌器 M1。

4.1.5.2 正常运行工艺生产指标调整

(1) 反应中要求的工艺参数

① 反应釜中压力不大于 8atm。

② 冷却水出口温度不小于 60℃，如小于 60℃ 易使硫在反应釜壁和蛇管表面结晶，使传热不畅。

(2) 主要工艺生产指标的调整方法

① 温度调节：操作过程中以温度为主要调节对象，以压力为辅助调节对象。升温慢会引起副反应速率大于主反应速率的时间段过长，因而引起反应的产率低。升温快则容易反应失控。

② 压力调节：压力调节主要是通过调节温度实现的，但在超温的时候可以微开放空阀，使压力降低，以达到安全生产的目的。

③ 收率：由于在 90℃ 以下时，副反应速率大于正反应速率，因此在安全的前提下快速升温是收率高的保证。

4.1.5.3 停车操作

在冷却水量很小的情况下，反应釜的温度下降仍较快，则说明反应接近尾声，可以进行停车出料操作了。

① 关闭搅拌器 M1。

② 打开放空阀 V12（5～10s），放出可燃气体。

③ 关闭放空阀 V12。

④ 打开阀门 V13、V15，通入增压蒸汽。

⑤ 打开蒸汽出料预热阀 V14，片刻后关闭 V14。

⑥ 当 PI101 压力大于 4atm 时，打开 V16 出料。

⑦ 出料完毕（LI104 为 0.00m），保持吹扫 10s，关闭 V16。

⑧ 关闭蒸汽阀 V15 和 V13。

4.1.5.4 常见事故及处理方法

间歇反应釜操作常见事故及处理方法如表 4-4 所示。

表 4-4 间歇反应釜操作常见事故及处理方法

序号	事故名称	事故现象	处理方法
1	超温(压)事故	反应釜超温(超压)，温度大于 128℃（气压大于 8atm）	①打开高压冷却水阀 V20，开大冷却水 ②关闭搅拌器 PUM1，使反应速率下降 ③如果气压超过 12atm，打开放空阀 V12
2	搅拌器 M1 停转	搅拌器坏，反应速率逐渐下降为低值，产物浓度变化缓慢	停止操作，出料维修(详见停车操作)
3	冷却水阀 V22、V23 卡住(堵塞)	开大冷却水阀对控制反应釜温度无作用，且出口温度稳步上升	打开冷却水旁路阀 V17 调节，如仍不能控温，则同时打开阀门 V18，控制反应釜 TIC101 温度在 115℃ 左右
4	出料管堵塞	出料管硫黄结晶，堵住出料管，出料时，内气压较高，但釜内液位下降很慢	①打开出料预热蒸汽阀 V14 吹扫 5min 以上(仿真中采用) ②拆下出料管用火烧化硫黄，或更换管段及阀门
5	温度显示仪表坏	测温电阻连线断，温度显示置零	①改用压力显示对反应进行调节(调节冷却水用量)，控制邻硝基氯苯浓度小于 0.1mol/L ②升温至压力为 0.3~0.75atm 停止加热 ③升温至压力 1.0~1.6atm 开始通冷却水 ④压力为 3.5~4atm 以上为反应剧烈阶段 ⑤反应压力大于 7atm，相当于温度大于 128℃，处于故障状态 ⑥反应压力大于 10atm，反应器联锁起动 ⑦反应压力大于 15atm，反应器安全阀起动

注：表中压力为表压。

4.2 CO$_2$ 压缩机单元操作

4.2.1 工作原理

CO$_2$ 压缩机单元是将合成氨装置的原料气 CO$_2$ 经本单元压缩做功后送往下一工段尿素合成工段，采用的是以汽轮机驱动的四级离心式压缩机。

离心式压缩机的工作原理和离心泵类似，气体从中心流入叶轮，在高速转动的叶轮的作用下，随叶轮作高速旋转并沿半径方向甩出来。叶轮在驱动机械的带动下旋转，把所得到的机械能通过叶轮传递给流过叶轮的气体，即离心压缩机通过叶轮对气体做了功。气体一方面受到旋转离心力的作用增加了气体本身的压力，另一方面又得到了很大的动能。气体离开叶轮后，这部分速度能在通过叶轮后的扩压器、回流弯道的过程中转变为压力能，进一步使气体的压力提高。

离心式压缩机中，气体经过一个叶轮压缩后压力的升高是有限的。因此在要求升压较高的情况下，通常都由许多级叶轮一个接一个、连续地进行压缩，直到最末一级出口达到所要求的压力为止。压缩机的叶轮数越多，所产生的总压头也愈大。气体经过压缩后温度升高，当要求压缩比较高时，常常将气体压缩到一定的压力后，从缸内引出，在外设冷却器冷却降温，然后再导入下一级继续压缩。这样依冷却次数的多少，将压缩机分成几段，一段可以是一级或多级。

离心式压缩机的结构示意图如图4-9所示。离心式压缩机由转子和定子两大部分组成。转子由主轴、叶轮、轴套和平衡盘等部件组成。所有的旋转部件都安装在主轴上，除轴套外，其他部件用键固定在主轴上。主轴安装在径向轴承上，以利于旋转。叶轮是离心式压缩机的主要部件，其上有若干个叶片，用以压缩气体。

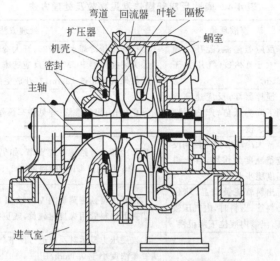

图 4-9 离心式压缩机的结构示意图

为了防止级间窜气或向外漏气，都设有级间密封和轴密封。离心式压缩机的辅助设备有中间冷却器、气液分离器和油系统等。

汽轮机又称为蒸汽透平，是用蒸汽做功的旋转式原动机。进入汽轮的高压、高温蒸汽，由喷嘴喷出，经膨胀降压后，形成的高速气流按一定方向冲动汽轮机转子上的动叶片，带动转子按一定速度均匀地旋转，从而将蒸汽的能量转变成机械能。

由于能量转换方式不同，汽轮机分为冲动式和反动式两种，在冲动式中，蒸汽只在喷嘴中膨胀，动叶片只受到高速气流的冲动力。在反动式汽轮机中，蒸汽不仅在喷嘴中膨胀，而且还在叶片中膨胀，动叶片既受到高速气流的冲动力，同时受到蒸汽在叶片中膨胀时产生的

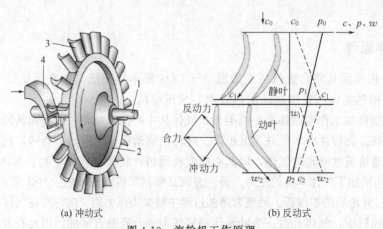

图 4-10 汽轮机工作原理

1—轴；2—叶轮；3—动叶片；4—喷嘴

反作用力。汽轮机的工作原理如图 4-10 所示。在反动式汽轮机中，蒸汽不但在喷嘴（静叶栅）中产生膨胀，压力由 p_0 降至 p_1，速度由 c_0 增至 c_1，高速汽流对动叶产生一个冲动力；而且在动叶栅中也膨胀，压力由 p_1 降至 p_2，速度由动叶进口相对速度 w_1 增至动叶出口相对速度 w_2，汽流必然对动叶产生一个由于加速而引起的反动力，使转子在蒸汽冲动力和反动力的共同作用下旋转做功。

4.2.2 仿真界面

4.2.2.1 2D 仿真界面

二氧化碳压缩单元仿真操作的 DCS 图如图 4-11、图 4-12 所示，仿真现场如图 4-13、图 4-14 所示，辅助控制盘如图 4-15 所示。

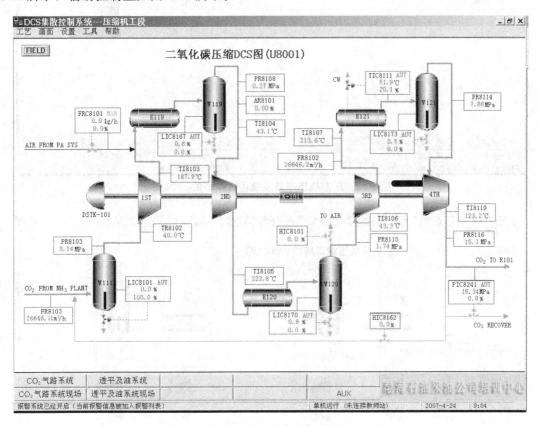

图 4-11　二氧化碳压缩仿真操作的 DCS 图

4.2.2.2 3D 仿真界面

① 双击 图标启动 3D 仿真软件。

② 点击"培训工艺"和"培训项目"，根据教学学习需要点选某一培训项目，然后点击左上角"启动项目"启动软件，启动操作的界面如图 4-16 所示。

CO_2 压缩单元 3D 仿真软件的启动操作如图 4-5 和图 4-6 所示，但在"培训工艺"选择界面需要选择"二氧化碳压缩机工艺仿真"。启动软件后即进入 CO_2 压缩单元 3D 仿真系统运行界面如图 4-16 所示，根据 4.2.5 节的相关内容和步骤进行操作。

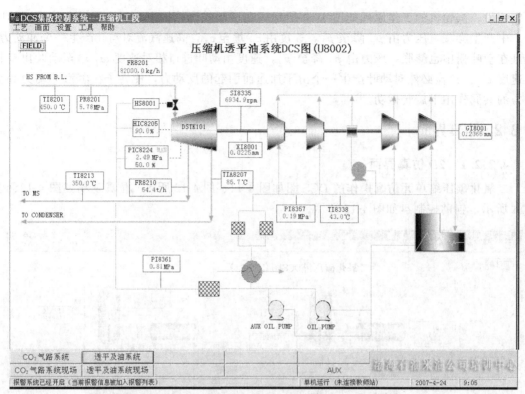

图 4-12 压缩机透平油系统仿真操作的 DCS 图

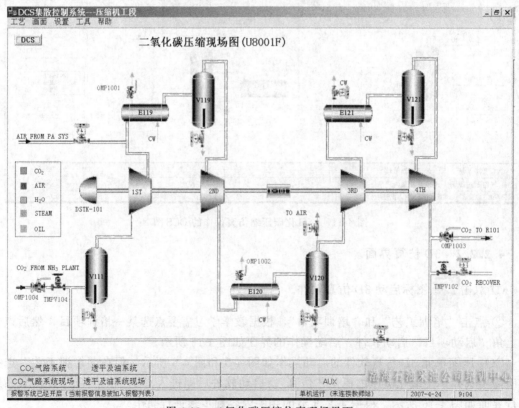

图 4-13 二氧化碳压缩仿真现场界面

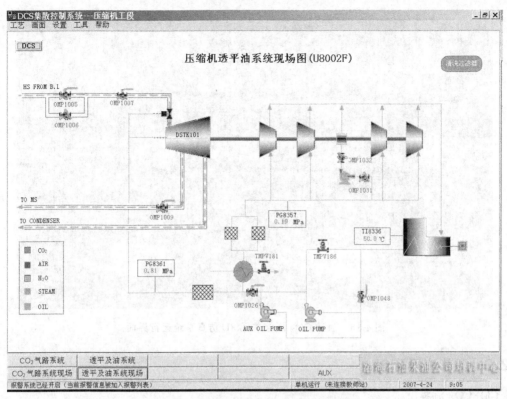

图 4-14 压缩机透平油系统仿真现场界面

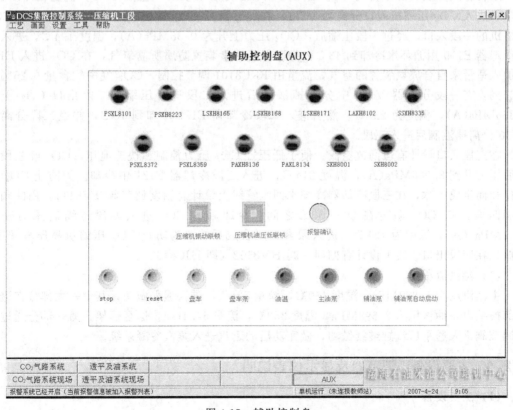

图 4-15 辅助控制盘

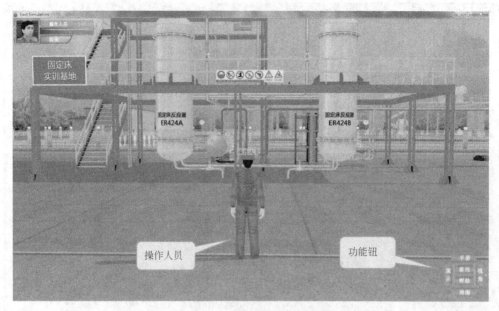

图 4-16　启动 CO_2 压缩单元 3D 仿真系统运行界面

4.2.3　工艺流程简介

(1) CO_2 流程

来自合成氨装置的原料气 CO_2 压力为 150kPa(A)(绝压)，温度 38℃，流量由 FR8103 计量，进入 CO_2 压缩机入口分离器 V111，在此分离掉 CO_2 气相中夹带的液滴后进入 CO_2 压缩机的一段入口，经过一段压缩后，CO_2 压力上升为 0.38MPa(A)，温度 194℃，进入一段冷却器 E119 用循环水冷却到 43℃，为了保证尿素装置防腐所需氧气，在 CO_2 进入 E119 前加入适量来自合成氨装置的空气，流量由 FRC8101 调节控制，CO_2 气中氧含量 0.25%～0.35%，在一段分离器 V119 中分离掉液滴后进入二段进行压缩，二段出口 CO_2 压力 1.866MPa(A)，温度为 227℃。然后进入二段冷却器 E120 冷却到 43℃，并经二段分离器 V120 分离掉液滴后进入三段。

在三段入口设计有段间放空阀，便于低压缸 CO_2 压力控制和快速泄压，CO_2 经三段压缩后压力升到 8.046MPa(A)，温度 214℃，进入三段冷却器 E121 中冷却。为防止 CO_2 过度冷却而生成干冰，在三段冷却器冷却水回水管线上设计有温度调节阀 TV8111，用此阀来控制四段入口 CO_2 温度在 50～55℃ 之间。冷却后的 CO_2 进入四段压缩后压力升到 15.5MPa (A)，温度为 121℃，进入尿素高压合成系统。为防止 CO_2 压缩机高压缸超压、喘振，在四段出口管线上设计有四回一阀 HV8162（即 HIC8162）。

(2) 蒸汽流程

主蒸汽压力 5.882MPa，湿度 450℃，流量 82t/h，进入透平做功，其中一大部分在透平中部被抽出，抽汽压力 2.598MPa，温度 350℃，流量 54.4t/h，送至框架，另一部分通过中压调节阀进入透平后汽缸继续做功，做完功后的乏汽进入蒸汽冷凝系统。

4.2.4　主要设备、调节器及显示仪表说明

(1) 主要设备

CO_2 压缩机单元主要设备见表 4-5。

表 4-5　CO_2 压缩机单元主要设备一览表

设备位号	设备名称	设备位号	设备名称
E119	CO_2 一段冷却器	E120	CO_2 二段冷却器
E121	CO_2 三段冷却器	V111	CO_2 原料分离器
V119	CO_2 一段分离器	V120	CO_2 二段分离器
V121	CO_2 三段分离器	DSTK101	CO_2 压缩机组透平
K101	变速箱	OIL PUMP	主油泵
AUX OIL PUMP	辅油泵		

（2）调节器及正常工况操作参数

CO_2 压缩机单元调节器及正常工况操作参数见表 4-6。

表 4-6　CO_2 压缩机单元调节器及正常工况操作参数

位号	说明	类型	正常值	工程单位
FRC8103	配入空气流量	PID	330	kg/h
LIC8101	V111 液位	PID	20	%
LIC8167	V119 液位	PID	20	%
LIC8170	V120 液位	PID	20	%
LIC8173	V121 液位	PID	20	%
HIC8101	段间放空阀	PID	0	%
HIC8162	四回一防喘振阀	PID	0	%
TIC8111	E121 出口温度	PID	52	℃
PIC8241	四段出口压力控制	PID	15.4	MPa
HIC8205	调速阀	PID	90	%
PIC8224	抽出中压蒸汽压力控制	PID	2.5	MPa

（3）显示仪表及正常工况操作参数

CO_2 压缩机单元显示仪表及正常工况操作参数见表 4-7。

表 4-7　CO_2 压缩机单元显示仪表及正常工况操作参数

位号	说明	类型	正常值	工程单位
TR8102	CO_2 原料气温度	AI	40	℃
TI8103	CO_2 压缩机一段出口温度	AI	190	℃
PR8108	CO_2 压缩机一段出口压力	AI	0.28	MPa(G)
TI8104	CO_2 压缩机一段冷却器出口温度	AI	43	℃
FRC8101	二段空气补加流量	AI	330	kg/h
FR8103	CO_2 吸入流量（标准状态）	AI	27000	m^3/h
FR8102	三段出口流量（标准状态）	AI	27330	m^3/h
AR8101	含氧量	AI	0.25～0.3	%
TE8105	CO_2 压缩机二段出口温度	AI	225	℃
PR8110	CO_2 压缩机二段出口压力	AI	1.8	MPa(G)

位号	说明	类型	正常值	工程单位
TI8106	CO_2 压缩机二段冷却器出口温度	AI	43	℃
TI8107	CO_2 压缩机三段出口温度	AI	214	℃
PR8114	CO_2 压缩机三段出口压力	AI	8.02	MPa(G)
TIC8111	CO_2 压缩机三段冷却器出口温度	AI	52	℃
TI8119	CO_2 压缩机四段出口温度	AI	120	℃
PIC8241	CO_2 压缩机四段出口压力	AI	15.4	MPa(G)
PIC8224	出透平中压蒸汽压力	AI	2.5	MPa(G)
Fr8201	入透平蒸汽流量	AI	82	t/h
FR8210	出透平中压蒸汽流量	AI	54.4	t/h
TI8213	出透平中压蒸汽温度	AI	350	℃
TI8338	CO_2 压缩机油冷器出口温度	AI	43	℃
PI8357	CO_2 压缩机油滤器出口压力	AI	0.25	MPa(G)
PI8361	CO_2 控制油压力	AI	0.95	MPa(G)
SI8335	压缩机转速	AI	6935	rpm
XI8001	压缩机振动	AI	0.022	mm
GI8001	压缩机轴位移	AI	0.24	mm

注：1rpm＝1r/min。

4.2.5 操作规程

4.2.5.1 冷态开车

(1) 准备工作：引循环水

① 压缩机岗位 E119 开循环水阀 OMP1001，引入循环水；

② 压缩机岗位 E120 开循环水阀 OMP1002，引入循环水；

③ 压缩机岗位 E121 开循环水阀 TIC8111，引入循环水。

CO_2 压缩机单元操作 (1)
扫描二维码观看视频

(2) CO_2 压缩机油系统开车

① 在辅助控制盘上启动油箱油温控制器 OMP1045，将油温升到 40℃ 左右；

② 打开油泵的后切断阀 OMP1048、前切断阀 OMP1026；

③ 从辅助控制盘上开启主油泵 OIL PUMP；

④ 调整油泵回路阀 TMPV186，将控制油压力控制在 0.9MPa 以上。

(3) 盘车

① 开启盘车泵的前切断阀 OMP1031、后切断阀 OMP1032；

② 从辅助控制盘启动盘车泵；

③ 在辅助控制盘上按盘车按钮至转速大于 150rpm，检查压缩机有无异常响声，检查振动、轴位移等。

(4) 停止盘车

① 在辅助控制盘上按盘车按钮停盘车；

② 从辅助控制盘停盘车泵；

③ 关闭盘车泵的后切断阀 OMP1032、前切断阀 OMP1031。

(5) 联锁试验

① 油泵自启动试验 主油泵启动且将油压控制正常后，在辅助控制盘上将辅助油泵自动启动按钮按下，按一下 RESET 按钮，打开透平蒸汽速关阀 HS8001，再在辅助控制盘上按停主油泵，辅助油泵应该自行启动，联锁不应动作。

② 低油压联锁试验 主油泵启动且将油压控制正常后，确认在辅助控制盘上没有将辅助油泵设置为自动启动，按一下 RESET 按钮，在压缩机透平油系统现场图中，打开透平蒸汽速关阀 HS8001，关闭四回一阀 HIC8162 和段间放空阀 HIC8101，通过油泵回路阀 TMPV186 缓慢降低油压，当油压降低到一定值时，仪表盘 PSXL8372 应该报警，按确认后继续开大阀降低油压，检查联锁是否动作，动作后透平蒸汽速关阀 HS8001 应该关闭，关闭四回一阀 HIC8162 和段间放空阀 HIC8101 应该全开。

③ 停车试验 主油泵启动且将油压控制正常后，按一下 RESET 按钮，在压缩机透平油系统现场图中，打开透平蒸汽速关阀 HS8001，关闭四回一阀 HIC8162 和段间放空阀 HIC8101，在辅助控制盘上按一下 STOP 按钮，透平蒸汽速关阀 HS8001 应该关闭，原已关闭的四回一阀 HIC8162 和段间放空阀 HIC8101 应该全开。

(6) 暖管暖机

① 在辅助控制盘上点辅油泵自动启动按钮，将辅油泵设置为自启动；

② 在压缩机透平油系统现场图中，打开入界区蒸汽副线阀 OMP1006，准备引蒸汽；

CO_2 压缩机单元操作（2）
扫描二维码观看视频

③ 打开蒸汽透平主蒸汽管线上的切断阀 OMP1007，压缩机暖管；

④ 在 CO_2 压缩现场图中，全开 CO_2 放空截止阀 TMPV102；

⑤ 在 CO_2 压缩 DCS 图中，全开 CO_2 放空调节阀 PIC8241；

⑥ 当透平入口管道内蒸汽压力 PR8201 上升到 5.0MPa 后，在压缩机透平油系统现场图中，开入界区蒸汽阀 OMP1005，同时关闭副线阀 OMP1006；

⑦ 在 CO_2 压缩现场图中，打开 CO_2 进料总阀 OMP1004；

⑧ 全开 CO_2 进口控制阀 TMPV104；

⑨ 在压缩机透平油系统现场图中，打开透平抽出截止阀 OMP1009；

⑩ 从辅助控制盘上按一下 RESET 按钮，准备冲转压缩机；

⑪ 在压缩机透平油系统 DCS 图中，打开透平速关阀 HS8001；

⑫ 逐渐打开阀 HIC8205，将转速 SI8335 提高到 1000rpm，进行低速暖机；

⑬ 控制转速 SI8335 在 1000rpm，暖机 15min（模拟为 2min）；

⑭ 在压缩机透平油系统现场图中，打开油冷器冷却水阀 TMPV181；

⑮ 暖机结束，在压缩机透平油系统 DCS 图中，调节 HIC8205 将机组转速 SI8335 缓慢提到 2000rpm，检查机组运行情况；

⑯ 检查压缩机有无异常响声，检查振动 XI8001、轴位移 GI8001 等；

⑰ 控制转速 SI8335 为 2000rpm，停留 15min（模拟为 2min）。

(7) 过临界转速

① 继续开大 HIC8205，将机组转速 SI8335 缓慢提到 3000rpm，准备过临界转速（3000～3500rpm）；

② 继续开大 HIC8205，用 20～30s 的时间将机组转速缓慢提到 4000rpm，通过临界转速；

③ 逐渐打开 PIC8224 到 50%；

④ 在 CO_2 压缩 DCS 图中，缓慢将段间放空阀 HIC8101 关小到 72%；

⑤ 将 V111 液位控制 LIC8101 投自动，设定值 20%；

⑥ 将 V119 液位控制 LIC8167 投自动，设定值 20%；

⑦ 将 V120 液位控制 LIC8170 投自动，设定值 20%；

⑧ 将 V121 液位控制 LIC8173 投自动，设定值 20%；

⑨ 将 E121 出口温度调节器 TIC8111 投自动，设定值 52℃。

(8) 升速升压

① 在压缩机透平油系统 DCS 图中，继续开大 HIC8205，将机组转速 SI8335 缓慢提到 5500rpm；

② 在 CO_2 压缩 DCS 图中，缓慢将段间放空阀 HIC8101 关小到 50%；

CO_2 压缩机单元操作（3）
扫描二维码观看视频

③ 继续开大 HIC8205，将机组转速 SI8335 缓慢提到 6050rpm；

④ 缓慢将段间放空阀 HIC8101 关小到 25%；

⑤ 缓慢将四回一阀 HIC8162 关小到 75%；

⑥ 继续开大 HIC8205，将机组转速 SI8335 缓慢提到 6400rpm；

⑦ 缓慢将段间放空阀 HIC8101 关闭；

⑧ 缓慢将四回一阀 HIC8162 关闭；

⑨ 继续开大 HIC8205，将机组转速缓慢提到 6935rpm；

⑩ 调整 HIC8205，将机组转速 SI8335 稳定在 6935rmp。

(9) 投料

① 在 CO_2 压缩 DCS 图中，逐渐关小 PIC8241，缓慢将压缩机四段出口压力 PR8116 提升到 14.4MPa，平衡合成系统压力；

② 在 CO_2 压缩现场图中，打开 CO_2 出口阀 OMP1003；

③ 继续手动关小 PIC8241，缓慢将压缩机四段出口压力提升到 15.4MPa，将 CO_2 引入合成系统；

④ 当 PIC8241 控制稳定在 15.4MPa 左右后，投自动，设定值 15.4MPa。

4.2.5.2 正常停车

(1) CO_2 压缩机停车

① 在压缩机透平油系统 DCS 图中，调节 HIC8205 将转速 SI8335 降至 6500rpm；

② 在 CO_2 压缩 DCS 图中，调节 HIC8162，将负荷减至 21000m³/h(标准状态)；

③ 继续调节 HIC8162，调整抽汽与注汽量，直至 HIC8162 全开；

④ 手动缓慢打开 PIC8241，将四段出口压力降到 14.5MPa 以下，CO_2 退出合成系统；

⑤ 关闭 CO_2 入合成总阀 OMP1003；

⑥ 继续开大 PIC8241 缓慢降低四段出口压力到 8.0～10.0MPa；

⑦ 调节 HIC8205 将转速降至 6403rpm；

⑧ 继续调节 HIC8205 将转速降至 6052rpm；

⑨ 调节 HIC8101，将四段出口压力降至 4MPa；

⑩ 继续调节 HIC8205 将转速降至 3000rpm；

⑪ 继续调节 HIC8205 将转速降至 2000rpm；

⑫ 在辅助控制盘上按 STOP 按钮，停压缩机；

⑬ 在 CO_2 压缩现场图中，关闭 CO_2 入压缩机控制阀 TMPV104；

⑭ 关闭 CO_2 入压缩机总阀 OMP1004；

⑮ 在压缩机透平油系统现场图中，关闭蒸汽抽出至蒸汽 MS 总阀 OMP1009；

⑯ 关闭蒸汽至压缩机工段总阀 OMP1005；

⑰ 关闭压缩机蒸汽入口阀 OMP1007。

(2) 油系统停车

① 从辅助控制盘上取消辅油泵自启动；

② 从辅助控制盘上停运主油泵；

③ 在压缩机透平油系统现场图中，关闭油泵进口阀 OMP1048；

④ 关闭油泵出口阀 OMP1026；

⑤ 关闭油冷器冷却水阀 TMPV181；

⑥ 从辅助控制盘上停油温控制。

4.2.5.3 工艺报警及联锁系统

(1) 工艺报警及联锁说明

为了保证工艺、设备的正常运行，防止事故发生，在设备重点部位安装检测装置并在辅助控制盘上设有报警灯进行提示，以提前进行处理将事故消除。工艺联锁是设备处于不正常运行时的自保系统，本单元设计了两个联锁自保措施：

① 压缩机振动超高联锁（发生喘振）

a. 动作　20s 后（主要是为了方便培训人员处理）自动进行以下操作：

关闭透平速关阀 HS8001、调速阀 HIC8205、中压蒸汽调压阀 PIC8224；

全开防喘振阀 HIC8162、段间放空阀 HIC8101。

b. 处理　在辅助控制盘上按 RESET 按钮，按冷态开车中暖管暖机冲转开始重新开车。

② 油压低联锁

a. 动作　自动进行以下操作：

关闭透平速关阀 HS8001、调速阀 HIC8205、中压蒸汽调压阀 PIC8224；

全开防喘振阀 HIC8162、段间放空阀 HIC8101。

b. 处理　找到并处理造成油压低的原因后在辅助控制盘上按 RESET 按钮，按冷态开车中油系统开车重新开车。

(2) 工艺报警及联锁触发值

CO_2 压缩工艺的各监测点报警触发值如表 4-8 所示。

表 4-8　CO_2 压缩工艺的各监测点报警触发值

位号	监测点	触发值
PSXL8101	V111 压力	≤0.09MPa
PSXH8223	蒸汽透平背压	≥2.75MPa
LSXH8165	V119 液位	≥85%
LSXH8168	V120 液位	≥85%
LSXH8171	V121 液位	≥85%
LAXH8102	V111 液位	≥85%
SSXH8335	压缩机转速	≥7200rpm
PSXL8372	控制油油压	≤0.85MPa

位号	监测点	触发值
PSXL8359	润滑油油压	≤0.2MPa
PAXH8136	CO_2 四段出口压力	≥16.5MPa
PAXL8134	CO_2 四段出口压力	≤14.5MPa
SXH8001	压缩机轴位移	≥0.3mm
SXH8002	压缩机径向振动	≥0.03mm
振动联锁		XI8001≥0.05mm 或 GI8001≥0.5mm(20s 后触发)
油压联锁		PI8361≤0.6MPa
辅油泵自启动联锁		PI8361≤0.8MPa

4.2.5.4 常见事故及处理方法

CO_2 压缩工艺常见事故及处理方法见表 4-9。

表 4-9 CO_2 压缩工艺常见事故及处理方法

序号	事故名称	事故现象	处理方法
1	压缩机振动大	振动大,出口压力不稳定	①机械方面故障需停车检修 ②产生共振时,需改变操作转速,另外在开停车过程中过临界转速时应尽快通过 ③当压缩机发生喘振时,找出发生喘振的原因,并采取相应的措施 a. 入口气量过小:打开防喘振阀 HIC8162,开大入口控制阀开度 b. 出口压力过高:打开防喘振阀 HIC8162,开大四段出口排放调节阀开度 c. 操作不当,开关阀门动作过大:打开防喘振阀 HIC8162,消除喘振后再精心操作
2	压缩机辅助油泵自动启动	由于油压低引起压缩机辅助油泵自动启动	①关小油泵回路阀 ②按过滤器清洗步骤清洗油过滤器,从辅助控制盘停辅助油泵
3	四段出口压力偏低,CO_2 打气量偏少	由于压缩机转速偏低,或防喘振阀未关死,或压力控制阀 PIC8241 未投自动,或未关死,造成四段出口压力偏低,CO_2 打气量偏少	①将转速调到 6935rpm ②关闭防喘振阀 ③关闭压力控制阀 PIC8241
4	压缩机因喘振发生联锁跳车	由于操作不当,压缩机发生喘振,处理不及时发生联锁跳车	①关闭 CO_2 去尿素合成总阀 OMP1003 ②在辅助控制盘上按一下 RESET 按钮 ③按冷态开车步骤中暖管暖机冲转开始重新开车
5	压缩机三段冷却器出口温度过低	冷却水控制阀 TIC8111 未投自动,阀门开度过大,造成压缩机三段冷却器出口温度过低(小于 52℃)	①关小冷却水控制阀 TIC8111,温度控制在 52℃左右 ②控制稳定后,TIC8111 投自动,设定值 52℃

4.3 固定床反应器单元操作

4.3.1 工作原理

固定床反应器是指在反应器内装填颗粒状固体催化剂或固体反应物,形成一定高度的堆积床层，气体或液体物料通过颗粒间隙流过静止固定床层的同时，实现非均相反应过程。这类反应器的特点是充填在设备内的固体颗粒固定不动，有别于固体物料在设备内发生运动的移动床和流化床，又称填充床反应器。固定床反应器广泛用于气-固相反应和液-固相反应过程。图 4-17 为固定床反应器结构示意图。

根据固定床反应器的特点，其具有返混小、停留时间易控制、催化剂机械损失小、结构简单等优点，但也存在传热差、操作过程中催化剂不能更换的不足。固定床反应器中的催化剂不限于颗粒状，网状催化剂早已应用于工业上，蜂窝状、纤维状催化剂也已被广泛使用。

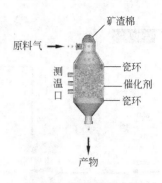

图 4-17　固定床反应器
结构示意图

4.3.2　仿真界面

4.3.2.1　2D 仿真界面

固定床反应器单元操作的 2D 仿真 DCS 界面如图 4-18 所示，仿真现场界面如图 4-19 所示。

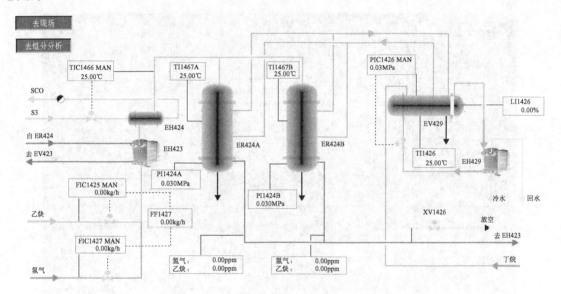

图 4-18　固定床反应器 2D 仿真 DCS 界面

4.3.2.2　3D 仿真界面

① 双击 图标启动 3D 仿真软件。

② 点击"培训工艺"和"培训项目"，根据教学学习需要点选某一培训项目，然后点击"启动项目"启动软件。

固定床反应器单元 3D 仿真软件的启动操作如图 4-5 和图 4-6 所示，但在"培训工艺"选择界面需要选择"固定床反应器工艺仿真"。启动软件后即进入固定床反应器单元 3D 仿真系统运行界面如图 4-20 所示，根据 4.3.5 节的相关内容和步骤进行操作。

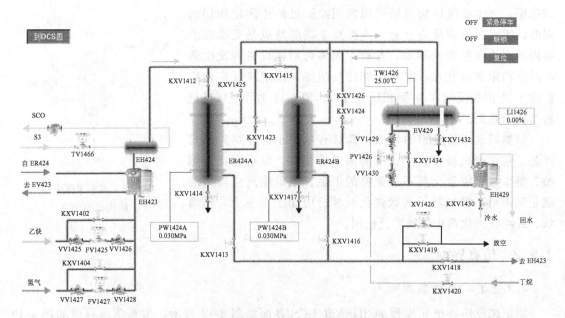

图 4-19　固定床反应器 2D 仿真现场界面

图 4-20　固定床反应器单元 3D 仿真系统运行界面

4.3.3　工艺流程简介

本流程为利用催化加氢脱乙炔的工艺。乙炔是通过等温加氢反应器除掉的，反应器温度由壳侧中冷剂温度控制。

主反应为：$nC_2H_2 + 2nH_2 \longrightarrow (C_2H_6)_n$，该反应是放热反应。每克乙炔反应后放出热量约为 34000kcal。温度超过 66℃时有副反应为：$2nC_2H_4 \longrightarrow (C_4H_8)_n$，该反应也是放热反应。

冷却介质为液态丁烷，通过丁烷蒸发带走反应器中的热量，丁烷蒸气通过冷却水冷凝。

反应原料分两股，一股为约 $-15℃$ 的以 C_2 为主的烃原料，进料量由流量控制器 FIC1425 控制；另一股为 H_2 与 CH_4 的混合气，温度约 $10℃$，进料量由流量控制器 FIC1427 控制。FIC1425 与 FIC1427 为比值控制，两股原料按一定比例在管线中混合后经原料气/反应气换热器（EH423）预热，再经原料预热器（EH424）预热到 $38℃$，进入固定床反应器（ER424A/B）。预热温度由温度控制器 TIC1466 通过调节预热器 EH424 加热蒸汽（S3）的流量来控制。

ER424A/B 中的反应原料在 $2.523MPa$、$44℃$ 下反应生成 C_2H_6。当温度过高时会发生 C_2H_4 聚合生成 C_4H_8 的副反应。反应器中的热量由反应器壳侧循环的加压 C_4 冷剂蒸发带走。C_4 蒸气在冷凝器 EH429 中由冷却水冷凝，而 C_4 冷剂的压力由压力控制器 PIC-1426 通过调节 C_4 蒸气冷凝回流量来控制，从而保持 C_4 冷剂的温度。

工业上为了保持两种或两种以上物料的比例为一定值的调节叫比值调节。对于比值调节系统，首先是要明确哪种物料是主物料，而另一种物料按主物料来配比。在本单元中，FIC1425（以 C_2 为主的烃原料）为主物料，而 FIC1427（H_2）的量是随主物料（C_2 为主的烃原料）的量的变化而改变。FFI1427 为一比值调节器。根据 FIC1425（以 C_2 为主的烃原料）的流量，按一定的比例，适应地调整 FIC1427（H_2）的流量。

4.3.4 主要设备、调节器及显示仪表说明

(1) 主要设备

主要设备见表 4-10。

表 4-10 固定床反应器 3D 单元的主要设备代码及设备名称

设备代码	设备名称	设备代码	设备名称
EH423	原料气/反应气换热器	EH424	原料气预热器
EH429	C_4 蒸气冷凝器	EV429	C_4 闪蒸罐
ER424A/B	C_2X 加氢反应器		

(2) 调节器及正常工况操作参数

固定床反应器 3D 单元调节器及正常工况操作参数见表 4-11。

表 4-11 固定床反应器 3D 单元调节器及正常工况操作参数

位号	说明	类型	正常值	工程单位
PIC1426	EV429 罐压力控制	PID	2.523	MPa
TIC1466	EH423 出口温控	PID	38	℃
FIC1425	C_2X 流量控制	PID	56186.8	kg/h
FIC1427	H_2 流量控制	PID	200	kg/h

(3) 显示仪表及正常工况操作参数

固定床反应器 3D 单元显示仪表及正常工况操作参数见表 4-12。

表 4-12 固定床反应器 3D 单元显示仪表及正常工况操作参数

位号	说明	类型	正常值	工程单位
FF1427	H_2 流量	AI	200	kg/h

位号	说明	类型	正常值	工程单位
TI1467A	ER424A 温度	AI	44	℃
TI1467B	ER424B 温度	AI	44	℃
PC1426	EV429 压力	AI	2.523	MPa
LI1426	EV429 液位	AI	50	%
AT1428	ER424A 出口氢浓度	AI		ppm
AT1429	ER424A 出口乙炔浓度	AI		ppm
AT1430	ER424B 出口氢浓度	AI		ppm
AT1431	ER424B 出口乙炔浓度	AI		ppm
PI1424A	ER1424A 压力	AI	2.523	MPa
PI1424B	ER1424B 压力	AI	2.523	MPa
TI101	进料温度	AI	40	℃

注：1ppm＝10^{-6}。

4.3.5　操作规程

4.3.5.1　开车操作

(1) 开车前准备

装置的开工状态为反应器和闪蒸罐都处于已进行过氮气冲压置换后，保压在 0.03MPa 状态，可以直接进行实气冲压置换。

(2) EV429 闪蒸器充丁烷

① 确认 EV429 压力为 0.03MPa。

② 打开 EV429 回流阀 PV1426 的前阀 VV1430、后阀 VV1429，调节 PV1426 阀开度为 50%。

③ 打开 KXV1430，开度为 50%，向 EH429 通冷却水。

④ 打开 EV429 的丁烷进料阀门 KXV1420，开度 50%，当 EV429 液位达 50%时，关进料阀 KXV1420。

(3) ER424A 反应器充丁烷

① 确认反应器 ER424A 压力为 0.03MPa 保压，EV429 液位达 50%。

② 打开丁烷冷剂进 ER424A 壳层的阀门 KXV1423，有液体流过，充液结束；同时打开出 ER424A 壳层的阀门 KXV1425。

(4) ER424A 启动准备

① 打开 S3 蒸汽进料控制 TIC1466，开度为 30%。

② 调节 PIC-1426 压力为 0.4MPa 左右，投自动，设定值 0.4MPa。

(5) ER424A 充压、实气置换

① 依次打开 FIC1425 的前阀 VV1425、后阀 VV1426，全开 KXV1412。

② 打开阀 KXV1418，开度 50%。

③ 缓慢打开 ER424A 的出料阀 KXV1413，开度 5%。

固定床反应器单元操作（1）
扫描二维码观看视频

固定床反应器单元操作（2）
扫描二维码观看视频

④ 手动调节丁烷进料控制 FIC1425，慢慢增加 C_2H_2 进料，提高反应器压力，充压至 2.523MPa。

⑤ 缓慢打开 ER424A 的出料阀 KXV1413 至 50%，充压至压力平衡。

⑥ 当乙炔原料进料控制 FIC1425 值稳定在 56186.8kg/h 左右时，投自动，设定值 56186.8kg/h。

(6) ER424A 配氢

① 待反应器入口温度 TIC1466 在 38.0℃ 左右时，将 TIC1466 投自动，设定值 38.0℃。

② 当反应器温度接近 38.0℃（超过 35.0℃），准备配氢，打开 FV1427 的前阀 VV1427、后阀 VV1428，缓慢打开 FV1427，使氢气流量稳定在 80kg/h。

③ 当氢气量稳定 2min 后，缓慢增加氢气量，注意观察反应器温度变化，氢气流量控制阀开度每次增加不超过 5%，氢气量最终加至 200kg/h 左右。

④ 将 FIC1427 投串级。

4.3.5.2　正常操作

(1) 正常工况下工艺参数

① 正常运行时，反应器温度 TI1467A 44.0℃，压力 PI1424A 控制在 2.523MPa。

② FIC1425 设自动，设定值 56186.8kg/h，FIC1427 设串级。

③ PIC1426 压力控制在 0.4MPa，EV429 温度 TI1426 控制在 38.0℃。

④ TIC1466 设自动，设定值 38.0℃。

⑤ ER424A 出口氢气浓度低于 50ppm，乙炔浓度低于 200ppm。

⑥ EV429 液位 LI1426 为 50%。

(2) ER424A 与 ER424B 间切换

① 关闭氢气进料。

② ER424A 温度下降低于 38.0℃ 后，打开 C_4 冷剂进 ER424B 的阀 KXV1424、KXV1426，关闭 C_4 冷剂进 ER424A 的阀 KXV1423、KXV1425。

③ 开 C_2H_2 进 ER424B 的阀 KXV1415，微开 KXV1416。关 C_2H_2 进 ER424A 的阀 KXV1412。

(3) ER424B 的操作

ER424B 的操作与 ER424A 操作相同。

4.3.5.3　停车操作

① 关闭氢气进料阀后阀 VV1427、前阀 VV1428，FIC1427 改为手动并关闭。

② 将 TIC1466 设手动并关闭，同时关闭加热器 EH424 蒸汽进料阀 TV1466。

③ 将 PIC1426 改为手动，全开闪蒸器冷凝回流阀 PV1426。

④ 将 FIC1425 改为手动，依次关闭乙炔进料阀 FV1425、后阀 VV1426、前阀 VV1425。

⑤ 逐渐开大 EH429 冷却水阀 KXV1430。

⑥ 逐渐降低闪蒸器温度 TW1426、反应器压力 PI1424A、反应器温度 TI1467A，至常温、常压。

4.3.5.4　联锁系统

(1) 联锁源

① 现场手动紧急停车（紧急停车按钮）。

② 反应器温度高报（TI1467A/B>66℃）。

（2）联锁动作

① 关闭氢气进料，FIC1427 设手动。

② 关闭加热器 EH424 蒸汽进料，TIC1466 设手动。

③ 闪蒸器冷凝回流控制 PIC1426 设手动，开度 100%。

④ 自动打开电磁阀 XV1426。

该联锁有一复位按钮。在复位前，应首先确定反应器温度已降回正常，同时处于手动状态的各控制点的设定应设成最低值。

4.3.5.5 事故处理

固定床反应器 3D 单元主要事故及处理方法见表 4-13。

表 4-13　固定床反应器 3D 单元主要事故及处理方法

序号	事故名称	事故现象	处理方法
1	氢气进料阀卡住	FIC1427 卡在 20% 处，氢气量无法自动调节	①降低 EH429 冷却水的量 ②用旁路阀 KXV1404 手工调节氢气量
2	预热器 EH424 阀卡住	TIC1466 卡在 70% 处，换热器出口温度超高	①增加 EH429 冷却水的量 ②减少配氢量
3	闪蒸罐压力调节阀卡	PIC1426 卡在 20% 处，闪蒸罐压力、温度超高	①增加 EH429 冷却水的量 ②用旁路阀 KXV1434 手工调节
4	反应器漏气	KXV1414 卡在 50% 处，反应器压力迅速降低	停车
5	EH429 冷却水停	闪蒸罐压力、温度超高	停车
6	反应器超温	闪蒸罐通向反应器的管路有堵塞。反应器温度超高，会引发乙烯聚合的副反应	增加 EH429 冷却水的量

4.4　管式加热炉单元操作

4.4.1　工作原理

管式加热炉是石油化工生产中最常用的一种加热设备，其工作原理是燃料在炉膛内燃烧产生的火焰和高温烟气作为热源加热炉管中流动的物料，使其发生化学反应或达到后续工艺要求的温度，加热炉的大小、能力通常用加热炉热负荷表述利用。

管式加热炉一般由三个主要部分组成：辐射室、对流室及烟囱（通风系统），如图 4-21 所示。

辐射室：通过火焰或高温烟气进行辐射传热的部分。这部分直接受火焰冲刷，温度很高（600~1600℃），是热交换的主要场所（约占热负荷的 70%~80%）。

对流室：靠辐射室出来的烟气进行以对流传热为主的换热部分。

燃烧器：是使燃料雾化并混合空气，使之燃烧的产热设备，燃烧器可分为燃料油燃烧器，燃料气燃烧器和油-气联合燃烧器。

通风系统：将燃烧用空气引入燃烧器，并将烟气引出炉子，可分为自然通风方式和强制通风方式。

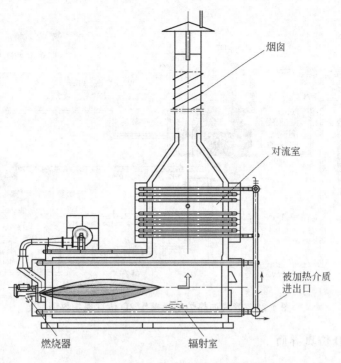

图 4-21　管式加热炉工作原理示意图

4.4.2 仿真界面

4.4.2.1 2D 仿真界面

管式加热炉单元操作的 2D 仿真 DCS 界面如图 4-22 所示，仿真现场界面如图 4-23 所示。

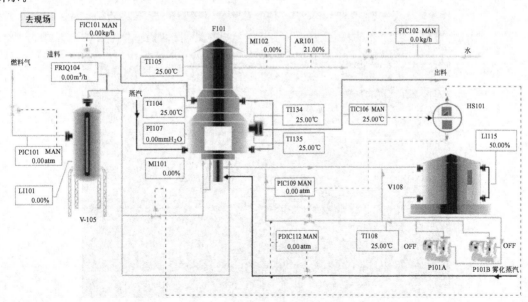

图 4-22　管式加热炉单元操作 2D 仿真 DCS 界面

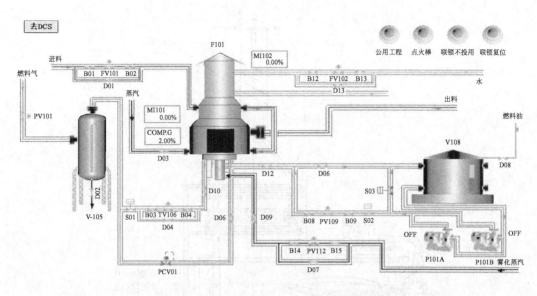

图 4-23　管式加热炉单元操作 2D 仿真现场界面

4.4.2.2　3D 仿真界面

① 双击 [图标] 图标启动 3D 仿真软件。

② 点击"培训工艺"和"培训项目"，根据教学学习需要点选某一培训项目，然后点击"启动项目"启动软件。

管式加热炉单元 3D 仿真软件的启动操作如图 4-5 和图 4-6 所示，但在"培训工艺"选择界面需要选择"管式加热炉工艺仿真"。启动软件后即进入管式加热炉单元 3D 仿真系统运行界面如图 4-24 所示，根据 4.4.5 节的相关内容和步骤进行操作。

图 4-24　管式加热炉单元 3D 仿真系统运行界面

4.4.3 工艺流程简介

(1) 工艺物料系统

某烃类化工原料在流量调节器 FIC101 的控制下先进入加热炉 F101 的对流段，经对流的加热升温后，再进入 F101 的辐射段，被加热至 420℃后，送至下一工序，其炉出口温度由调节器 TIC106 通过调节燃料气流量或燃料油压力来控制。

采暖水在调节器 FIC102 控制下，经与 F101 的烟气换热，回收余热后，返回采暖水系统。

(2) 燃料系统

燃料气管网的燃料气在调节器 PIC101 的控制下进入燃料气罐 V105，燃料气在 V105 中脱油脱水后，分两路送入加热炉，一路在 PCV01 控制下送入常明线；一路在 TV106 调节阀控制下送入油-气联合燃烧器。

来自燃料油罐 V108 的燃料油经 P101A/B 升压后，在 PIC109 控制下压送至燃烧器火嘴前，用于维持火嘴前的油压，多余燃料油返回 V108。来自管网的雾化蒸汽在 PDIC112 的控制压与燃料油保持一定压差情况下送入燃料器。来自管网的吹热蒸汽直接进入炉膛底部。

4.4.4 主要设备、调节器及显示仪表说明

(1) 主要设备

管式加热炉 3D 单元主要设备见表 4-14。

表 4-14 管式加热炉 3D 单元主要设备一览表

设备位号	设备名称	设备位号	设备名称
V105	燃料气分液罐	V108	燃料油贮罐
F101	管式加热炉	P101A	燃料油 A 泵
P101B	燃料油 B 泵		

(2) 调节器及正常工况操作参数

管式加热炉 3D 单元调节器及正常工况操作参数见表 4-15。

表 4-15 管式加热炉 3D 单元调节器及正常工况操作参数

位号	说明	类型	正常值	工程单位
FIC101	工艺物料进料量	PID	3072.5	kg/h
FIC102	采暖水进料量	PID	9584.0	kg/h
PIC101	V105 压力	PID	2.0	atm(G)
PDIC112	雾化蒸汽压差	PID	4.0	atm(G)
PIC109	燃料油压力	PID	6.0	atm(G)
TIC106	工艺物料炉	PID	420.0	℃

(3) 显示仪表及正常工况操作参数

管式加热炉 3D 单元显示仪表及正常工况操作参数见表 4-16。

表 4-16　管式加热炉 3D 单元显示仪表及正常工况操作参数

位号	说明	类型	正常值	工程单位
TI104	炉膛温度	AI	640.0	℃
TI105	烟气温度	AI	210.0	℃
TI108	燃料油温度	AI	75.0	℃
TI134	炉出口温度	AI	420.0	℃
TI135	炉出品温度	AI	420.0	℃
FRIQ104	燃料气的流量	AI	210.0	m³/h
PI107	炉膛负压	AI	−2.0	mmH$_2$O
LI101	V-105 液位	AI	0.0	%
LI115	V-108 液位	AI	50.0	%
AR101	烟气氧含量	AI	4.0	%
MI101	风门开度	AI	50.0	%
MI102	挡板开度	AI	35.0	%
COMPG	炉膛内可燃气体的含量	AI	0.5	%

4.4.5　操作规程

4.4.5.1　开车操作

(1) 开车前准备

① 装置的开车状态为氨置换的常温常压氨封状态。

② 启用公用工程（现场图 "UTILITY" 按钮置 "ON"）。

③ 摘除联锁（现场图 "BYPASS" 按钮置 "ON"）。

④ 联锁复位（现场图 "RESET" 按钮置 "ON"）。

(2) 点火准备工作

① 全开加热炉的烟道挡板 MI102。

② 打开吹扫蒸汽阀 D03，吹扫炉膛内的可燃气体（实际约需 10min）。

③ 待可燃气体的含量低于 0.5% 后，关闭吹扫蒸汽阀 D03。

④ 调节 MI101 的开度至 30%，同时在现场图中打开 MI102（开度 30% 左右）。

(3) 燃料气准备

① 在 DCS 图中手动打开压力调节阀 PIC101，向燃料气分液罐 V105 充燃料气。

② 待 V105 的压力接近 2atm 时，将 PIC101 投自动，设定值 2atm。

(4) 点火操作

① 启动点火棒（"IGNITION" 按钮置 "ON"）。

② 待 V105 压力大于 0.5atm 后，打开常明线上的根部阀门 D05。

③ 确认点火成功（火焰显示），若点火不成功，需重新进行吹扫和再点火。

管式加热炉单元操作（1）
扫描二维码观看视频

（5）升温操作

① 确认点火成功后，依次打开燃料气线上的调节阀 TV106 的前阀 B03、后阀 B04，再稍开调节阀 TV106（开度小于 10％）。

② 全开燃料气入加热炉根部阀 D10，引燃料气入加热炉火嘴。

③ 逐渐开大调节阀 TV106，使炉膛温度升至 180℃。

（6）引工艺物料

① 当炉膛温度升至 180℃ 后，依次打开进料调节阀 FV01 的前阀 B01、后阀 B02。

管式加热炉
单元操作（2）
扫描二维码观看视频

② 稍开调节阀 FV101（开度小于 10％），引工艺物料进加热炉。

③ 依次打开采暖水调节阀 FV102 的前阀 B13、后阀 B12。

④ 稍开调节阀 FV102（开度小于 10％），引采暖水进加热炉。

⑤ 当工艺物料流量 FIC101 接近并稳定到正常值时，将 FIC101 投自动，设定值 3072.5kg/h。

⑥ 当采暖水流量 FIC102 接近并稳定到正常值时，将 FIC102 投自动，设定值 9854.0kg/h。

（7）启动燃料油系统

① 当炉膛温度 TI104 升至 200℃ 时，打开雾化蒸汽调节阀的前阀 B15、后阀 B14。

② 微开调节阀 PV112（开度小于 10％），并全开雾化蒸汽的根部阀 D09。

③ 打开燃料油返回 V108 管线阀 D06。

④ 启动燃料油泵 P101A。

⑤ 依次打开燃料油压力调节阀 PV109 的前阀 B09、后阀 B08。

⑥ 微开燃料油调节阀 PV109（开度小于 10％），建立燃料油循环。

管式加热炉
单元操作（3）
扫描二维码观看视频

⑦ 缓慢打开燃料油根部阀 D12，引燃料油入火嘴，待火嘴点燃且火焰稳定后，逐渐开大 D12。

⑧ 打开燃料油储罐 V108 进料阀 D08，保持贮罐液位为 50％。

⑨ 逐步调节燃料油调节阀 PV109 的开度，使燃料油压力保持在 6.0atm 左右，同时调节 PV112 开度使雾化蒸汽压差 PDIC112 在 4.0atm 左右。

⑩ 当 PIC109 的压力稳定在 6.0atm 左右，将 PIC109 投自动，设定值 6.0atm。

⑪ 当 PDIC112 的压力稳定在 4.0atm 左右，将 PDIC112 投自动，设定值 4.0atm。

（8）调整至正常

① 调节 TV106 逐步升温，使 TIC106 保持在 420℃ 左右，TIC104 保持在 640℃ 左右。

② 升温过程中，逐步调整风门开度使烟气氧含量在 4％ 左右，调节挡板开度使炉膛负压在 −2.0mmH₂O 左右，控制 TI105 在 210℃ 左右。

③ 将联锁系统投用（"INTERLOCK" 按钮置 "ON"）。

4.4.5.2 正常操作

（1）正常工况下主要工艺参数的生产指标

① 炉出口温度 TIC106：420℃。

② 炉膛温度 TI104：640℃。

③ 烟道气温度 TI105：210℃。

④ 烟道氧含量 AR101：4％。

⑤ 炉膛负压 PI107：−2.0mmH₂O。

⑥ 工艺物料量 FIC101：3072.5kg/h。

⑦ 采暖水流量 FIC102：9584kg/h。

⑧ V105 压力 PIC101：2atm。

⑨ 燃料油压力 PIC109：6atm。

⑩ 雾化蒸汽压差 PDIC112：4atm。

(2) TIC106 控制方案切换

工艺物料的炉出口温度 TIC106 可以通过燃料气和燃料油两种方式进行控制。两种方式的切换由 HS101 切换开关来完成。当 HS100 切入燃料气控制时，TIC106 直接控制燃料气调节阀，燃料油由 PIC109 单回路自行控制；当 HS101 切入燃料油控制时，TIC106 与 PIC109 结成串级控制，通过燃料油压力控制燃料油燃烧量。

4.4.5.3 停车操作

(1) 停车准备

摘除联锁系统（现场图上按下"联锁不投用"）。

(2) 降量

① 通过调节器 FIC101 逐步降低工艺物料进料量至正常的 70%（约 2200kg/h）。

② 在 FIC101 降量过程中，通过调节器 PIC109 和 TIC106，逐步减少燃料油压力或燃料气流量，维持炉出口温度 TIC106 稳定在 420℃左右。

③ 在 FIC101 降量过程中，逐步降低采暖水 FIC102 的流量，关小 FV02，使其开度小于 35%。

④ 在 FIC101 降量过程中，还需要适当调节风门和挡板，维持烟气氧含量和炉膛负压。

(3) 降温及停燃料油系统

① 当 FIC101 降至正常量的 70%后，逐步开大燃料油的回油阀 D06，以降低燃料油压力，降温。

② 待回油阀 D06 全开后，逐步关闭燃料油调节阀 PV109，再停燃料油泵 P101A/B。

③ 关闭雾化蒸汽加热炉底部阀 D09。

④ 依次关闭 PV112 的前阀 B15、后阀 B14，关闭控制阀 PDIC112。

⑤ 关闭燃料油进加热炉底部阀 D12。

⑥ 依次关闭 PV109 的后阀 B08、前阀 B09。

(4) 停燃料气及工艺物料

① 待燃料油系统停完后，关闭 V105 燃料气入口调节阀 PV101，停止向 V105 供燃料气。

② 待 V105 压力下降至小于 0.2atm 时，关燃料气调节阀 TV106，同时关闭 TV106 的后阀 B04、前阀 B03。

③ 关闭燃料气进炉根部阀 D10。

④ 待 V105 压力降至 0.1atm 时，关长明灯根部阀 D05，熄火。

⑤ 待炉膛温度低于 150℃时，关 FIC101 调节阀，同时关闭 FV101 的后阀 B02、前阀 B01。

⑥ 待炉膛温度低于 150℃时，关 FIC102 调节阀，同时关闭 FV102 的后阀 B12、前阀 B13。

(5) 炉膛吹扫

① 灭火后，打开吹扫蒸汽阀 D03，吹扫炉膛 5s（实际 10min）。

② 炉膛吹扫完毕后，关闭吹扫蒸汽阀 D03。

③ 逐渐全开风门 MI101 和烟道气挡板 MI102，使炉膛正常通风。

4.4.5.4 复杂控制系统和联锁系统

(1) 炉出口温度控制

TIC106 工艺物流炉出口温度 TIC106 通过一个切换开关 HS101 控制。实现两种控制方案：其一是直接控制燃料气流量，其二是与燃料压力调节器 PIC109 构成串级控制。

(2) 炉出口温度联锁

① 联锁源　工艺物料进料量过低（FIC101＜正常值的 50%），或雾化蒸汽压力过低（低于 7atm）。

② 联锁动作　关闭燃料气入炉电磁阀 S01、同时关闭燃料油入炉电磁阀 S02，并打开燃料油返回电磁阀 S03。

4.4.5.5 事故处理

管式加热炉操作主要事故及处理方法见表 4-17。

表 4-17　管式加热炉操作主要事故及处理方法

序号	事故名称	事故现象	处理方法
1	燃料油火嘴堵	燃料油泵出口压控阀压力忽大忽小 燃料气流量急剧增大	紧急停车
2	燃料气压力低	炉膛温度下降 炉出口温度下降 燃料气分液罐压力降低	改为烧燃料油控制，并通知指导教师联系调度处理
3	炉管破裂	炉膛温度急剧升高 炉出口温度升高 燃料气控制阀关阀	紧急停车
4	燃料气调节阀卡	调节器信号变化时燃料气流量不发生变化 炉出口温度下降	改现场旁路手动控制，并通知指导老师联系仪表人员进行修理
5	燃料气带液	炉膛和炉出口温度先下降 燃料气流量增加 燃料气分液罐液位升高	关燃料气控制阀，改由烧燃料油控制，并通知教师联系调度处理
6	燃料油带水	燃料气流量增加	关燃料油根部阀和雾化蒸汽，改由烧燃料气控制，并通知指导教师联系调度处理
7	雾化蒸汽压力低	产生联锁 PIC109 控制失灵 炉膛温度下降	关燃料油根部阀和雾化蒸汽，直接用温度控制调节器控制炉温，并通知指导教师联系调度处理
8	燃料油泵 A 停	炉膛温度急剧下降 燃料气控制阀开度增加	现场启动备泵，调节燃料气控制阀的开度

4.5　吸收解吸塔单元操作

4.5.1　工作原理

吸收解吸是化工生产过程中较常用的重要单元操作过程。吸收过程是利用气体混合物中各个组分在液体（吸收剂）中的溶解度不同，来分离气体混合物。吸收过程的用途主要有三个方面，一是制取产品，用吸收剂吸收气体中某些有用组分而获得产品；二是分离混合气体，吸收剂选择性地吸收气体中某些组分以达到分离目的；三是气体净化，除去混合气体中的杂质。解吸过程是指在气液两相系统中，当溶质组分的气相分压低于其溶液中该组分的气液相平衡分压时，就会发生溶质组分从液相到气相的传质，这一过程叫做解吸或蒸出。

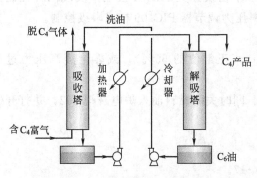

图 4-25　吸收解吸工作原理示意图

解吸与吸收都是在推动力作用下的气、液相际间的物质传递过程，不同的是两者的传质方向相反，推动力的方向也相反，所以解吸被看做是吸收的逆过程，吸收与解吸的工作原理如图 4-25 所示。在化工生产中解吸和吸收往往是密切相关的，为了使吸收过程所用的吸收剂，特别是一些价格较高的溶剂能够循环使用，就需要通过解吸把被吸收的物质从吸收液中分离出去，从而使吸收剂得以再生；此外，要利用被吸收的气体组分时，也必须解吸。尤其在石油化工生产中把所吸收的轻烃混合物分离成几个馏分或几个单一组分，如何合理地组织吸收-解吸流程方案就更加重要。

4.5.2　仿真界面

4.5.2.1　2D 仿真界面

吸收-解吸单元操作 2D 仿真 DCS 界面如图 4-26、图 4-27 所示，仿真现场界面如图 4-28、图 4-29 所示。

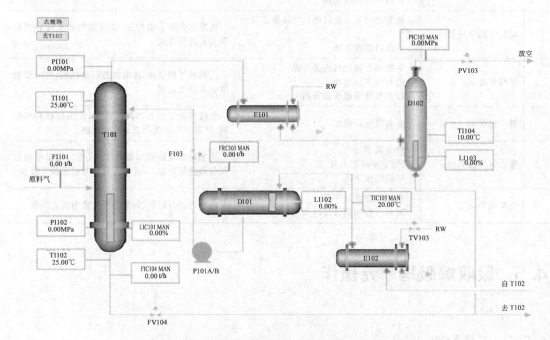

图 4-26　吸收-解吸单元操作吸收系统 2D 仿真 DCS 界面

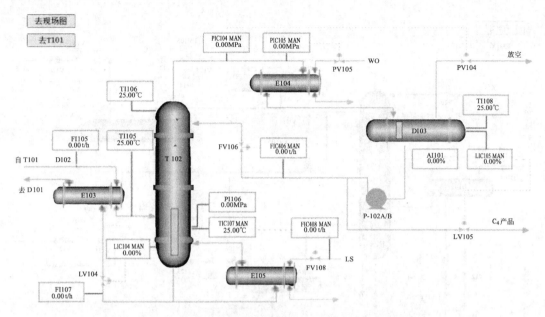

图 4-27　吸收-解吸单元操作解吸系统 2D 仿真 DCS 界面

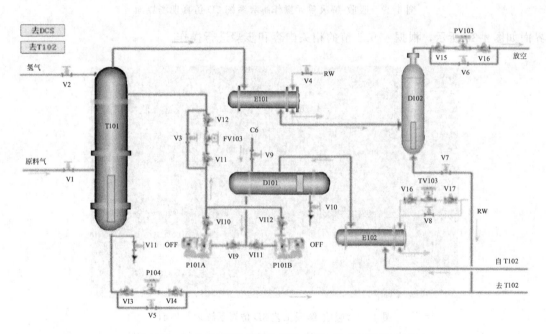

图 4-28　吸收-解吸单元操作吸收系统 2D 仿真现场界面

4.5.2.2　3D 仿真界面

① 双击 ▨ 图标启动 3D 仿真软件

② 点击"培训工艺"和"培训项目",根据教学学习需要点选某一培训项目,然后点击"启动项目"启动软件。

吸收-解吸工艺 3D 仿真软件的启动操作如图 4-5 和图 4-6 所示,但在"培训工艺"选择界面需要选择"吸收-解吸工艺仿真"。启动软件后即进入吸收-解吸工艺 3D 仿真软件的运行

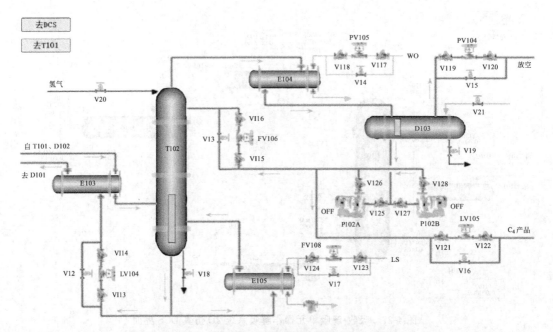

图 4-29 吸收-解吸单元操作解吸系统 2D 仿真现场界面

界面如图 4-30 所示，根据 4.5.5 节的相关内容和步骤进行操作。

图 4-30 吸收-解吸工艺 3D 仿真系统运行界面

4.5.3 工艺流程简介

该单元以 C_6 油为吸收剂，分离气体混合物（其中 C_4 25.13%，CO 和 CO_2 6.26%，N_2 64.58%，H_2 3.5%，O_2 0.53%）中的 C_4 组分（吸收质）。

从界区外来的富气从底部进入吸收塔 T101。界区外来的纯 C_6 油吸收剂贮存于 C_6 油贮罐 D101 中，由 C_6 油泵 P101A/B 送入吸收塔 T101 的顶部，C_6 流量由 FRC103 控制。吸收剂 C_6 油在吸收塔 T101 中自上而下与富气逆向接触，富气中 C_4 组分被溶解在 C_6 油中。不溶解的贫气自 T101 顶部排出，经盐水冷却器 E101 被 -4 ℃ 的盐水冷却至 2 ℃ 进入尾气分离罐 D102。吸收了 C_4 组分的富油（C_4 8.2%，C_6 91.8%）从吸收塔底部排出，经贫富油换热器 E103 预热至 80℃进入解吸塔 T102。吸收塔塔釜液位由 LIC101 和 FIC104 通过调节塔釜富油采出量串级控制。

来自吸收塔顶部的贫气在尾气分离罐 D102 中回收冷凝的 C_4 和 C_6 后，不凝气在 D102 压力控制器 PIC103 [1.2MPa（G）] 控制下排入放空总管进入大气。回收的冷凝液（C_4，C_6）与吸收塔釜排出的富油一起进入解吸塔 T102。

预热后的富油进入解吸塔 T102 进行解吸分离。塔顶气相出料（C_4 95%）经全冷器 E104 换热降温至 40℃全部冷凝进入塔顶回流罐 D103，其中一部分冷凝液由 P102A/B 泵打回流至解吸塔顶部，回流量 8.0t/h，由 FIC106 控制，其他部分作为 C_4 产品在液位控制（LIC105）下由 P102A/B 泵抽出。塔釜 C_6 油在液位控制（LIC104）下，经贫富油换热器 E103 和盐水冷却器 E102 降温至 5℃返回至 C_6 油贮罐 D101 再利用，返回温度由温度控制器 TIC103 通过调节 E102 循环冷却水流量控制。T102 塔釜温度由 TIC104 和 FIC108 通过调节塔釜再沸器 E105 的蒸汽流量串级控制，控制温度 102℃。塔顶压力由 PIC105 通过调节塔顶冷凝器 E104 的冷却水流量控制，另有一塔顶压力保护控制器 PIC104，在塔顶有凝气压力高时通过调节 D103 放空量降压。

因为塔顶 C_4 产品中含有部分 C_6 油及其他 C_6 油损失，所以随着生产的进行，要定期观察 C_6 油贮罐 D101 的液位，补充新鲜 C_6 油。

4.5.4 主要设备、调节器及显示仪表说明

(1) 主要设备

主要设备见表 4-18。

表 4-18 主要设备一览表

设备位号	设备名称	设备位号	设备名称
T101	吸收塔	D101	C_6 油贮罐
D102	气液分离罐	E101	吸收塔顶冷凝器
E102	循环油冷却器	P101A/B	C_6 油供给泵
T102	解吸塔	D103	解吸塔顶回流罐
E103	贫富油换热器	E104	解吸塔顶冷凝器
E105	解吸塔釜再沸器	P102A/B	解吸塔顶回流、塔顶产品采出泵

(2) 调节器及正常工况操作参数

调节器及正常工况操作参数见表 4-19 所示。

表 4-19 调节器及正常工况操作参数

位号	说明	类型	正常值	工程单位
FRC103	吸收油流量控制	PID	13.50	t/h
FIC104	富油流量控制	PID	14.70	t/h
FIC106	回流量控制	PID	8.0	t/h
FIC108	加热蒸汽量控制	PID	2.963	t/h
LIC101	吸收塔液位控制	PID	50	%
LIC104	解吸塔釜液位控制	PID	50	%

位号	说明	类型	正常值	工程单位
LIC105	回流罐液位控制	PID	50	%
PIC103	吸收塔顶压力控制	PID	1.2	MPa
PIC104	解吸塔顶压力控制	PID	0.55	MPa
PIC105	解吸塔顶压力控制	PID	0.50	MPa
TIC103	循环油温度控制	PID	5.0	℃
TIC107	解吸塔釜温度控制	PID	102.0	℃

（3）显示仪表及正常工况操作参数

显示仪表及正常工况操作参数见表 4-20。

表 4-20　显示仪表及正常工况操作参数

位号	说明	类型	正常值	工程单位
AI101	回流罐 C_4 组分	AI	＞95.0	%
FI101	T101 进料	AI	5.0	t/h
FI102	T101 塔顶气量	AI	3.8	t/h
FI107	T101 塔底贫油采出	AI	13.41	t/h
LI102	D101 液位	AI	60.0	%
LI103	D102 液位	AI	50.0	%
PI101	吸收塔塔顶压力显示	AI	1.22	MPa
PI102	吸收塔塔底压力显示	AI	1.25	MPa
PI106	解吸塔塔底压力显示	AI	0.53	MPa
TI101	吸收塔塔顶温度显示	AI	6	℃
TI102	吸收塔塔底温度显示	AI	40	℃
FI105	T102 进料	AI	14.70	t/h
TI104	C_4 回收罐温度显示	AI	2.0	℃
TI105	预热后温度显示	AI	80.0	℃
TI106	吸收塔顶温度显示	AI	6.0	℃
TI108	回流罐温度显示	AI	40.0	℃

4.5.5　操作规程

4.5.5.1　开车操作

（1）开车前准备

装置的开工状态为吸收塔、解吸塔系统均处于常温常压下，各调节阀处于手动关闭状态，各手操阀处于关闭状态，氮气置换已完毕，公用工程已具备条件，可以直接进行氮气充压。

（2）氮气充压

① 打开吸收塔 T101 的氮气充压阀 V2，给吸收塔系统充压。

② 当吸收塔系统压力升至 1.0MPa(G) 左右时，关闭 N_2 充压阀 V2。

吸收解吸塔
单元操作（1）
扫描二维码观看视频

③ 打开解吸塔 T102 的氮气充压阀 V20，给解吸塔系统充压。

④ 当吸收塔系统压力升至 0.5MPa(G) 左右时，关闭 N_2 充压阀 V20。

（3）吸收塔进吸收油

① 打开 C_6 储罐 D101 的引油阀 V9 至开度 50％左右，向 D-101 充 C_6 油至液位 70％，关闭 V9。

② 打开 C_6 油泵 P101A 的前阀 VI9，启动 P101A，打开泵的后阀 VI10。

③ 依次打开调节器 FV103 的前阀 VI1、后阀 VI2，打开 FV103 至 30％左右开度，给吸收塔 T101 充液至 50％。过程中注意观察 D101 液位，必要时给 D101 补充新油。

吸收解吸塔
单元操作（2）
扫描二维码观看视频

（4）解吸塔进吸收油

① 当 T101 液位 LIC101 至 50％后，依次打开调节阀 FV104 的前阀 VI3、后阀 VI4。

② 打开调节阀 FV104 开度至 50％左右，给解吸塔 T102 进吸收油至液位 50％，注意给 T101 和 D101 补充新油，以保证 D101 和 T101 的液位均不低于 50％。

（5）C_6 油冷循环

① 确认贮罐、吸收塔、解吸塔液位 50％左右，依次打开调节阀 LV104 的前阀 VI13、后阀 VI14。

② 逐渐打开调节阀 LV104，向 D101 倒油，建立冷循环。

③ 调整 LV104 以保持 T102 液位在 50％左右，将 LIC104 投自动，设定值 50％。

④ 调节 LV103 以保持 T101 液位在 50％左右，将 LIC101 投自动，设定值 50％。

⑤ LIC101 稳定在 50％后，将 FIC104 投串级。

⑥ 调节 FV103，使 FRC103 保持在 13.50t/h，将 FRC103 投自动，设定值 13.50t/h。

（6）向 D103 进 C_4 物料

打开回流罐 D103 进料阀 V21，向回流罐进 C_4 物料至液位 LIC105 大于 40％，关闭 V21。

（7）T102 再沸器投用

① 当 D103 液位高于 40％后，依次打开调节阀 TV103 的前阀 VI7、后阀 VI8，将 TIC103 投自动，设定值 5℃。

② 依次打开调节阀 PV105 的前阀 VI17、后阀 VI18，打开调节阀 PV105 至开度 70％。

③ 依次打开调节阀 FV108 的前阀 VI23、后阀 VI24，打开调节阀 FV108 至开度 50％。

④ 依次打开调节阀 PV104 的前阀 VI19、后阀 VI20，打开调节阀 PV104，控制塔压 PIC105 在 0.5MPa。

（8）T-102 回流建立

① 当塔顶温度 TI106 高于 45℃时，打开 P102A 泵的前阀 VI25，启动泵 P102A，打开 P102A 泵的后阀 VI26。

② 依次打开调节器 FV106 的前阀 VI15、后阀 VI16，打开 FV106 至合适开度（流量大于 2t/h），维持塔顶温度高于 51℃。

③ 当 TIC107 温度达到 102℃时，将 TIC107 投自动，设定值 102℃。

④ 将 FIC108 投串级。

吸收解吸塔
单元操作（3）
扫描二维码观看视频

（9）进富气

① 打开吸收塔顶盐水冷凝器 E101 进水阀 V4，启用冷凝器 E101。

② 打开吸收塔 T101 富气进料阀 V1，开始富气进料。

③ 依次打开调节阀 PV103 的前阀 VI5、后阀 VI6，手动调节 PIC103 使压力恒定在 1.2MPa，投自动，设定值 1.2MPa。

④ 手动调节 PIC105，维持 T102 塔顶压力 PIC105 在 0.5MPa（G），稳定后投自动，设定值 0.5MPa。

⑤ 将 PIC104 投自动，设定值 0.55MPa。

⑥ 当 T102 温度、压力稳定后，手动调节 FIC106 使回流量达到正常值 8.0t/h，将 FIC106 投自动，设定值 8.0t/h。

⑦ 观察 D103 液位高于 50％时，打开 LV105 的前阀 VI21、后阀 VI22，手动调节 LV105 维持回流罐液位稳定在 50％，将 LIC105 投自动，设定值 50％。

4.5.5.2 正常操作

(1) 正常工况操作参数

① 吸收塔顶压力控制 PIC103：1.20MPa(G)。

② 吸收油温度控制 TIC103：5.0℃。

③ 解吸塔顶压力控制 PIC105：0.50MPa(G)。

④ 解吸塔顶温度：51.0℃。

⑤ 解吸塔釜温度控制 TIC107：102.0℃。

(2) 补充新油

因为塔顶 C_4 产品中含有部分 C_6 油及其他 C_6 油损失，所以随着生产的进行，要定期观察 C_6 油贮罐 D101 的液位，当液位低于 30％时，打开阀 V9 补充新鲜的 C_6 油。

(3) D102 排液

生产过程中贫气中的少量 C_4 和 C_6 组分积累于尾气分离罐 D102 中，定期观察 D102 的液位，当液位高于 70％时，打开阀 V7 将凝液排放至解吸塔 T102 中。

(4) T102 塔压控制

正常情况下 T102 的压力由 PIC105 通过调节 E104 的冷却水流量控制。生产过程中会有少量不凝气积累于回流罐 D103 中使解吸塔系统压力升高，这时 T102 顶部压力超高保护控制器 PIC104 自动控制排放不凝气，维持压力不会超高。必要时可手动打开 PV104 至开度 1％～3％来调节压力。

4.5.5.3 停车操作

(1) 停富气进料

① 关闭富气进料阀 V1，停富气进料。

② 将调节器 LIC105 改为手动，依次关闭调节阀 LV105 及 LV105 的前阀 VI21、后阀 VI22。

③ 将调节器 PIC103 改为手动，手动调节 PIC103，维持吸收塔 T101 压力大于 1.0MPa（G）。

④ 将调节器 PIC104 改为手动，手动调节 PIC104，维持解吸塔 T102 压力在 0.20MPa（G）左右。

(2) 停 C_6 油进料

① 关闭 C_6 油供给泵 P101A 的出口阀 VI10，关闭泵 P101A，关闭泵 P101A 的入口阀 VI9。

② 手动关闭 FV103 阀，停 T101 油进料，关闭 FV103 前阀 VI1、后阀 VI2。

③ 保持 T101 的压力不小于 1.0MPa，如果压力低时，可打开阀 V2 充压。

(3) 吸收塔泄油

① 将 FIC104 解除串级置手动，LIC101 置手动。

② FV104 开度保持 50%，向 T102 泄油。

③ 当 LIC101 液位降至 0% 时，依次关闭 FV104 及 FV104 的前阀 VI3、后阀 VI4。

④ 打开吸收系统气液分离罐 D102 出料阀 V7，将 D102 中的凝液排至 T102 中。

⑤ 当 D102 液位指示降至 0% 时，关闭阀 V7。

⑥ 关闭吸收塔顶冷凝器 E101 冷冻盐水进水阀 V4，停 E101。

⑦ 手动打开 PV103，吸收塔系统泄压。

⑧ 当吸收塔 T101 泄至常压后，依次关闭 PV103 及 PV103 的前阀 VI5、后阀 VI6。

(4) 解吸塔 T102 降温

① 将 TIC107 和 FIC108 改为手动。

② 关闭 E105 蒸汽阀 FV108，依次关闭 FV108 的前阀 VI23、后阀 VI24，停再沸器 E105。

③ 手动调节 PV105 和 PV104，保持解吸塔 T102 的压力 PIC104 不小于 0.2MPa。

(5) 停解吸塔 T102 回流

① 当回流罐 D103 的液位 LIC103 小于 10% 时，关闭回流泵 P102A 出口阀 VI26，关闭泵 P102A，关闭泵 P102A 的入口阀 VI25。

② 手动关闭 FV106，关闭 FV106 的后阀 VI16、前阀 VI15，停 T102 回流。

③ 打开 D103 泄液阀 V19（开度约 10%），当 D103 液位指示下降至 0% 时，关闭阀 V19。

(6) 解吸塔 T102 泄油

① 将 LV104 改为手动，调节 LV104 的开度为 50%，将 T102 中的油倒入 D101。

② 当 T102 液位 LIC104 指示下降至 10% 时，关闭 LV104 阀，同时关闭 LV104 的前阀 VI13、后阀 VI14。

③ 将 TIC103 改为手动，关闭 TV103 阀，同时关闭 TV103 的前阀 VI7、后阀 VI8，停循环油冷却器 E102。

④ 打开 T102 泄油阀 V18（开度大于 10%），T102 液位 LIC104 下降至 0% 时，关闭阀 V18。

(7) 解吸塔 T102 泄压

① 手动打开 PV104 至开度 50%，开始 T102 系统泄压。

② 当 T102 系统压力降至常压时，关闭 PV104。

(8) 吸收油贮罐 D101 排油

① 停 T101 吸收油进料后，当 D101 液位上升时，打开 D101 排油阀 V10 排污油。

② 当 T102 中油倒空，D101 液位下降至 0% 时，关闭排油阀 V10。

4.5.5.4 事故处理

吸收解吸操作主要事故及处理方法见表 4-21。

表 4-21   吸收解析操作主要事故及处理方法

序号	事故名称	事故现象	处理方法
1	冷却水中断	冷却水流量为 0； 入口路各阀常开状态	停止进料，关 V1 阀；手动关 PV103 保压；手动关 FV104，停 T102 进料；手动关 LV105，停出产品；手动关 FV103，停 T101 回流；手动关 FV106，停 T102 回流；关 LIC104 前后阀，保持液位

序号	事故名称	事故现象	处理方法
2	加热蒸汽中断	加热蒸汽管路各阀开度正常；加热蒸汽入口流量为0；塔釜温度急剧下降	停止进料，关 V1 阀；停 T102 回流；停 D103 产品出料；停 T102 进料；关 PV103 保压；关 LIC104 前后阀，保持液位
3	仪表风中断	各调节阀全开或全关	打开 FRC103 旁路阀 V3；打开 FIC104 旁路阀 V5；打开 PIC103 旁路阀 V6；打开 TIC103 旁路阀 V8；打开 LIC104 旁路阀 V12；打开 FIC106 旁路阀 V13；打开 PIC105 旁路阀 V14；打开 PIC104 旁路阀 V15；打开 LIC105 旁路阀 V16；打开 FIC108 旁路阀 V17
4	停电	泵 P101A/B 停；泵 P102A/B 停	打开泄液阀 V10，保持 LI102 液位在 50%；打开泄液阀 V19，保持 LI105 液位在 50%；关小加热油流量，防止塔温上升过高；停止进料，关 V1 阀
5	P-101A 泵坏	FRC103 流量降为0；塔顶 C₄ 上升，温度上升，塔顶压力上升；釜液位下降	停 P101A（先关泵后，再关泵前阀）；开启 P101B（先开泵前阀，再开泵后阀）；由 FRC103 调至正常值，并投自动
6	LIC104 调节阀卡	FI107 降至0；塔釜液位上升，并可能报警	关 LIC104 前后阀 VI13、VI14；开 LIC104 旁路阀 V12 至 60% 左右；调整旁路阀 V12 开度，使液位保持 50%
7	换热器 E105 结垢严重	调节阀 FIC108 开度增大；加热蒸汽入口流量增大，塔釜温度下降，塔顶温度也下降，塔釜 C₄ 组成上升	关闭富气进料阀 V1；手动关闭产品出料阀 LIC102；手动关闭再沸器后，清洗换热器 E105

4.6 精馏塔单元操作

4.6.1 工作原理

精馏是化工生产中分离互溶液体混合物的典型单元操作，其实质是利用混合物中各组分具有不同的挥发度，即同一温度下各组分的蒸气分压不同，使液相中轻组分转移到气相，气相中的重组分转移到液相，从而实现组分的分离。

精馏过程的主要设备有：精馏塔、再沸器、冷凝器和回流罐等所示。精馏塔（见图 4-31）以进料塔板为界，上部为精馏段，下部为提馏段。一定温度和压力的料液进入精馏塔后，轻组分在精馏段逐渐浓缩，离开塔顶后全部冷凝进入回流罐，一部分作为塔顶产品（也叫馏出液），另一部分被送入塔内作为回流液。回流液的目的是补充塔板上的轻组分，使塔板上的液体组成保持稳定，保证径流操作连续稳定地进行，而重组分在提馏段中浓缩后，一部分作为塔釜产品（也叫残液），一部分则经再沸器加热后送回塔中，为精馏操作提供一定量连续上升的蒸汽气流。

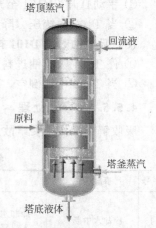

塔顶蒸汽
回流液
原料
塔釜蒸汽
塔底液体

图 4-31 精馏塔结构示意图

4.6.2 仿真界面

4.6.2.1 2D仿真界面

精馏塔工艺2D仿真DCS界面如图4-32所示，仿真现场如图4-33所示。

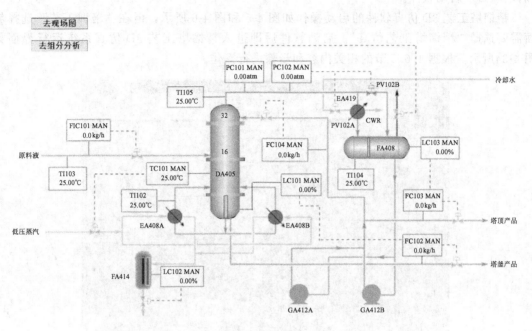

图4-32　精馏塔工艺2D仿真DCS界面

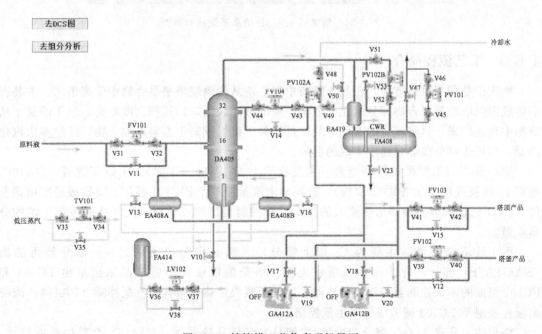

图4-33　精馏塔工艺仿真现场界面

4.6.2.2　3D仿真界面

① 双击  图标启动 3D 仿真软件。

② 点击"培训工艺"和"培训项目"，根据教学学习需要点选某一培训项目，然后点击"启动项目"启动软件。

精馏塔工艺 3D 仿真软件的启动操作如图 4-5 和图 4-6 所示，但在"培训工艺"选择界面需要选择"精馏塔工艺仿真"。启动软件后即进入精馏塔工艺 3D 仿真系统运行界面如图 4-34 所示，根据 4.6.5 节的相关内容和步骤进行操作。

图 4-34　精馏塔工艺 3D 仿真系统运行界面

4.6.3　工艺流程简介

本流程是利用精馏方法，在脱丁烷塔中将丁烷从脱丙烷塔釜混合物中分离出来。本装置中将脱丙烷塔塔釜混合物部分汽化，由于丁烷的沸点较低，即其挥发度较高，故丁烷易于从液相中汽化出来，再将汽化的蒸气冷凝，可得到丁烷组成高于原料的混合物，经过多次汽化冷凝，即可达到分离混合物中丁烷的目的。

原料为 67.8℃脱丙烷塔的釜液（主要有 C_4、C_5、C_6、C_7 等），由脱丁烷塔（DA405）的第 16 块板进料（全塔共 32 块板），进料量由流量控制器 FIC101 控制。灵敏板温度由调节器 TC101 通过调节再沸器加热蒸汽的流量，来控制提馏段灵敏板温度，从而控制丁烷的分离质量。

脱丁烷塔塔釜液（主要为 C_5 以上馏分）一部分作为产品采出，一部分经再沸器（EA418A/B）部分汽化为蒸气从塔底上升。塔釜的液位和塔釜产品采出量由 LC101 和 FC102 组成的串级控制器控制。再沸器采用低压蒸汽加热。塔釜蒸汽缓冲罐（FA414）液位由液位控制器 LC102 调节底部采出量控制。

塔顶的上升蒸气（C_4 馏分和少量 C_5 馏分）经塔顶冷凝器（EA419）全部冷凝成液体，该冷凝液靠位差流入回流罐（FA408）。塔顶压力 PC102 采用分程控制：在正常的压力波动下，通过调节塔顶冷凝器的冷却水量来调节压力，当压力超高时，压力报警系统发出报警信号，PC102 调节塔顶至回流罐的排气量来控制塔顶压力调节气相出料。操作压力 4.25atm（G），高压控制器 PC101 将调节回流罐的气相排放量，来控制塔内压力稳定。冷凝器以冷却水为载热体。回流罐液位由液位控制器 LC103 调节塔顶产品采出量来维持恒定。回流罐中的液体一部分作为塔顶产品送下一工序，另一部分液体由回流泵（GA412A、B）送回塔顶做为回流，回流量由流量控制器 FC104 控制。

4.6.4 主要设备、调节器及显示仪表说明

（1）主要设备
精馏塔单元主要设备见表 4-22。

表 4-22 精馏塔单元主要设备

设备位号	设备名称	设备位号	设备名称
DA405	精馏塔	EA419	精馏塔塔顶冷凝器
FA408	精馏塔塔顶回流罐	GA412A/B	回流液输送泵/备用泵
EA408A/B	精馏塔塔釜再沸器/备用	FA414	EA408A/B蒸气冷凝液缓冲罐

（2）调节器及正常工况操作参数
精馏塔单元调节器及正常工况操作参数见表 4-23。

表 4-23 精馏塔单元调节器及正常工况操作参数

位号	说明	类型	正常值	工程单位
FIC101	塔进料量控制	PID	14056.0	kg/h
FC102	塔釜采出量控制	PID	7349.0	kg/h
FC103	塔顶采出量控制	PID	6707.0	kg/h
FC104	塔顶回流量控制	PID	9664.0	kg/h
PC101	塔顶压力控制	PID	4.25	atm
PC102	塔顶压力控制	PID	4.25	atm
TC101	灵敏板温度控制	PID	89.3	℃
LC101	塔釜液位控制	PID	50.0	%
LC102	塔釜蒸气缓冲罐液位控制	PID	50.0	%
LC103	塔顶回流罐液位控制	PID	50.0	%

（3）显示仪表及正常工况操作参数
精馏塔单元显示仪表及正常工况操作参数见表 4-24。

表 4-24 精馏塔单元显示仪表及正常工况操作参数

位号	说明	类型	正常值	工程单位
TI102	塔釜温度	AI	109.3	℃
TI103	进料温度	AI	67.8	℃
TI104	回流温度	AI	39.1	℃
TI105	塔顶气温度	AI	46.5	℃

4.6.5 操作规程

4.6.5.1 冷态开车操作

(1) 开车前准备

装置冷态开工状态为精馏塔单元处于常温、常压氮吹扫完毕后的氮封状态，所有阀门、机泵处于关停状态。

(2) 进料过程及排放不凝气

① 打开 PV102B 的前阀 V51、后阀 V52。

精馏塔单元操作（1）
扫描二维码观看视频

② 打开回流罐 FA408 顶部放空阀 PV101 的前阀 V45、后阀 V46，微开 PV101 排放 EA419 内不凝气。

③ 打开调节阀 FV101 的前阀 V31、后阀 V32，缓慢打开 FIC101 调节阀（开度大于 40%），向精馏塔进料。

④ 当压力 PC101 升至 0.5atm 时，关闭 PC101 调节阀，投自动，设定值 0.5atm。

(3) 启动再沸器

① 打开 PV102A 的前阀 V48、后阀 V49。

② 当塔顶压力 PC101 升至 0.5atm 时，逐渐打开冷凝水调节阀 PV102A 开度至 50%。

③ 待塔釜液位 LC101 升至 20% 以上时，全开加热蒸汽入口阀 V13。

④ 打开调节阀 TV101 的前阀 V33、后阀 V34，稍开 TV101 调节阀，给再沸器缓慢加热。

⑤ 打开调节阀 LV102 的前阀 V36、后阀 V37。

⑥ 待 FA414 液位 LC102 升至 50% 时，投自动，设定值为 50%。

⑦ 调节 TV101 阀开度使塔釜液位 LC101 增大至 50%，使塔釜温度 TC101 逐渐上升到 100℃，灵敏塔板温度 TI102 升至 75℃。

(4) 建立回流

① 全开回流泵 GA412A 前阀 V19，启动回流泵 GA412A，打开泵 GA412A 的后阀 V17，启动回流泵。

精馏塔单元操作（2）
扫描二维码观看视频

② 打开 FV104 的前阀 V43、后阀 V44，通过 FC104 的阀开度（大于 40%）控制回流量，维持回流罐液位升到 40% 以上。

(5) 调整至正常

① 待塔内压力稳定时，分别将 PC101、PC102 投自动，设定值均为 4.25atm。

② 调节进料阀 FIC101，逐步调整进料量 FIC101 至 14056kg/h，投自动，设定值 14056kg/h。

③ 通过 TC101 调节再沸器加热量使灵敏板温度 TC101 达到 89.3℃，塔釜温度 TI102 稳定在 109.3℃，将 TC101 投自动，设定值 89.3℃。

④ 调整回流量调节阀 FV104 的开度至 50%，逐步调整回流量 FC104 至 9664kg/h，投自动，设定值 9664kg/h。

⑤ 打开调节阀 FV102 的前阀 V39、后阀 V40，当塔釜液位无法维持时（大于 35%），逐渐打开 FV102，采出塔釜产品。

⑥ 当塔釜产品采出量稳定在 7349kg/h 时，将 FC102 投自动，设定值 7349kg/h。

⑦ 将 LC101 投自动，设定值 50%。

⑧ 将 FC102 投串级。

⑨ 打开调节阀 FV103 的前阀 V41、后阀 V42，当塔顶回流罐 FA408 液位无法维持时（大于 50%），逐渐打开 FV103，采出塔顶产品。

⑩ 当塔顶产品采出量稳定在 6707kg/h 时，将 FC103 投自动，设定值 6707kg/h。

⑪ 将 LC103 投自动，设定值 50%。

⑫ 将 FC103 投串级。

4.6.5.2 正常操作

(1) 正常工况下的工艺参数

① 进料流量 FIC101 设为自动，设定值为 14056kg/h。

② 塔釜采出量 FC102 设为串级，设定值为 7349kg/h，LC101 设自动，设定值为 50%。

③ 塔顶采出量 FC103 设为串级，设定值为 6707kg/h。

④ 塔顶回流量 FC104 设为自动，设定值为 9664kg/h。

⑤ 塔顶压力 PC102 设为自动，设定值 4.25atm，PC101 设自动，设定值为 5.0atm。

⑥ 灵敏板温度 TC101 设为自动，设定值为 89.3℃。

⑦ FA414 液位 LC102 设为自动，设定值为 50%。

⑧ 回流罐液位 LC103 设为自动，设定值为 50%。

(2) 主要工艺生产指标的调整方法

① 质量调节：本系统的质量调节采用以提馏段灵敏板温度作为主参数，以再沸器和加热蒸汽流量的调节系统，以实现对塔的分离质量控制。

② 压力控制：在正常的压力情况下，由塔顶冷凝器的冷却水量来调节压力，当压力高于操作压力 4.25atm（G）时，压力报警系统发出报警信号，同时调节器 PC101 将调节回流罐的气相出料，为了保持同气相出料的相对平衡，该系统采用压力分程调节。

③ 液位调节：塔釜液位由调节塔釜的产品采出量来维持恒定。设有高低液位报警。回流罐液位由调节塔顶产品采出量来维持恒定。设有高低液位报警。

④ 流量调节：进料量和回流量都采用单回路的流量控制；再沸器加热介质流量，由灵敏板温度调节。

4.6.5.3 停车操作

(1) 降负荷

① 逐步关小 FIC101 调节阀，降低进料至正常进料量的 70%，在降负荷过程中，保持灵敏板温度 TC101 的稳定性和塔压 PC102 的稳定。

② 解除 LC103 和 FC103 的串级，开大 FV103，使回流罐液位 LC104 在 20% 左右。

③ 解除 LC101 和 FC102 的串级，开大 FV102，使 LC101 液位降至 30% 左右。

(2) 停进料和再沸器

① 关闭 FV101 调节阀，并关闭 FV101 调节阀的前阀 V31、后阀 V32，停精馏塔进料。

② 关闭 TV101 调节阀，并关闭 TV101 调节阀的前阀 V33、后阀 V34。

③ 关闭加热蒸汽阀 V13，停再沸器加热蒸汽。

④ 关闭 FV102 调节阀，并关闭 FV102 调节阀的前阀 V39、后阀 V40，停止产品采出。

⑤ 关闭 FV103 调节阀，并关闭 FV103 调节阀的前阀 V41、后阀 V42。

⑥ 打开塔釜泄液阀 V10，排不合格产品。

⑦ 将 LC102 改为手动，并打开 LC102 调节阀，对蒸气缓冲罐 FA414 排凝。

(3) 停回流

① 开大 FV104 阀，将回流罐 FA408 中的液体全部通过回流泵打入精馏塔 DA405，以降低塔内温度。

② 当回流罐液位至 0 时，关闭调节阀 FV104，并关闭 FV104 的前阀 V43、后阀 V44。

③ 关闭泵出口阀 V17，停泵 GA412A，关入口阀 V19，停回流。

(4) 降压、降温

① 打开调节阀 PV101，将塔压降至接近常压后，关闭 PV101，并关闭 PV101 的前阀 V45、后阀 V46。

② 当灵敏板温度降至 50℃ 以下时，将调节器 PC102 改为手动，关闭 PV102A 阀，并关闭 PV102A 的前阀 V48、后阀 V49。

③ 当塔釜液位降至零后，关闭泄液阀 V10。

4.6.5.4 事故处理

精馏操作主要事故及处理方法见表 4-25。

表 4-25　精馏操作主要事故及处理方法

序号	事故名称	事故现象	处理方法
1	热蒸汽压力过高	加热蒸汽的流量增大，塔釜温度持续上升	适当减小 TC101 的阀门开度
2	热蒸汽压力过低	加热蒸汽的流量减小，塔釜温度持续下降	适当增大 TC101 的开度
3	冷凝水中断	塔顶温度上升，塔顶压力升高	①开回流罐放空阀 PC101 保压； ②手动关闭 FC101，停止进料； ③手动关闭 TC101，停加热蒸汽； ④手动关闭 FC103 和 FC102，停止产品采出； ⑤开塔釜排液阀 V10，排不合格产品； ⑥手动打开 LIC102，对 FA114 泄液； ⑦当回流罐液位为 0 时，关闭 FIC104； ⑧关闭回流泵出口阀 V17/V18； ⑨关闭回流泵 GA424A/GA424B； ⑩关闭回流泵入口阀 V19/V20； ⑪待塔釜液位为 0 时，关闭泄液阀 V10； ⑫待塔顶压力降为常压后，关闭冷凝器
4	停电	回流泵 GA412A 停止，回流中断	①手动开回流罐放空阀 PC101 泄压； ②手动关进料阀 FIC101； ③手动关出料阀 FC102 和 FC103； ④手动关加热蒸汽阀 TC101； ⑤开塔釜排液阀 V10 和回流罐泄液阀 V23，排不合格产品； ⑥手动打开 LIC102，对 FA114 泄液； ⑦当回流罐液位为 0 时，关闭 V23； ⑧关闭回流泵出口阀 V17/V18； ⑨关闭回流泵 GA424A/GA424B； ⑩关闭回流泵入口阀 V19/V20； ⑪待塔釜液位为 0 时，关闭泄液阀 V10； ⑫待塔顶压力降为常压后，关闭冷凝器

序号	事故名称	事故现象	处理方法
5	回流泵故障	GA-412A断电,回流中断,塔顶压力、温度上升	①开备用泵入口阀V20; ②启动备用泵GA412B; ③开备用泵出口阀V18; ④关闭运行泵出口阀V17; ⑤停运行泵GA412A; ⑥关闭运行泵入口阀V19
6	回流控制阀FC104阀卡	回流量减小,塔顶温度上升,压力增大	打开旁路阀V14,保持回流

思考题

1. 间歇反应釜温度对反应过程有较大影响,如何控制反应釜温度?

2. 如何判断间歇反应釜停车出料的时间?

3. 间歇式反应釜适合哪些类型的工业生产过程?

4. 简述离心式压缩机的工作原理。

5. 在CO_2压缩三段处设有放空阀,说明该放空阀的作用。

6. 请分析压缩机振动大可能的原因及排除方案。

7. 工艺联锁是设备处于不正常运行时的自保系统,CO_2压缩机工艺涉及哪两个联锁自保措施?

8. 固定床反应器操作单元中为什么是根据乙炔的进料量调节配氢气的量;而不是根据氢气的量调节乙炔的进料量?

9. 根据固定床反应器操作单元实际情况,说明反应器冷却剂的自循环原理。

10. 什么叫工业炉?按热源可分为几类?

11. 油气混合燃烧炉的主要结构是什么?开/停车时应注意哪些问题?

12. 加热炉在点火前为什么要对炉膛进行蒸汽吹扫?

13. 在点火失败后,应做些什么工作?为什么?

14. 加热炉在升温过程中为什么要烘炉?升温速度应如何控制?

15. 加热炉在升温过程中,什么时候引入工艺物料,为什么?

16. 管式加热炉工艺中加热炉在升温过程中为什么要烘炉?升温速度应如何控制?

17. 管式加热炉工艺在加热炉升温过程中,什么时候引入工艺物料,为什么?

18. 管式加热炉工艺加热过程中风门和烟道挡板的开度大小对炉膛负压和烟道气出口氧气含量有什么影响?

19. 管式加热炉工艺中三个电磁阀的作用是什么?在开/停车时应如何操作?

20. 吸收岗位的操作是在高压、低温的条件下进行的,为什么说这样的操作条件对吸收过程的进行有利?

21. C_6油贮罐进料阀为一手操阀,有没有必要在此设一个调节阀,使进料操作自动化,为什么?

22. 吸收-解吸工艺3D仿真操作中若发现富油无法进入解吸塔,会由哪些原因导致?应如何调整?

23. 吸收岗位的操作是在高压、低温的条件下进行的,为什么说这样的操作条件对吸收过程的进行有利?

24. 操作时若发现富油无法进入解吸塔,会由哪些原因导致?应如何调整?

25. 请分析精馏塔工艺 3D 仿真操作中是如何通过分程控制来调节精馏塔正常操作压力的。

26. 为什么是根据乙炔的进料量调节配氢气的量;而不是根据氢气的量调节乙炔的进料量?

27. 根据本章实际情况,说明反应器冷却剂的自循环原理。

28. 分析 EH429 冷凝器的冷却水中断后会造成的结果。

29. 结合本章实际情况,理解"联锁"和"联锁复位"的概念。

第 5 章

煤化工工艺仿真实训

　　煤炭是我国的基础能源，在未来很长一段时期内仍将是我国的主体能源和重要的工业原料。当前，我国的煤化工工业正处于快速发展的新时期，并成为能源化工产业发展的热点。各种新型煤化工技术的研发和产业化取得了突破性进展，如以煤气化为龙头的煤基甲醇、煤基烯烃、煤基乙二醇技术等均已完成从实验室研究到产业化的进程。

　　煤化工业的大力发展，必定对熟悉煤化工工艺和操作流程的技术人员有大量的需求，东方仿真针对这一现状，开发了一系列煤化工仿真教学培训软件——合成氨、合成甲醇、甲醇精制、甲醇制烯烃、烯烃聚合等煤化工过程工艺仿真软件。该仿真系统以现有的计算机软硬件技术为基础，在深入了解煤化工生产各种过程、设备、控制系统及其正常操作的条件下，开发出各种工段生产操作过程动态模型，并设计出计算机易于实现而在传统教学与实践中无法实现的各种培训功能，整合计算机技术、多媒体技术，模拟出与真实工艺操作相近的全流程工艺，从而为从事煤化工的各类人员提供一个操作与试验的仿真培训系统。该仿真系统也是针对化工类专业学生进行实习、实训时现场学习环境相对困难、无法动手操作，从而造成学生对具体工艺流程及生产原理细节理解不深的一个解决办法。

5.1　德士古水煤浆气化工艺仿真

5.1.1　工艺原理

5.1.1.1　制浆原理

　　煤制备高浓度水煤浆工艺是针对原料煤的磨矿特性和水煤浆产品质量要求，采用"分级研磨"的方法，能够使煤浆获得较宽的粒度分布，从而明显改善煤浆中煤颗粒的堆积效率，进而提高煤浆的质量浓度。制浆单元的水煤浆制备工艺是以褐煤为原料，采用分级研磨方法通过粗、细磨机制备出气化水煤浆。

　　从界区外的煤预处理工段来的碎煤加入料斗中，煤斗中的煤经过煤称重给料机送入粗磨（煤）机。来自废浆槽的水通过磨机给水泵和细磨机给水泵送入到粗磨机和细磨机前稀释搅拌桶。所用冲洗水直接来自生产水总管，本工艺包不考虑其储存或输送。

　　添加剂从添加剂槽中通过添加剂泵送到粗磨煤机中。在磨煤机上装有控制水煤浆 pH 值和调节水煤浆黏度的添加剂管线。经过细浆制备系统后的细浆通过泵计量输送至粗磨煤机。

　　破碎后的煤、细浆、添加剂与水一同按照设定的量加入到粗磨煤机入口中，经过粗磨煤机磨矿制备后的为水煤浆产品，进入设在磨煤机出口的滚筒筛，滤去较大的颗粒，筛下的水煤浆进入磨煤机出料槽，由搅拌槽自流入高剪切处理桶，经过剪切处理后的煤浆质量得到较大改善。高剪切后的大部分煤浆泵送煤浆储存槽，以便后续气化用；少部分煤浆经泵送至细磨机粗浆槽，并加入一定比例的水进行稀释搅拌，配制成浓度约为40％的煤浆，然后由泵送至细磨机进行磨矿，细磨机磨制后的煤浆自流入旋振筛，除去大颗粒后的细浆用泵送入粗磨机。

5.1.1.2 气化原理

浓度为53.4％的水煤浆与空分来的5.5MPa、纯度99.6％的氧气经喷嘴充分混合后进行部分氧化反应。

气化炉内的气化过程包括：干燥（水煤浆中的水气化）、热解以及由热解生成的炭与气化剂反应三个阶段。主要是炭与气化剂 O_2 之间的反应。

(1) 裂解区和挥发分燃烧区

当煤粒喷入炉内高温区域将被迅速加热，并释放出挥发物，挥发产物数量与煤粒大小、升温速度有关，裂解产生的挥发物迅速与氧气发生反应，因为这一区域的氧浓度高，所以挥发物的燃烧是完全的，同时产生大量的热量。

(2) 燃烧-气化区

在这一区域内，脱去挥发分的煤焦，一方面与残余的氧反应（产物是 CO 和 CO_2 的混合物），另一方面与 H_2O（g）和 CO_2 反应生成 CO 和 H_2，产物 CO 和 H_2 又可在气相中与残余的氧反应，产生更多的热量。

(3) 气化区

燃烧物进入气化区后，发生下列反应：煤焦和 CO_2 反应、煤焦和 H_2O（g）反应、甲烷转化反应和水煤浆转化反应，简单的综合反应如下：

$$C_nH_m + n/2O_2 \longrightarrow nCO + m/2H_2$$
$$C_nH_m + nH_2O \longrightarrow nCO + (n+m/2)H_2$$
$$CH_4 \longrightarrow C + 2H_2$$
$$C_nH_m + (n+m/4)O_2 \longrightarrow nCO_2 + m/2H_2O$$
$$C + CO_2 \longrightarrow 2CO$$
$$CH_4 + H_2O \longrightarrow CO + 3H_2$$
$$CO + H_2O \longrightarrow CO_2 + H_2$$

上述反应产物主要为合成气（CO+H_2，一般在74％以上）和少量的 H_2O(g) 及 CO_2、H_2S 等。煤浆浓度不同气体成分也不相同。在相同的反应条件下煤浆浓度越高，合成气的浓度越高。这主要是因为水煤浆中的水在气化反应过程要消耗大量的热，这部分热量要靠煤完全燃烧来维持，煤浆浓度低时，二氧化碳浓度相对要高。一般 CO+CO_2=66％。

5.1.2 仿真工艺流程说明

德士古水煤浆气化仿真工段现场总貌图见图5-1，主要包括制浆系统、气化炉系统、粗煤气洗涤系统、烧嘴冷却系统、锁斗系统和黑水处理系统等部分。

5.1.2.1 制浆系统

如图5-2、图5-3所示，粉末状的添加剂由人工送至添加剂地下池（V103）中溶解成一定浓度的水溶液，由添加剂地下池储料泵（P103）送至添加剂槽（V102）中贮存，并由添

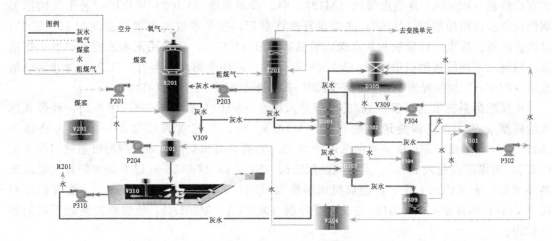

图 5-1　德士古水煤浆气化仿真工段现场总貌图

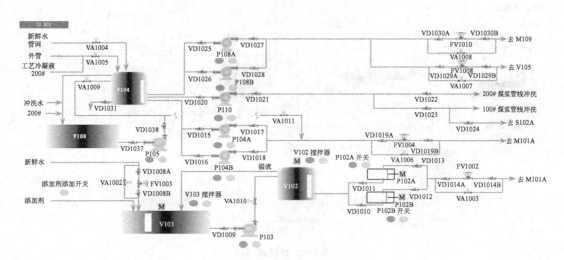

图 5-2　冲洗水和添加剂现场图

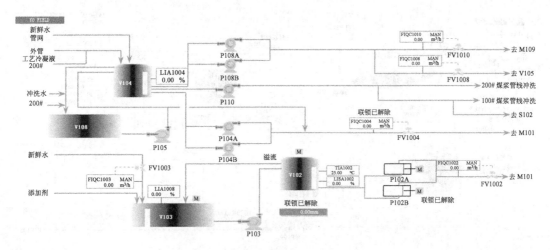

图 5-3　冲洗水和添加剂 DCS 画面

加剂给料泵（P102A）送至磨煤机（M101）中。添加剂槽（V102）可以贮存若干天的添加剂供使用。在添加剂槽（V102）底部设有蒸汽盘管，在冬季维持添加剂温度在 20～30℃，以防止冻结。废水、冷凝液和灰水送入磨机集水槽（V104），正常用灰水来控制研磨水槽液位，用灰水不能维持磨机集水槽（V104）液位时，才用新鲜水来补充。工艺水由磨煤机给水泵（P104A）加压经磨机给水阀 FV1004 来控制送至磨煤机（M101）。

　　由煤贮运系统来的小于 6mm 的碎煤进入煤仓（V101）后（图 5-4、图 5-5），经带式称重给料器（W101A）称量送入磨煤机（M101）。煤、工艺水和添加剂一同送入磨煤机（M101）中研磨成一定粒度分布的浓度约为 53.4％的合格水煤浆。来自细磨机系统（图 5-6、图 5-7）的煤浆也送入 M101。水煤浆经滚筒筛（S102A）滤去 3mm 以上的大颗粒后溢流至磨煤机出料槽（V101）中，由磨煤机出料槽泵（P101）送至煤浆槽（V201）。磨煤机出料槽（V101）和煤浆槽（V201）均设有搅拌器（M102A、M201A），使煤浆始终处于均匀悬浮状态。

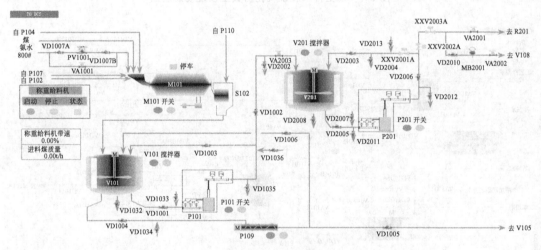

图 5-4　磨机现场图

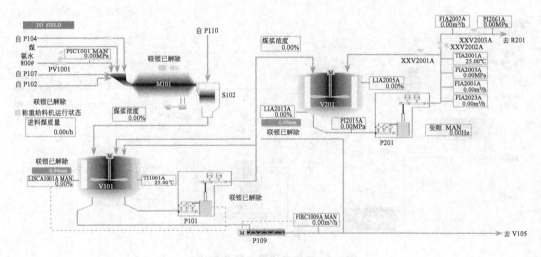

图 5-5　磨机 DCS 画面

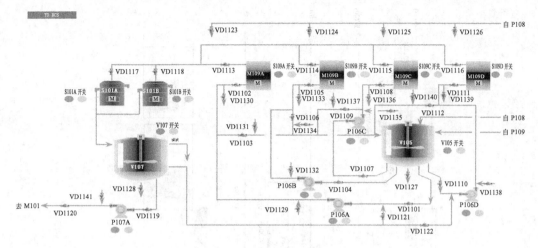

图 5-6　细磨机现场图

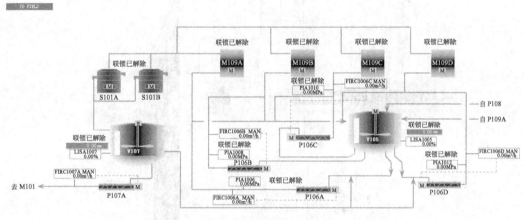

图 5-7　细磨机 DCS 画面

5.1.2.2　气化炉系统

来自煤浆槽（V201）浓度为 53.4% 的水煤浆，由高压煤浆泵（P201）加压，投料前经煤浆循环阀（XXV2001A）循环至煤浆槽（V201）。投料后经煤浆切断阀（XXV2002A、2003A）送至主烧嘴的环隙。

空分装置送来的纯度为 99.6% 的氧气，由 FV2007A 控制氧气压力为 5.5～5.8MPa，在准备投料前打开氧气手动阀，由氧气调节阀（FV2007A）控制氧气流量（FIA2007A），经氧气放空阀（XXV2007A）送至氧气消声器（N201A）放空。投料后由氧气调节阀（FV2007A）控制氧气流量经氧气上、下游切断阀（XXV2005A、XXV2006A）分别送入主烧嘴的中心管、外环隙。

水煤浆和氧气在工艺烧嘴（Z201A）中充分混合雾化后进入气化炉（R201）的燃烧室中（图 5-8～图 5-11），在约 4.0MPa、1200℃条件下进行气化反应。生成以 CO 和 H_2 为有效成分的粗煤气。粗煤气和熔融态灰渣一起向下，经过均匀分布激冷水的激冷环沿下降管进入激冷室的水浴中。大部分的熔渣经冷却固化后，落入激冷室底部。粗煤气从下降管和导气管的环隙上升，出激冷室去洗涤塔（T201）（图 5-12、图 5-13）。在激冷室合成气出口处设有工艺冷凝液冲洗，以防止灰渣在出口管累积堵塞。由冷凝液冲洗水调节阀（FV2022A）

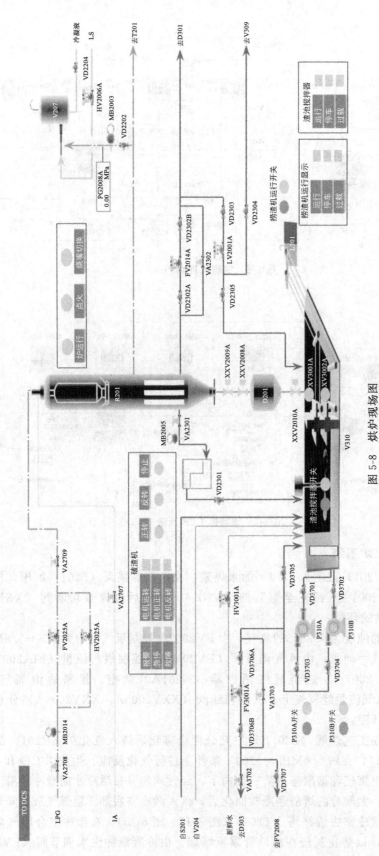

图 5-8　烘炉现场图

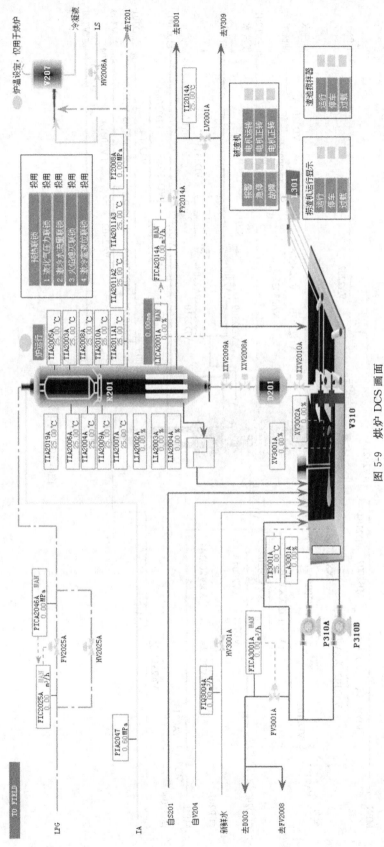

图 5-9　烘炉 DCS 画面

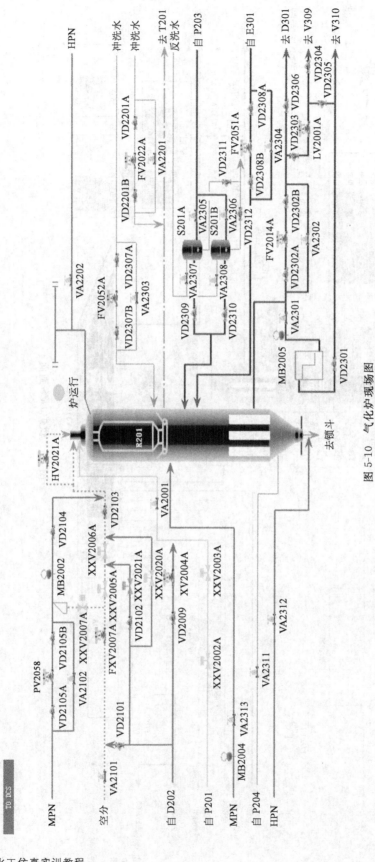

图 5-10 气化炉现场图

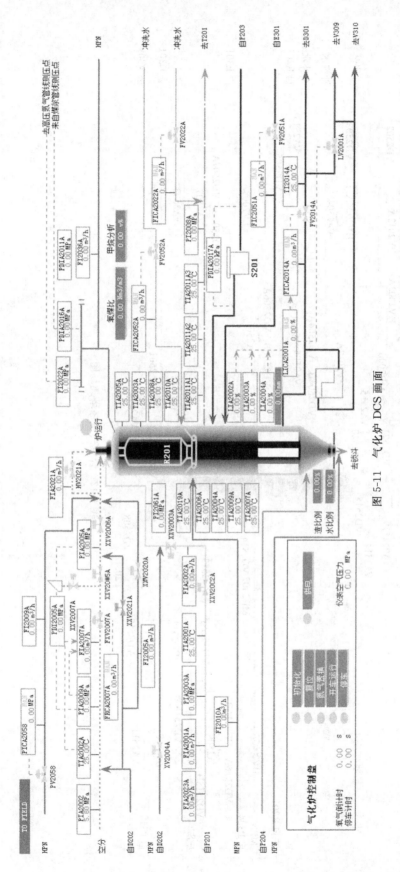

图 5-11　气化炉 DCS 画面

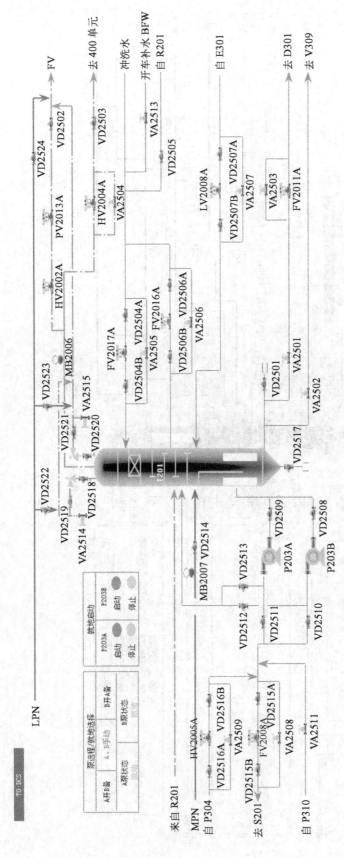

图 5-12 合成气洗涤塔现场图

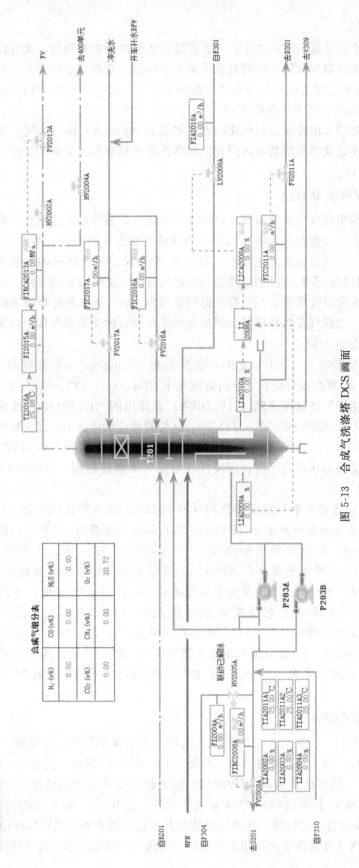

图 5-13 合成气洗涤塔 DCS 画面

控制冲洗水量为 $23m^3/h$。

激冷水经激冷水过滤器（S201A/B）滤去可能堵塞激冷环的大颗粒，送入位于下降管上部的激冷环。激冷水呈螺旋状沿下降管壁流下进入激冷室。激冷室底部黑水，经黑水排放阀（FV2014A）送入黑水处理系统，激冷室液位控制在 $60\%\sim65\%$。在开车期间，黑水经黑水开工排放阀（LV2001A）排向沉降槽 V309。

在气化炉预热期间，激冷室出口气体由开工抽引器（J201A）排入大气。开工抽引器底部通入低压蒸汽，通过调节预热烧嘴风门和抽引蒸汽量来控制气化炉的真空度，气化炉配备了预热烧嘴（Z201A）。

5.1.2.3 粗煤气洗涤系统

从激冷室出来的粗煤气与激冷水泵（P203A/B）送出的激冷水充分混合，使粗煤气夹带的固体颗粒完全湿润，以便在洗涤塔（T201）内能快速除去（图 5-12、图 5-13）。

水蒸气和粗煤气的混合物进入洗涤塔（T201），沿下降管进入塔底的水浴中。合成气向上穿过水层，大部分固体颗粒沉降到塔底部与粗煤气分离。上升的粗煤气沿下降管和导气管的环隙向上穿过四块冲击式塔板，与冷凝液循环泵（P401A）送来的冷凝液逆向接触，洗涤掉剩余的固体颗粒。粗煤气在洗涤塔顶部经过丝网除沫器，除去夹带气体中的雾沫，然后离开洗涤塔（T201）进入变换工序。

粗煤气水气比控制在 $1.4\sim1.6$ 之间，含尘量小于 $1mg/m^3$（标准状态）。在洗涤塔（T201）出口管线上设有在线分析仪，分析合成气中 CH_4、O_2、CO、CO_2、H_2 等含量。

在开车期间，粗煤气经背压前阀（HV2002A）和背压阀（PV2013A）排放至开工火炬来控制系统压力（PIRCA2013A）在 3.74MPa。火炬管线连续通入 LN 使火炬管线保持微正压。当洗涤塔（T201）出口粗煤气压力温度正常后，经压力平衡阀（即 HV2004A 的旁路阀）使气化工序和变换工序压力平衡，缓慢打开粗煤气手动控制阀（HV2004A）向变换工序送粗煤气。

洗涤塔（T201）底部黑水经黑水排放阀（FV2011A）排入高压闪蒸罐（D301）处理。除氧器（D305）的灰水由高压灰水泵（P304A）加压后进入洗涤塔（T201），由洗涤塔的液位控制阀（LV2008A）控制洗涤塔的液位（LICA2008A）在 60%。工艺冷凝液缓冲罐（D406）的冷凝液由工艺冷凝液循环泵（P401A）加压后经洗涤塔补水控制阀（FV2017A）控制塔板上补水流量，另外当工艺冷凝液缓冲罐液位（LICA4017）高时，由洗涤塔塔板下补水阀（FV2016A）来降低工艺冷凝液缓冲罐液位（LICA4017）。当除氧器的液位（LIC3008）低时，由除氧器的补水阀（LV3008）来补充工业水（PW2），用除氧器压力调节阀（PV3005）控制低压蒸汽量从而控制除氧器的压力（PIC3005）。从洗涤塔（T201）中下部抽取的灰水，由激冷水泵（P203A/B）加压作为激冷水和进入洗涤塔（T201）的洗涤水。

5.1.2.4 烧嘴冷却系统

气化炉烧嘴（Z201A）在 1200℃的高温下工作，为了保护烧嘴，在烧嘴上设置了冷却水盘管和头部水夹套，防止高温损坏烧嘴。如图 5-14、图 5-15 所示，脱盐水（DNW）经烧嘴冷却水槽（V202）的液位调节阀（LV2012）控制烧嘴冷却水槽的液位（LICA2012）为 80%，烧嘴冷却水槽的水经烧嘴冷却水泵（P202A）加压后，送至烧嘴冷却水冷却器（E201）用循环水冷却后，去烧嘴。烧嘴经烧嘴冷却水进口切断阀（XXV2018A）送入烧嘴冷却水盘管，出烧嘴冷却水盘管的冷却水经出口切断阀（XXV2019A）进入烧嘴冷却水分离

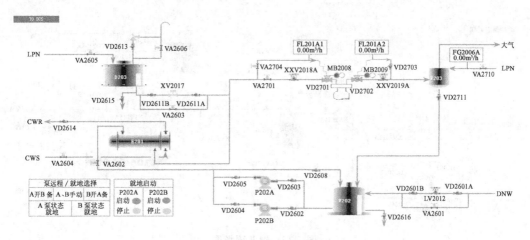

图 5-14　烧嘴冷却系统现场图

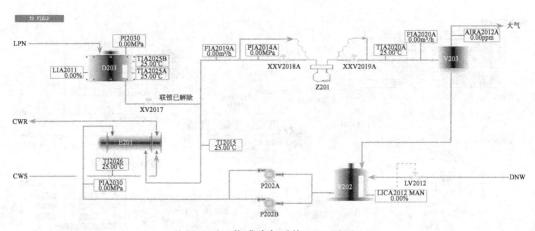

图 5-15　烧嘴冷却系统 DCS 画面

罐（V203）。分离掉气体后的冷却水靠重力流入烧嘴冷却水槽（V202）。烧嘴冷却水分离罐（V203）通入低压氮气（LPN），作为 CO 分析的载气，由放空管排入大气。在放空管上安装 CO 监测器（AIRA2012A），通过监测 CO 含量来判断烧嘴是否被烧穿，正常 CO 含量为 0ppm。

烧嘴冷却水系统设置了一套单独的联锁系统，在判断烧嘴头部水夹套和冷却水盘管泄漏的情况下，气化炉应立即停车，以保护烧嘴不受损坏。烧嘴冷却水泵（P202A）设置了自启动功能，当出口压力低（PIA2030）则备用泵自启动。如果备用泵启动后仍不能满足要求，事故冷却水槽（D203）的事故阀（XV2017）打开向烧嘴提供烧嘴冷却水。

5.1.2.5　锁斗系统

激冷室底部的渣和水，在收渣阶段经锁斗收渣阀（XXV2008A）、锁斗安全阀（XXV2009A）进入锁斗（D201）（图 5-16、图 5-17）。锁斗安全阀（XXV2009A）处于常开状态，仅当由激冷室液位低低（LI2002/03/04A）引起的气化炉停车时，锁斗安全阀（XXV2009A）才关闭。锁斗循环泵（P204A、B）从锁斗顶部抽取相对洁净的水送回激冷室底部，帮助将渣冲入锁斗。

锁斗循环分为泄压、清洗、排渣、充压、收渣五个阶段，由锁斗程序自动控制。循环时

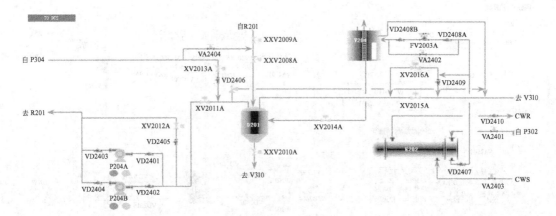

图 5-16　锁斗现场图

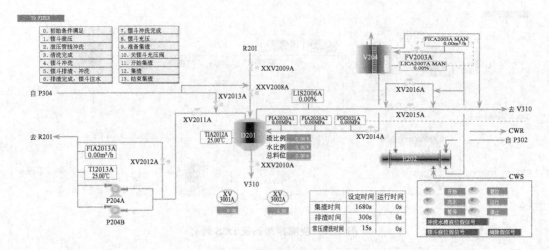

图 5-17　锁斗 DCS 画面

间一般为 30min，可以根据具体情况设定。锁斗程序启动后，锁斗泄压阀（XV2015A）打开，开始泄压，锁斗内压力泄至渣池（V310）。泄压后，泄压管线清洗阀（XV2016A）打开清洗泄压管线，清洗时间到后清洗阀（XV2016A）关闭。锁斗冲洗水阀（XV2014A）和锁斗排渣阀（XV2010A）及泄压管线清洗阀（XV2016A）打开，开始排渣。当冲洗水罐液位（LICA2007A）低时，锁斗排渣阀（XXV2010A）、泄压管线清洗阀（XV2016A）和冲洗水阀（XV2014A）关闭。锁斗排渣阀（XXV2010A）关 5min 后，渣池溢流阀（XV3001A、XV3002A）打开。锁斗充压阀（XV2013A）打开，用高压灰水泵（P304A）来的灰水开始为锁斗进行充压。当气化炉与锁斗压差（PDI2021A）（小于 180kPa）低时，锁斗收渣阀（XXV2008A）打开，锁斗充压阀（XV2013A）关闭，锁斗循环泵进口阀（XV2011A）打开，锁斗循环泵循环阀（XV2012A）关闭，锁斗开始收渣，收渣计时器开始计时。当收渣时间到和冲洗水罐液位（LICA2007A）高时，锁斗循环泵循环阀（XV2012A）打开，锁斗循环泵进口阀（XV2011A）关闭，锁斗循环泵（P204A/B）自循环。锁斗收渣阀（XXV2008A）关闭，渣池溢流阀（XV3001A、XV3002A）关闭，锁斗泄压阀（XV2015A）打开，锁斗重新进入泄压步骤。如此循环。

从灰水槽（V301）来的灰水，由低压灰水泵（P302A）加压后经锁斗冲洗水冷却器

（E202）冷却后，送入锁斗冲洗水罐（V204）作为锁斗排渣时的冲洗水，多余部分经废水冷却器（E304）冷却后送入污水处理工序。锁斗排出的渣水排入渣池（V310），渣水由渣池泵P310A送入真空闪蒸罐D303，粗渣经沉降分离后，由抓斗起重机（L301）抓入干渣槽分离掉水后由灰车送出界区。

5.1.2.6 黑水处理系统

来自气化炉激冷室（R201）和洗涤塔（T201）的黑水分别经减压阀（PV3001A1/A2、PV3002A1/A2）减压后进入高压闪蒸罐（D301）（图 5-18、图 5-19），由高压闪蒸压力调节阀（PV3003A）控制高压闪蒸系统压力在 0.5MPa。黑水经闪蒸后，一部分水被闪蒸为蒸汽，少量溶解在黑水中的粗煤气解吸出来，同时黑水被浓缩，温度降低。从高压闪蒸罐（D301）顶部出来的闪蒸汽经灰水加热器（E301A）与高压灰水泵（P304A）送来的灰水换热冷却后，再经高压闪蒸冷凝器（E302）冷凝进入高压闪蒸分离罐（D302），分离出的不凝气送至火炬，冷凝液经液位调节阀（LV3004A）进入除氧器（D305）循环使用（图 5-20、图 5-21）。

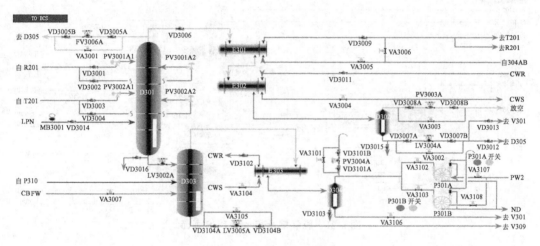

图 5-18　闪蒸系统现场图

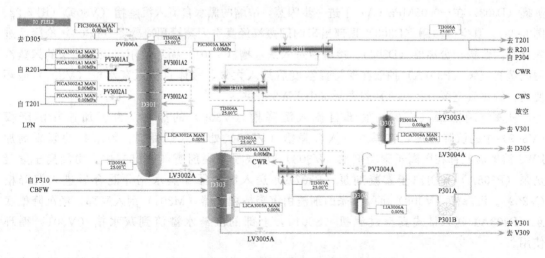

图 5-19　闪蒸系统 DCS 画面

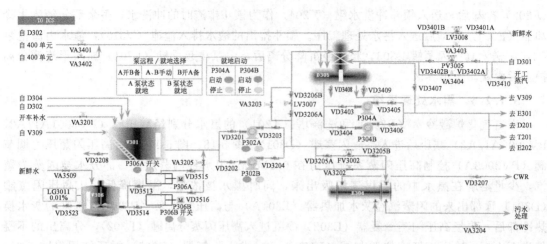

图 5-20 脱氧槽及灰水槽现场图

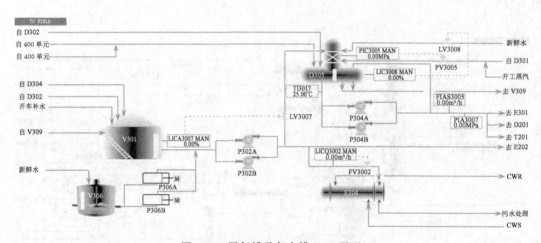

图 5-21 脱氧槽及灰水槽 DCS 画面

高压闪蒸罐（D301）底部出来的黑水经液位调节阀（LV3002A）减压后，进入真空闪蒸罐（D303）在−0.05MPa（A）下进一步闪蒸，浓缩的黑水自流入沉降槽（V309）（图 5-22、图 5-23）。真空闪蒸罐（D303）顶部出来的闪蒸汽经真空闪蒸罐顶冷凝器（E303）冷凝后进入真空闪蒸罐顶分离器（D304），冷凝液进入灰水槽（V301）循环使用，顶部出来的闪蒸汽用闪蒸真空泵（P301A）抽取在保持真空度后排入大气，液体自流入灰水槽（V301）循环使用。闪蒸真空泵（P301A）的密封水由 PW2 提供。

从真空闪蒸罐（D303）底部自流入沉降槽（V309）的黑水，为了加速在沉降槽（V309）中的沉降速度，在黑水流入沉降槽（V309）处加入絮凝剂。粉末状的絮凝剂加 PW2 溶解后贮存在阳离子絮凝剂槽（V303）、阴离子絮凝剂槽（V305）中，由阳离子絮凝剂泵（P305A）和阴离子絮凝剂泵（P307A）送入混合器和黑水充分混合后进入沉降槽（V309）。沉降槽（V309）沉降下来的细渣由沉降槽耙灰器（M301）刮入底部，经沉降槽底泵（P303A）送入带式真空过滤机（S301），上部的澄清水溢流到灰水槽（V301）循环使用。

液态分散剂贮存在分散剂槽（V306）中，由分散剂泵（P306A）加压并调节适当流量加入低压灰水泵进口，防止管道及设备结垢。

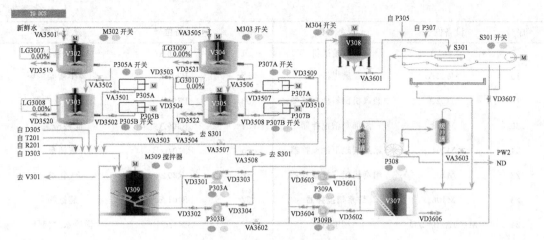

图 5-22　沉降槽及真空过滤机现场图

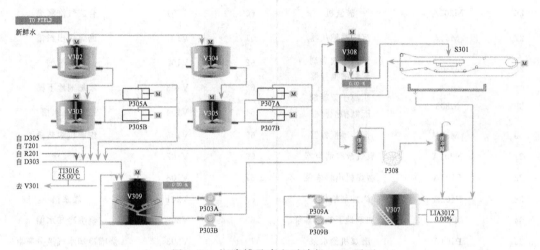

图 5-23　沉降槽及真空过滤机 DCS 画面

5.1.3　主要设备、调节器及控制说明

(1) 主要设备

德士古水煤浆气化仿真工段主要设备见表 5-1。

表 5-1　德士古水煤浆气化仿真工段主要设备

序号	设备位号	设备名称	序号	设备位号	设备名称
1	D201	锁斗	9	E201	烧嘴冷却水冷却器
2	D202	高压氮罐	10	E202	锁斗冲洗水冷却器
3	D203	事故烧嘴冷却水罐	11	E203	密封水冷却器
4	D301	高压闪蒸罐	12	E301	灰水加热器
5	D302	高压闪蒸分离罐	13	E302	高压闪蒸冷凝器
6	D303	真空闪蒸罐	14	E303	真空闪蒸罐顶冷凝器
7	D304	真空闪蒸分离罐	15	E304	废水冷却器
8	D305	除氧器	16	J201A	开工抽引器

序号	设备位号	设备名称	序号	设备位号	设备名称
17	L301A	刮板输送机	51	P306A	分散剂泵
18	M101A	磨煤机	52	P307A	阴离子絮凝剂泵
19	M102A	磨煤机出料槽搅拌器	53	P308A	过滤机真空泵
20	M103	添加剂槽搅拌器	54	P309A	滤液槽泵
21	M104	添加剂地下池搅拌器	55	P310A/B	渣池泵
22	M105	细磨机粗浆槽搅拌器	56	R201	气化炉
23	M106	细浆槽搅拌器	57	S101A	旋振筛
24	M109A/B/C/D	细磨机	58	S201A/B	激冷水过滤器
25	M201A	煤浆槽搅拌器	59	S301	带式真空过滤机
26	M202A	破渣机	60	T201	合成气洗涤塔
27	M301	沉降槽耙灰器	61	V101	磨煤机出料槽
28	M302	阳离子絮凝剂配制槽搅拌器	62	V102	添加剂槽
29	M303	阴离子絮凝剂配制槽搅拌器	63	V103	添加剂地下槽
30	M304	搅拌罐搅拌器	64	V104	磨机集水槽
31	N201A	氧气放空消声器	65	V105	细磨机粗浆槽
32	P101A	磨煤机出料槽泵	66	V107	细浆槽
33	P102A	添加剂给料泵	67	V108	废浆槽
34	P103	添加剂地下池储料泵	68	V201	煤浆槽
35	P104A	磨煤机给水泵	69	V202	烧嘴冷却水槽
36	P105	废水泵	70	V203	烧嘴冷却水气液分离器
37	P106A/B/C/D	粗浆槽出料泵	71	V204	锁斗冲洗水槽
38	P107A	细浆槽出料泵	72	V205	气化炉密封水槽
39	P108A	细磨机给水泵	73	V207	开工抽引气分离罐
40	P109A	返料泵	74	V301	灰水槽
41	P110	冲洗水泵	75	V302	阳离子絮凝剂配制槽
42	P201A	高压煤浆泵	76	V303	阳离子絮凝剂槽
43	P202A	烧嘴冷却水泵	77	V304	阴离子絮凝剂配制槽
44	P203A/B	激冷水泵	78	V305	阴离子絮凝剂槽
45	P204A/B	锁斗循环泵	79	V306	分散剂槽
46	P301A	闪蒸真空泵	80	V307	过滤槽
47	P302A	低压灰水泵	81	V308	搅拌罐
48	P303A	沉降槽底泵	82	V309	沉降槽
49	P304A	高压灰水泵	83	V310	渣池
50	P305A	阳离子絮凝泵	84	Z201A	工艺烧嘴
			85	Z203A	预热烧嘴

(2) 调节器及正常工况操作参数

德士古水煤浆气化工段正常运行工艺参数见表 5-2。

表 5-2　德士古水煤浆气化工段正常运行工艺参数

设备名称	项目及位号	正常指标	单位
气化炉	气化炉外壁温度(TIA2019A)	250~270	℃
	气化炉温度(TIA2003A)	1150~1250	℃
	托砖板温度(TIA2007A)	202~222	℃
	激冷室液位(LIA2002A)	45~55	%
	激冷室流量(FT2008A)	104~114	m^3/h
	氧煤比(FFC2007A)	605~625	m^3/m^3(标准状态)
洗涤塔	洗涤塔压力(PIRCA2013A)	3.7~3.9	MPa(G)
	洗涤塔温度(TI1016A)	210~220	℃
	洗涤塔液位(LIA2009A)	70~90	%

(3) 排渣顺序控制说明

① 锁斗循环逻辑步骤　排渣顺序控制是一个步进联锁，按顺序一步一步运行。每执行下一步时首先确认各阀门是否动作到位，各执行条件是否满足。不论锁斗处于什么状态，必须保证锁斗入口阀、循环泵入口阀、锁斗充压阀中任一阀不能与锁斗出口阀、锁斗泄压阀、锁斗冲洗阀中任一阀同时打开。

② 锁斗循环投运步骤　在渣池之间的渣池溢流阀（XV3001）、锁斗入口阀（XV2008）、锁斗出口阀（XV2010）、锁斗充压阀（XV2013）、锁斗冲洗水阀（XV2014）关闭的条件下，按运行按钮系统进行第一步。

第一步：锁斗泄压。如果上面的条件满足，打开锁斗泄压阀（XV2015）泄压，当锁斗泄压阀（XV2015）阀位指示全开，锁斗压力低于 0.28MPa，执行第二步。

第二步：清洗泄压管线。打开锁斗泄压管线冲洗水阀（XV2016），清洗泄压管道，若泄压管线冲洗水阀（XV2016）阀位指示全开，执行第三步。

第三步：清洗完成。关闭泄压管线冲洗水阀（XV2016）和锁斗泄压阀（XV2015），若冲洗水槽液位（LI2007）高，执行第四步。

第四步：锁斗冲洗。打开锁斗冲洗水阀（XV2014），如果冲洗水槽液位高，执行第五步。

第五步：锁斗排渣、冲洗。打开锁斗出口阀（XV2010）、泄压管线冲洗水阀（XV2016），当冲洗水槽液位降至指定位置或锁斗出口阀打开到一定时间，执行第六步。

第六步：排渣完成，锁斗注水。关闭锁斗出口阀（XV2010）；关闭约 5min，打开渣池溢流阀（XV3001）；锁斗液位（LS2006）高或关闭一定时间以后，执行第七步。

第七步：关闭锁斗冲洗水阀（XV2014）。关闭后，执行第八步。

第八步：锁斗充压。打开锁斗充压阀（XV2013），当锁斗和气化炉之间压差低于 280kPa 时，执行第九步。

第九步：准备集渣。打开锁斗入口阀（XV2008），锁斗入口阀（XV2008）阀位指示全开后，执行第十步。

第十步：关锁斗充压阀。关闭锁斗充压阀（XV2013），锁斗充压阀（XV2013）阀位指示全开后，执行第十一步。

第十一步：开始集渣。打开锁斗循环泵入口阀（XV2011），关闭锁斗循环泵循环阀（XV2012），锁斗循环泵开始循环。集渣计时器开始计时，集渣计时器时间到和锁斗冲洗水槽液位（LI2007）高同时满足时，执行第十二步。

第十二步：打开锁斗循环泵循环阀。打开锁斗循环泵循环阀（XV2012），关闭锁斗循环泵入口阀（XV2011），锁斗循环泵循环阀（XV2012）阀位指示全开，锁斗循环泵入口阀（XV2011）阀位指示全关后，执行第十三步。

第十三步：结束集渣。关闭锁斗入口阀（XV2008）、渣池溢流阀（XV3001），执行第一步。

系统停运：在按下锁斗停车或气化炉安全系统停车时，锁斗停止运行，进入停车状态，锁斗各联锁阀门恢复初始状态。

锁斗系统初始化状态阀位见表5-3。

表5-3　锁斗系统初始化状态阀位

锁斗阀门	阀位	锁斗阀门	阀位
锁斗进口阀 XV2008	关	锁斗充压阀 XV2013	关
锁斗出口阀 XV2010	关	锁斗循环泵吸入阀 XV2011	关
泄压管线冲洗水阀 XV2016	关	锁斗循环泵循环阀 XV2012	开
锁斗泄压阀 XV2015	关	渣池溢流阀 XV3001	开
锁斗冲洗水阀 XV2014	关		

5.1.4　操作规程

5.1.4.1　冷态开车

(1) 100♯开车前准备

在"开车确认项"界面依次确认并点击以下步骤：

① 系统安装完毕，设备、管道清洗合格，临时盲板已拆除；

② 仪表控制系统能正常运行，联锁已调试合格；

③ 各运转设备单体试车合格；

④ 循环冷却水、原水、仪表空气等公用工程供应正常；

⑤ 煤斗下方闸板阀已打开，且料位处于高料位；

⑥ 石灰石斗下方闸板阀已打开，且料位处于高料位；

⑦ 各运转设备按规定的规格和数量加注润滑油；

⑧ 关闭管线上所有活门。

(2) 100♯开车

在"冲洗水"DCS及现场界面完成以下操作：

① 打开截止阀 VA1004（10%），向磨机集水槽 V104 加新鲜水；

② 将 V104 液位控制在 50%左右；

③ 打开 VD1008A；

④ 打开 VD1008B；

⑤ 打开 FV1003（50%）；

德士古水煤浆
气化工段操作（1）
扫描二维码观看视频

⑥ 点击打开"添加剂添加开关";

⑦ 待 V103 液位到 20％后,启动 V103 搅拌器;

⑧ 打开 P103 前阀 VD1009;

⑨ 待 V103 液位达到 20％后,启动 P103;

⑩ 打开 P103 出口阀 VA1010;

⑪ 待 V102 液位达到 20％后,启动 V102 搅拌器;

⑫ 打开 P102A 前阀 VD1011;

⑬ 打开 P102A 后阀 VD1013;

⑭ 打开 FV1002 前阀 VD1014A;

⑮ 打开 FV1002 后阀 VD1014B;

⑯ 打开 FV1002(50％);

⑰ 在"磨机"界面,由电气人员启动磨煤机 M101,检查磨煤机运行情况,应无异常响声、振动、电流;

⑱ 启动泵 P102A;

⑲ 调节 FV1002 流量在 $0.7m^3/h$,向磨机加入 5％添加剂;

⑳ 打开磨机给水流量调节阀 FV1004 前阀 VD1019A;

㉑ 打开磨机给水流量调节阀 FV1004 后阀 VD1019B;

㉒ 打开磨机给水泵 P104A 前阀 VD1015;

㉓ 启动磨机给水泵 P104A;

㉔ 打开磨机给水泵 P104A 后阀 VD1017;

㉕ 投用磨机给水流量调节阀 FV1004(50％)给磨机加水。

在"磨机"DCS 及现场界面完成以下操作:

① 启动煤称重给料机,向磨机供煤;

② 调节称重给料机带速,使进煤量控制在 20t/h(提示:带速 38.53％);

③ 磨机出料槽 V101 液位达到 30％后,启动 V101 搅拌器(M102A);

④ V101 液位未达到 30％时,不可启动 M102A;

⑤ 启动磨机出料槽泵 P101,打循环运行(提示:应先打开 P101 前阀 VD1001,启动泵后,打开后阀 VD1003,实现煤浆循环);

⑥ 磨机出料槽 V101 液位达 80％时,打开磨机出料槽泵 P101 去渣池的球阀 VD2002;

⑦ 打开 VD1002;

⑧ 关闭循环阀 VD1003;

⑨ 在煤浆入煤池处取样分析煤浆浓度,并随时调整给煤量和给水量,尽快使煤浆浓度合格;

⑩ 在煤浆浓度达到 53.4％时,打开磨机出料槽泵 P101 出口阀 VA2003;

⑪ 关闭去渣池球阀 VD2002。

(3)200♯开车前准备

在"气化炉"DCS 界面完成以下操作:

① 在气化炉控制盘设置仪表空气压力 0.7MPa;

② 点击"供电"。

(4)仪表、阀门联调

正确投用各仪表和阀门,调试合格后在"开车确认项"页面 200♯处点击"仪表阀门调试完成"。

(5) 气化炉安全联锁空试

① 气化炉具备空试条件后，点击"初始化"；

② 动作正确到位后，点击"复位"，此时可以调试受限制阀门；

③ 确认顺控动作正确到位，相关阀门能正常使用后，点击"氮气置换"；

④ 点击"开车运行"，查看气化炉顺控动作是否符合时序；

⑤ 确认顺控无误后，点击"停车"，查看动作是否符合时序。

(6) 锁斗逻辑关系空试

在"锁斗"DCS及现场界面完成以下操作：

① 锁斗运行条件具备后，点击"开始"，查看动作是否正确到位；

② 确认无误后，点击"充水"；

③ 点击"冲洗水槽液位假信号"，锁斗液位90％；

④ 点击"锁斗液位假信号"，锁斗液位100％，并查看动作是否正确到位；

⑤ 确认无误后，点击"复位"，查看动作是否正确到位；

⑥ 按操作规程启动P204A，此时"初始条件满足"变绿；

⑦ 确认无误后，点击"运行"，查看各步序运行是否正确；

⑧ 当运行到"锁斗排渣、冲洗"时，再次点击"冲洗水槽液位假信号"；

⑨ 当锁斗运行到"集渣"阶段，计时器开始计时，即可点击"暂停"，查看锁斗顺控是否停在当前状态；

⑩ 确认无误后，点击"停止"，检查系统各阀门动作是否正确到位；

⑪ 点击"摘除假信号"；

⑫ 停锁斗循环泵P204A；

⑬ 关闭循环阀XV2012A。

(7) 煤浆泵压力试验

在"气化炉"DCS及现场界面完成以下操作：

① 打开煤浆切断阀XXV2002A（"磨机"界面亦可）；

② 打开煤浆切断阀XXV2003A（"磨机"界面亦可）；

③ 确认煤浆入炉手阀VA2001关闭；

④ 倒通阀后盲板MB2001（现场图没有，可通过菜单栏"硬件故障修复"，输入MB2001打开菜单）；

德士古水煤浆
气化工段操作（2）
扫描二维码观看视频

⑤ 打开煤浆入炉冲洗水排放管线手阀VD2010；

⑥ 打开煤浆入炉冲洗水排放管线手阀VA2002；

⑦ 打开煤浆循环管线去地沟排放阀VD2004；

⑧ 关闭去煤浆槽手阀VD2003；

⑨ 关闭煤浆循环阀XXV2001A；

⑩ 关闭煤浆槽V201底部柱塞阀VD2005；

⑪ 打开高压煤浆泵P201出口阀VD2006；

⑫ 打开高压煤浆泵P201进口冲洗水阀VD2007；

⑬ 点击气化炉"初始化"按钮；

⑭ 确认水流入地沟后，按规程启动高压煤浆泵P201；

⑮ 总控缓慢提高煤浆泵转速，现场调节煤浆入炉冲洗水排放管线手阀开度，缓慢提高

泵出口压力 PIA2003A 到 4.0MPa；

⑯ 压力每升高 1.0MPa，保持 5min；

⑰ 现场检查泵运行情况、现场检查各缸打量情况、现场检查煤浆管线是否有漏点、现场检查煤浆泵出口倒淋、煤浆循环阀是否内漏；

⑱ 总控检查流量与转速是否对应、总控检查仪表测量元件是否准确；

⑲ 检查一切正常后减压，降转速，停泵；

⑳ 关泵进口冲洗水阀 VD2007；

㉑ 用高压煤浆泵 P201 出口倒淋 VD2012 排水，冬季要注意防冻排水；

㉒ 关闭煤浆切断阀 XXV2002A；

㉓ 关闭煤浆切断阀 XXV2003A；

㉔ 关闭 VD2010；

㉕ 关闭 VA2002；

㉖ 倒通煤浆入炉冲洗水排放管线盲板 MB2001；

㉗ 关闭 VD2004；

㉘ 关闭 VD2006；

㉙ 关闭 VD2012。

(8) 系统气密

按要求进行系统气密。

(9) 建立预热水循环

① 打开 HV3001A 向渣池 V310 充水；

② 打开渣池泵 P310A 入口手阀 VD3701；

③ 确认 P310A 出口阀 VD30703 关闭；

④ 打开 FV3001A 前阀 VD3706A；

⑤ 打开 FV3001A 后阀 VD3706B；

⑥ 打开 VD3707；

⑦ 打开 VA2511；

⑧ 打开 FV2008A 前阀 VD2515A；

⑨ 打开 FV2008A 后阀 VD2515B；

⑩ 打开 S201A 激冷水进口阀 VA2305；

⑪ 打开 S201A 激冷水出口阀 VD2309；

⑫ 关闭 S201A 反洗水进口阀 VA2307；

⑬ 关闭 S201A 反洗水出口阀 VD2311；

⑭ 倒通密封水槽 V205 盲板 MB2005；

⑮ 打开 V205 入口阀 VA2301；

⑯ 打开 V205 出口阀 VD2301；

⑰ 打开 LV2001A 前手阀 VD2303；

⑱ 打开 LV2001A 去渣池手阀 VD2305；

⑲ 打开 FV2014A 前手阀 VD2302A；

⑳ 打开 FV2014A 后手阀 VD2302B；

㉑ 渣池液位达到 50％时，启动 P310A；

㉒ 打开出口阀 VD3703；

德士古水煤浆
气化工段操作（3）
扫描二维码观看视频

㉓ 液位未达到50％时，不可启动P310A；

㉔ 打开FV3001A；

㉕ 打开FV2008A，向激冷室充水；

㉖ 通过密封水槽向渣池V310排水，如果密封水槽不能满足要求，打开调节阀FV2014A、液位调节阀LV2001A向渣池V310排水；

㉗ 渣池V310水温不能大于80℃，如大于80℃可用新鲜水来调节。

(10) 启动开工抽引器

① 联系调度送低压蒸汽，并通过排污阀排净蒸汽管线内冷凝液；

② 将气化炉出口烟气管线上的大"8"字盲板MB2003倒通；

③ 打开手动截止大阀VD2202；

④ 关闭抽引器分离罐V207底部排放阀；

⑤ 确认蒸汽总管大阀开启，压力指示0.6～0.8MPa，缓慢打开蒸汽截止阀，暖管后调节其开度，使气化炉维持微量负压。

(11) 点火

① 确认气化炉内低温热偶已装好，表面热偶投用；

② 用炉顶电动葫芦将预热烧嘴吊起，对准气化炉炉口约1.0m高度上，将预热烧嘴缓慢降低安放在炉口上；

③ 将气化炉预热用燃料气管线上"8"字盲板MB2014倒通；

④ 用耐压软管将预热烧嘴燃气接口与燃气管接上，火焰监测器、点火枪、仪表空气连接好，并稍开预热烧嘴风门；

德士古水煤浆
气化工段操作（4）
扫描二维码观看视频

⑤ 打开燃料气总管上手动截止阀VA2708；

⑥ 打开燃料气副线调节阀HV2025A；

⑦ 确认PICA2046A为0.05～0.06MPa(G)；

⑧ 确认燃料气调节阀FV2025A关闭；

⑨ 打开燃料气入气化炉前手阀VA2709，对入气化炉管线进行置换；

⑩ 置换合格后关闭HV2025A；

⑪ 总控调出烘炉画面；

⑫ 确认火焰监测器、点火装置一切正常后，先启动点火装置；

⑬ 稍开FV2025A；

⑭ 稍开入气化炉前手动阀VA2707，调整仪表空气，点燃预热烧嘴；

⑮ 调节燃料气调节阀FV2025A开度与仪表空气流量，调节抽负蒸汽调节阀HV2006A，调整火焰形状到最佳；

⑯ 点燃后保证气化炉不灭；

⑰ 按照升温曲线对气化炉进行预热烘炉，升至1200℃或规定温度；

⑱ 炉温不能过高；

⑲ 随着炉温升高时，应相应增加激冷水调节阀FT2008A流量，使出激冷室气体温度TIA2011A1、A2、A3不超过224℃；

⑳ 托板温度不应超过250℃。

(12) 启动破渣机

按规程启动破渣机。

（13）投用锁斗

① 打开灰水槽 V301 加原水阀 VA3201，建立灰水槽 V301 液位；

② 打开低压灰水泵 P302A 去锁斗冲洗水冷却器 E202 管线的手动截止阀 VA2401；

③ 打开低压灰水泵 P302A 去锁斗冲洗水冷却器 E202 管线的手动截止阀 VD2407；

④ 打开 FV2003A 前截止阀 VD2408A；

⑤ 打开 FV2003A 后截止阀 VD2408B；

⑥ 打开 P302A 前阀 VD3201；

⑦ V301 液位大于 30％后，启动低压灰水泵 P302A；

⑧ 打开 P302A 后阀 VD3203；

⑨ V301 液位小于 30％时，不可启动低压灰水泵 P302A；

⑩ 通知总控开锁斗冲洗水罐加水流量调节阀 FV2003A；

⑪ 开循环水 CW 进锁斗冲洗水冷却器 E202 手动截止阀 VA2403，打开排气阀，排气后关闭；

⑫ 开循环水 CW 进锁斗冲洗水冷却器 E202 手动截止阀 VD2410；

⑬ 确认锁斗逻辑系统阀门均在自动状态，按开始按钮，除 XV2012A 打开其余阀门均关闭；

⑭ 锁斗冲洗水罐液位 LIA2007A≥70％后，按充水按钮，打开 XV2014A、XV2015A；

⑮ 锁斗液位 LS2006A 高或冲水时间到一定时间返回到开始按钮；

⑯ 锁斗冲洗水罐液位 LIA2007A＜70％时，不可按充水按钮；

⑰ 按开始按钮后，按复位按钮打开 XXV2009A；

⑱ 打开锁斗循环泵 P204A 循环管线截止阀 VD2405；

⑲ 打开泵入口阀 VD2401；

⑳ 启动锁斗循环泵 P204A，等待气化炉投料；

㉑ 打开泵出口阀 VD2403；

㉒ 打开充压阀 XV2013A 后阀 VD2406；

㉓ 锁斗冲洗水罐 V204 液位 LICA2007A 至 90％时投自动；

㉔ FICA2003A 投串级；

㉕ 控制 V204 液位 LICA2007A 在 90％左右；

㉖ 点击锁斗运行按钮，使锁斗处于渣收集状态；

㉗ 打开锁斗循环泵出口到气化炉手阀 VA2311。

（14）启动捞渣机

按规程启动捞渣机。

（15）建立烧嘴冷却水循环

① 现场打开烧嘴冷却水槽液位调节阀 LV2012 的前阀 VD2601A；

② 现场打开烧嘴冷却水槽液位调节阀 LV2012 的后阀 VD2601B；

③ 总控调节 LV2012 接收脱盐水 DNW 到烧嘴冷却水槽 V202；

④ 当烧嘴冷却水槽液位 LICA2012 达 80％后，总控将烧嘴冷却水槽液位 LICA2012 投自动；

⑤ 控制烧嘴冷却水槽液位 LICA2012 在 80％左右；

⑥ 打开循环冷却水进烧嘴冷却水冷却器 E201 手阀 VA2604；

⑦ 打开循环冷却水出烧嘴冷却水冷却器 E201 手阀 VD2614，打开排气阀，排完气后

德士古水煤浆
气化工段操作（5）
扫描二维码观看视频

关闭；

⑧ 打开低压氮气管线上去烧嘴冷却水分离罐 V203 转子流量计前手阀 VA2710，调节低压氮气流量为 $10m^3/h$，并投用 CO 报警仪 AIRA2003；

⑨ 用高压软管将工艺烧嘴 Z201 冷却水管相连；

⑩ 倒通盲板 MB2008；

⑪ 倒通盲板 MB2009；

⑫ 打开 VA2704；

⑬ VD2701 切换到临时通路；

⑭ VD2702 切换到临时通路；

⑮ 打开 VD2703；

⑯ 打开 VD2711；

⑰ 打开烧嘴冷却水泵 P202A 前阀 VD2603；

⑱ 启动烧嘴冷却水泵 P202A；

⑲ 打开烧嘴冷却水泵 P202A 后阀 VD2605；

⑳ 打开 VA2602；

㉑ 现场打开进工艺烧嘴冷却水单系列总阀，调节冷却水流量 FIA2019A/B 为 $18m^3/h$；

㉒ 打开烧嘴冷却水阀 XV2017 或旁路阀，向事故烧嘴冷却水槽 D203 注水；

㉓ 打开事故烧嘴冷却水槽 D203 安全阀 PSV205 前的排气阀 VA2606，直到水从排气阀溢出；

㉔ 关闭注水阀；

㉕ 关闭排气阀 VA2606；

㉖ 打开事故烧嘴冷却水槽 D203 低压氮气阀 VA2605；

㉗ 充压到 0.4MPa 后关闭 VA2605；

㉘ 压力未到 0.4MPa 时，不可关闭 VA2605；

㉙ 打开备用泵 P202B 前阀 VD2602；

㉚ 打开备用泵 P202B 后阀 VD2604；

㉛ 烧嘴冷却水泵 P202 备用泵投自启动。

(16) 高、低闪氮气置换

① 现场打开灰水换热器 E301 闪蒸汽进口阀 VD3006；

② 打开 PV3003A 前手阀 VD3008A；

③ 打开 PV3003A 后手阀 VD3008B；

④ 倒通低压氮气去高压闪蒸罐 D301 盲板 MB3001；

⑤ 打开高压闪蒸罐 D301 底部低压氮气截止阀 VD3014；

⑥ 充压后，打开压力调节阀 PV3003A 放空泄压；

⑦ 在短时间内反复充压和泄压来置换高压闪蒸系统，取样分析 $O_2 < 0.2\%$ 为合格；

德士古水煤浆
气化工段操作（6）
扫描二维码观看视频

⑧ 打开 P301A 前导淋 PV3004A 前阀 VD3101A；

⑨ 打开 P301A 前导淋 PV3004A 后阀 VD3101B；

⑩ 打开 LV3002A；

⑪ 冲压后，打开 P301A 前导淋 PV3004A 放空；

⑫ 在短时间内反复充压和泄压来置换高压闪蒸系统，取样分析 $O_2 < 0.2\%$ 为合格；

⑬ 打开闪蒸真空泵 P301A 前阀 VA3102;

⑭ 启动闪蒸真空泵 P301A;

⑮ 用闪蒸真空泵前导淋控制 PICA3004A 压力为－0.05MPa。

(17) 火炬系统置换

按规程进行火炬系统置换。

(18) 启动真空闪蒸系统

① 打开真空闪蒸冷凝器 E303 循环水进口手动阀 VA3104;

② 打开真空闪蒸冷凝器 E303 循环水出口手动阀 VD3102,打开排气阀,排完气后关闭;

③ 打开真空闪蒸罐 D303 冷锅炉给水冲洗液位计进水阀,建立液位;

④ 当液位达 20%,关冷锅炉给水阀;

⑤ 打开渣池泵入真空闪蒸罐球阀 VA3702,向真空闪蒸罐送水;

⑥ 开 LV3005A 前阀 VD3104A;

⑦ 开 LV3005A 后阀 VD3104B;

⑧ 真空闪蒸罐液位 LIA3005A 达 50%时,打开 LV3005A 控制液位 50%。

(19) 建立沉降槽液位

黑水系统开车后,由真空闪蒸罐 D303 来的黑水进入沉降槽 V309,当液位达到 30%时开启沉降槽耙灰器。

(20) 启动除氧器系统

① 打开除氧器 D305 液位调节阀 LV3008 前阀 VD3401A;

② 打开除氧器 D305 液位调节阀 LV3008 后阀 VD3401B;

③ 打开低压蒸汽调节阀 PV3005 前阀 VD3402A;

④ 打开低压蒸汽调节阀 PV3005 后阀 VD3402B;

⑤ 打开开工蒸汽阀 VD3410;

⑥ 打开除氧器 D305 液位调节阀 LV3008,使工业水进入槽内;

⑦ 控制除氧器液位 LIC3008 在 50%,稳定后投自动;

⑧ 控制除氧器液位 LIC3008 在 50%;

⑨ 打开低压蒸汽调节阀 PV3005 向除氧器 D305 加入低压蒸汽;

⑩ 控制除氧器压力表 PT3005 在 0.05MPa 后投自动;

⑪ 打开泵 P304A 前阀 VD3403;

⑫ 启动泵 P304A;

⑬ 打开 VD3405;

⑭ 打开 VD3407,建立泵罐循环;

⑮ 温度保持在 100~104℃。

(21) 切换激冷水

① 打开灰水槽液位调节阀 LV3007A 前阀 VD3206A;

② 打开灰水槽液位调节阀 LV3007A 后阀 VD3206B;

③ 打开灰水槽液位调节阀 LV3007,向除氧器 D305 供水;

④ 打开高压灰水泵 P304A 至灰水换热器 E301 前手动阀 VA3005;

⑤ 打开高压灰水泵 P304A 至灰水换热器 E301 后手动阀 VD3009;

⑥ 确认灰水换热器 E301 旁路阀关;

德士古水煤浆
气化工段操作（7）
扫描二维码观看视频

⑦ 打开合成气塔液位调节阀 LV2008 前阀 VD2507A；

⑧ 打开合成气塔液位调节阀 LV2008 后阀 VD2507B；

⑨ 打开合成气塔液位调节阀 LV2008A，建立洗涤塔 T201 液位；

⑩ 关闭高压灰水泵到除氧器循环手阀 VD3407；

⑪ 当洗涤塔液位达 60％时，洗涤塔液位调节阀 LICA2008A 投自动；

⑫ 控制洗涤塔液位在 60％左右；

⑬ 现场开激冷水泵进口手阀 VD2509；

⑭ 当合成气洗涤塔液位达 60％时，启动激冷水泵 P203A；

⑮ 合成气洗涤塔液位未达 60％时，不可启动激冷水泵 P203A；

⑯ 现场开激冷水泵出口手阀 VD2511 向激冷环供水，确认激冷水流 FICA2008A 变大；

⑰ 现场缓慢关闭渣池泵 P310A 到激冷水管线的手阀 VA2511，确认激冷水流量 FICA2008A 大于 40m³/h；

⑱ 保持气化炉液位在升温液位（低液位），调整气化炉激冷室液位调节阀 LV2001A，将气化炉激冷室排出的黑水引到沉降池 V309；

⑲ 关闭预热水至气化炉密封水槽 V205 的截止阀 VA2301；

⑳ 关闭密封水槽 V205 的出口阀 VD2301；

㉑ 将到气化炉密封水槽 V205 的隔离盲板 MB2005 倒通。

(22) 烧嘴切换

① 当炉温升至 1200℃或规定温度后，关闭烘炉空气阀 VA2707；

② 关闭 VA2708；

③ 关闭 FV2025A；

④ 关闭 VA2709；

⑤ 盲板 MB2014 倒通；

⑥ 将烘炉烧嘴吊出，更换为工艺烧嘴；

⑦ 关闭 HV2006A，停开工抽负系统；

⑧ 关闭 VD2202；

⑨ 打开 VD2204；

⑩ 倒盲 MB2003；

⑪ 全开 XXV2018A；

⑫ 全开 XXV2019A；

⑬ VD2701 切换到硬管通路；

⑭ VD2702 切换到硬管通路；

⑮ 打开 VA2701；

⑯ 关闭 VA2704；

⑰ 关闭 VD2703；

⑱ 倒盲 MB2008；

⑲ 倒盲 MB2009。

(23) 气化炉开车前氮气置换

① 倒通碳洗塔出口煤气管线上盲板 MB2006；

② 打开背压阀 PV2013A 后手阀 VD2502；

③ 总控手动打开背压前阀 HV2002A；

德士古水煤浆
气化工段操作（8）
扫描二维码观看视频

④ 总控手动打开背压阀 PV2013A；

⑤ 将中压氮气置换氧气管线的盲板 MB2002 倒通；

⑥ 将中压氮气置换激冷室盲板 MB2004 倒通；

⑦ 将中压氮气置换洗涤塔盲板 MB2007 倒通；

⑧ 打开中压氮气置换氧气管线阀 PV2058 前阀 VD2105A；

⑨ 打开中压氮气置换氧气管线阀 PV2058 后阀 VD2105B；

⑩ 打开入氧气管线氮气手阀 VD2104；

⑪ 调节中压氮气流量 FI2009A 为 $2100m^3/h$，对氧气管线及燃烧室进行置换；

⑫ 打开中压氮气置换激冷室的截止阀 VA2313；

⑬ 调节中压氮气流量 FI2010A 为 $2100m^3/h$，对激冷室进行置换；

⑭ 现场打开洗涤塔氮气置换手阀 VD2514；

⑮ 用流量前手阀调节低压氮气流量为 $1000m^3/h$（无流量计），对洗涤塔进行置换；

⑯ 10min 后洗涤塔出口取样分析，氧含量小于 0.2% 为合格；

⑰ 关闭中压氮气置换氧气管线阀 PV2058 前阀 VD2105A；

⑱ 关闭中压氮气置换氧气管线阀 PV2058 后阀 VD2105B；

⑲ 关闭中压氮气置换氧气管线阀 PV2058；

⑳ 关氧气管线氮气置换阀 VD2104；

㉑ 关闭激冷室氮气置换阀 VA2313；

㉒ 关闭洗涤塔氮气置换阀 VD2514；

㉓ 盲板 MB2002 倒"盲"；

㉔ 盲板 MB2004 倒"盲"；

㉕ 盲板 MB2007 倒"盲"；

㉖ 打开气化炉取压管高压氮气手阀 VA2202，控制氮气流量 FI2036A 为 $2m^3/h$。

(24) 建立煤浆流量

① 确认煤浆泵假信号摘除；

② 确认煤浆循环管线去煤浆槽 V201 手阀 VD2003 关；

③ 确认煤浆循环管线去地沟阀 VD2004 开；

④ 打开 XXV2001A；

⑤ 打开 P201A 出口阀 VD2006；

⑥ 煤浆入炉阀 XXV2002A 关；

⑦ 煤浆入炉阀 XXV2003A 关；

德士古水煤浆
气化工段操作（9）
扫描二维码观看视频

⑧ 确认大煤浆槽 V201 液位大于 50%，关闭高压煤浆泵 P201A 入口前冲洗水；

⑨ 打开高压煤浆泵 P201 入口柱塞阀 VD2005；

⑩ 打开泵前导淋 VD2011；

⑪ 确认入口管线有煤浆流出，并取样分析煤浆浓度，要求煤浆浓度＞53.4%，关闭泵前导淋 VD2011；

⑫ 启动高压煤浆泵 P201；

⑬ 总控缓慢调节煤浆泵变频百分数达 23% 左右；

⑭ 确认地沟有煤浆流出后，打开去大煤浆槽 V201 手阀 VD2003；

⑮ 关闭去地沟阀 VD2004%；

⑯ 检查流量计 FIA2001A、FIA2023A 与泵频率对应流量一致，降低泵转速，使高压煤

浆泵出口流量 FIA2001A、FIA2023A 稳定在 17.3m³/h。

(25) 建立氧气流量

① 确认空分操作正常，氧气纯度≥99.6%；

② 氧气压力 PIA2002A 为 5.5～5.8MPa；

③ 确认氧气切断阀 XXV2005A 关闭；

④ 确认氧气切断阀 XXV2006A 关闭；

⑤ 确认放空阀 XXV2007A 开启；

⑥ 通知调度，空分单元送合格的氧气；

⑦ 通知现场打开氧气管线充氮阀手阀 VD2101，观察高压氮气单向阀后就地压力表；

⑧ 当压力与氧总管压力相当时即氧气管线压力 PIA2009A 高于 5.5MPa，关闭氧气管线充氮阀 VD2101；

⑨ 手动缓慢打开氧气第一道手阀；

⑩ 通知现场人员撤离，总控通过 FRCA2007A 调节氧气流量，使之在 8800m³/h 左右，在氧气放空阀 XXV2007A 排放。

(26) 气化炉激冷室提液位

① 调节激冷水流量调节阀 FV2008A 开度，加大激冷水量；

② 调节气化炉流量调节阀 FV2014A 和液位调节阀 LV2001A，使激冷室液位逐渐上升；

③ 控制激冷室液位在操作液位（50%）。

(27) 投料前确认、操作

① 按气化炉投料前现场阀门确认表确认现场阀门在正确位置；

② 总控检查大、小烧嘴冷却水正常；

③ 仪表空气正常；

④ 氧气流量正常；

⑤ 煤浆流量正常；

⑥ 气化炉出口温度正常；

⑦ 仪表电源正常；

⑧ 煤浆泵运行正常；

⑨ 确认气化炉炉温＞1000℃；

⑩ 气化炉 R201 液位＞50%；

⑪ 碳洗塔 T201 液位＞50%；

⑫ 激冷水流量 FICA2008A＞100m³/h；

⑬ HV2004A 关；

⑭ 点气化炉控制盘"复位"；

⑮ HV2021A 全开；

⑯ 高压氮罐出口阀开；

⑰ 现场打开氧气炉头阀 VD2103；

⑱ 现场打开煤浆炉头阀 VA2001；

⑲ 再次确认 XV2004A 打开；

⑳ 再次确认 XXV2020A 前阀打开；

㉑ 总控全开碳洗塔出口放空阀前阀 HV2002A；

㉒ 总控全开碳洗塔出口放空阀 PV2013A；

㉓ 现场确认控制柜阀门开关在自动位置；

㉔ 总控再次确认中心氧流量调节阀 HV2021A 全开；

㉕ 确认置换合格，按氮气置换按钮；

㉖ 现场再次确认碳洗塔出口放空阀前阀 HV2002A 全开；

㉗ 现场再次确认碳洗塔出口放空阀 PV2013A 全开。

(28) 气化炉投料开车

① 通知所有人员撤离现场，准备投料；

② 通知调度、空分，准备投料；

③ 确认气化炉炉温在 1000℃ 以上，否则需更换烧嘴重新升温；

④ 按下"开车运行"按钮；

⑤ 确定氧气入炉后（同时确认 FIA2002A 正常），总控人员应通过下列现象来判断点火是否成功——气化温度急剧上升、火炬有大量合成气放出燃烧、气化炉压力突增、气化炉液位降低；

⑥ 如投料失败，应立即按下"紧急停车"按钮实施手动停车，停后按停车处理步骤进行处理，条件成熟后重新开车。

(29) 开车成功后操作

① 确认气化炉温度、压力、液位等操作条件正常；

② 适当提高高压煤浆泵 P201 转速；

③ 通过 FRCA2007A 调节入炉氧气量，控制气化炉温升速度，不能过快或过慢（一般应在 20min 左右升至 1200℃）；

④ 通过 HIC2021A 调节开度，使中心氧量占总氧量的 10%～20%；

⑤ 及时调节气化炉液位调节阀 LV2001A、激冷水流量调节阀 FV2008A，维持激冷室在操作液位；

⑥ 气化炉合成气出口温度 TIA2011A＜230℃；

⑦ 在黑水切换前，视碳洗塔液位 LICA2008A 具体情况，通知现场岗位开导淋现场排放；

⑧ 总控操作人员应密切注意水系统运行，精心调节，保证稳定，防止过大的波动；

⑨ 现场关闭大煤浆槽 V201 球阀 VD2003；

⑩ 打开去地沟球阀 VD2004；

⑪ 启动冲洗水泵 P110 前阀 VD1020；

⑫ 启动冲洗水泵 P110；

⑬ 启动冲洗水泵 P110 后阀 VD1021；

⑭ 确认煤浆循环阀 XXV2001A 后阀开；

⑮ 打开煤浆循环阀 XXV2001A 后冲洗水阀 VD2013；

⑯ 打开 P110 到 200# 冲洗水总阀 VD1022；

⑰ 关闭阀间导淋，冲洗 5min，现场观察地沟水变清后关闭两道冲洗水阀，切记打开阀间导淋，停冲洗水泵 P110；

⑱ 关煤浆循环阀 XXV2001A 后阀。

(30) 气化炉升压

① 将背压控制器 PIRCA2013A 切换成手动模式，按照 0.1MPa/min 的升压速率逐步提高系统压力；

② 升压过程中，要注意炉温、炉压等工况的变化情况；

③ 气化炉升压至 0.5MPa 时，投用锁斗顺控程序；

④ 气化炉升压至 0.5MPa 时，将合成气甲烷分析仪和色谱仪投入使用；

⑤ 当压力升至 1.5MPa 时，现场检查系统的气密性；

⑥ 通知制浆岗位人员冲洗煤浆管道；

⑦ 当压力升至 2.5MPa，现场检查系统的气密性；

⑧ 当压力升至 3.8MPa，最后检查系统的气密性。

(31) 黑水切换到高闪

① 当系统压力升至 1.0MPa，应进行气化炉黑水的切换操作；

② 打开高压闪蒸冷凝器 E302 循环水进口手动阀 VA3004；

③ 打开高压闪蒸冷凝器 E302 循环水出口手动阀 VD3011，打开排气阀，排完气后关闭；

德士古水煤浆
气化工段操作（10）
扫描二维码观看视频

④ 打开气化炉黑水排放管线上去高压闪蒸罐 D301 的手阀 VD2306；

⑤ 打开气化炉黑水排放管线上去高压闪蒸罐 D301 的手阀 VD3001；

⑥ 打开气化炉黑水排放管线上去高压闪蒸罐 D301 的手阀 VD3002；

⑦ 打开洗涤塔黑水排放管线上去高压闪蒸罐 D301 的手阀 VD3003；

⑧ 打开洗涤塔黑水排放管线上去高压闪蒸罐 D301 的手阀 VD3004；

⑨ 确认 FV2014A 前手阀 VD2302A 打开；

⑩ 确认 FV2014A 后手阀 VD2302B 打开；

⑪ 打开 FV2011A 前手阀 VA2501；

⑫ 打开 FV2011A；

⑬ 打开 PV3001A1；

⑭ 打开 PV3001A2；

⑮ 打开 PV3002A1；

⑯ 打开 PV3002A2；

⑰ 打开除氧器加蒸汽调节阀 FV3006A 前阀 VD3005A；

⑱ 打开除氧器加蒸汽调节阀 FV3006A 后阀 VD3005B；

⑲ 手动缓慢打开除氧器加蒸汽调节阀 FV3006A。

(32) 向变换导气

① 当气化炉压力 PI2013A 达 4.0MPa，洗涤塔出口温度 TI2016A＞200℃，且取样分析水煤气合格后，开始向变换导气；

② 总控按下粗煤气手动调节阀 HV2004A 控制按钮；

③ 打开 HV2004A 后大阀 VD2503；

④ 打开粗煤气导气旁路阀 VA2504，向变换工序导气；

⑤ 待粗煤气控制阀 HV2004A 前后压力平衡后，总控缓慢打开粗煤气控制阀 HV2004A；

⑥ 同时缓慢关小背压阀 PV2013A 及前阀 HV2002A 直至全关；

⑦ 视情况调节 HV2004 开度，关闭粗煤气导气旁路阀；

⑧ 确认系统稳定后，总控视情况将氧煤比自动控制系统投入运行；

⑨ 通过负荷调节系统，调节 RAT201A 将负荷提高到设定值；

⑩ 增加负荷时，总控应密切注意炉温、系统压力、激冷室和洗涤塔液位变化情况。同时调整水系统与负荷相匹配，以维持工况稳定；

⑪ 通过调整氧煤比控制炉温在（1200±50）℃；

⑫ 当变换工序有高、低温冷凝液时，现场打开高、低温冷凝液入气化工序手动阀，接收高、低温变换冷凝液，将洗涤塔塔板下补水阀 LV2008A/B 与除氧器液位 LIC3008 投串级。

(33) 絮凝沉降操作

① 打开阴离子絮凝剂配制槽 V304 的工业水入口阀 VA3505 向槽内加水；

② 启动搅拌器；

③ 在槽顶加料口向槽内加阴离子絮凝剂，配制成浓度为 0.05%（质量分数）的溶液（⑦～⑨须在系统投料前 1h 完成）；

④ 打开阴离子絮凝剂配制槽出料根部阀 VA3506 排放至阴离子絮凝剂槽 V305 中；

⑤ 启动絮凝剂泵 P307A 向沉降槽以及沉降槽底泵管线送入絮凝剂，同时调节计量手轮，以达到良好的絮凝效果；

⑥ 阴离子絮凝剂运行槽和备用槽应交替配制的输送；

⑦ 打开阳离子絮凝剂配制槽 V302 的工业水入口阀 VA3501 向槽内加水；

⑧ 启动搅拌器；

⑨ 在槽顶加料口向槽内加阳离子絮凝剂，配制成浓度为 0.05%（质量分数）的溶液（⑦～⑨须在系统投料前 1h 完成）；

⑩ 打开阳离子絮凝剂配制槽出料根部阀 VA3502 排放至阴离子絮凝剂槽 V303 中；

⑪ 启动阳离子絮凝剂泵 P305A 向沉降槽以及沉降槽底泵管线送入絮凝剂，同时调节计量手轮，以达到良好的絮凝效果；

⑫ 阳离子絮凝剂运行槽和备用槽应交替配制的输送。

(34) 分散剂系统开车操作

① 关闭分散剂泵出口阀；

② 开工业水阀 VA3509 向分散剂槽 V306 内加入新鲜水；

③ 待分散剂槽液位升至 0.5m 时，向分散剂槽 V306 内加入 3 桶（75kg）分散剂，加药（分散剂）的速度尽量要慢，加药量根据水系统的不同情况应酌情增减，具体增减幅度由生产办负责通知；

④ 待分散剂槽液位升至 1.2m 时，关工业水阀（以上四步须在系统投料前 1h 完成）；

⑤ 打开分散剂泵进口阀 VD3513；

⑥ 打开分散剂泵出口阀 VD3515；

⑦ 打开分散剂灰水槽低压灰水段阀门 VA3205；

⑧ 启动分散剂泵 P306A。

德士古水煤浆
气化工段操作（11）
扫描二维码观看视频

(35) 滤布机系统操作

① 滤布机系统的开车通常在系统投料后 2h 运行，当现场操作人员发现沉降槽的取样口出水变黑变浓时，应进行此步操作；

② 启动过滤机真空泵 P308；

③ 启动真空带式过滤机；

④ 打开沉降槽底泵入口阀 VD3301；

⑤ 启动沉降槽底泵；

⑥ 开泵出口阀 VD3303 向对应的真空带式过滤机供料；

⑦ V308 液位达到 20％以上启动搅拌器 M304；

⑧ 调节入压滤机的最后一道黑浆阀门 VA3601，使供料量刚好可以被真空带式过滤机吸干；

⑨ 当滤液槽 V307 液位达到 60％时，开滤液槽泵 P309A 向沉降槽 V309 供滤液。

(36) 调整到正常

① 加大进料煤质量到 25.95t/h；

② 控制气化炉外壁温度为 260℃；

③ 控制托砖板温度为 212℃；

④ 控制激冷室液位为 50％；

⑤ 控制激冷水流量为 109.01m³/h；

⑥ 控制氧煤比为 615.94m³/m³（标准状态）；

⑦ 控制洗涤塔液位为 60％；

⑧ 控制洗涤塔出口温度为 215.5℃；

⑨ 控制洗涤塔出口压力为 3.82MPa；

⑩ 控制除氧器出口温度为 104℃；

⑪ 控制除氧器出口压力为 0.05MPa；

⑫ 控制煤浆浓度为 53.4％。

5.1.4.2 正常停车

(1) 停车前准备

① 逐渐降负荷至正常操作值的 50％；

② 缓慢降低系统压力 PIRCA2013A 设定值，使之略低于操作压力背压阀 PV2013A 自行打开；

③ 缓慢关闭粗煤气出口手动调节阀 HV2004A，用背压阀 PV2013A 和背压前阀 HV2002A 控制系统压力 PIRCA2013A；

④ 解除激冷水泵 P203A/B 备用泵自启动联锁。

(2) 正常停车步骤

① 接调度气化炉可以停车的指令后，按下"停车"按钮；

② 氧气切断阀 XXV2005A 关闭；

③ 氧气切断阀 XXV2006A 关闭；

④ 氧气流量调节阀 FV2007A 关闭；

⑤ 中心氧气流量调节阀 HV2021A 保持原来阀位开度；

⑥ 高压煤浆泵停车；

⑦ 煤浆切断阀 XXV2002A 延时 1s 关闭；

⑧ 煤浆切断阀 XXV2003A 延时 1s 关闭；

⑨ 合成气出口阀 HV2004A 关闭；

⑩ 高压氮程控吹扫程序启动；

⑪ 打开氧气吹扫阀 XXV2020A；

⑫ 吹扫氧气管道 20s 关闭；

⑬ 延时 7s，打开煤浆吹扫阀 XV2004A；

⑭ 吹扫煤浆管道 10s 后关闭；

⑮ 延时 30s，打开氧气管道阀间氮气保护阀 XXV2021A。

（3）烧嘴吹扫后的操作

① 减少激冷水流量，但不能小于 40m³/h，防止泵汽蚀；

② 关闭氧气管道手阀 VA2101；

③ 关闭氧气管道炉头手阀 VD2103；

④ 总控手动关闭氧气流量调节阀 FV2007A；

⑤ 总控手动关闭合成气出口阀 HV2004A；

⑥ 现场关闭煤浆吹扫阀 XXV2004A 前阀 VD2009，氧气管道阀间氮气保护阀 XXV2021A 前阀未接到通知禁止关闭；

⑦ 总控关闭除氧器压力调节阀 PV3005A，以降低除氧器温度；

⑧ 激冷水流量小于 40m³/h 扣分。

（4）气化炉减压

① 确认洗涤塔出口放空阀 PV2013A 打手动关闭；

② 打开 HV2002A；

③ 气化炉炉膛压力降到 0.5MPa 时，通知现场打开煤浆泵出口导淋 VD2012，给煤浆泵出口管线泄压；

④ 通知现场倒煤浆泵出口试压阀后盲板 MB2001 为通；

⑤ 倒氧气管线中压氮气置换盲板 MB2002 为通；

⑥ 倒激冷室中压氮气置换盲板 MB2004 为通。

（5）切水

① 气化炉炉内压力降到 0.5MPa 时，倒预热水回水阀后盲板 MB2005 为通；

② 打开黑水去沉降槽管线所有阀门；

③ 打开气化炉液位调节阀 LV2001A；

④ 关高压闪蒸罐管线手动阀 VD2306；

⑤ 关闭高压闪蒸罐压力调节阀 PV3003A；

⑥ 关闭高压闪蒸罐压力调节阀 PV3003A 前阀 VD3008A；

⑦ 关闭高压闪蒸罐压力调节阀 PV3003A 后阀 VD3008B；

⑧ 气化炉炉内压力降到 0.2MPa 时，打开渣池补水阀 HV3001A；

⑨ 打开 VD3707；

⑩ 打开 VA2511；

⑪ 关闭 VA3702，切换渣池水至激冷水管线，向激冷环供预热水；

⑫ 按规程停激冷水泵 P203A；

⑬ 按规程停高压灰水泵 P304A；

⑭ 按规程停低压灰水泵 P302A；

⑮ 气化炉炉内压力降至常压时，联系现场倒去开工吸引器工艺盲板 MB2003 为通。

（6）氮气置换

① 打开中压氮气管线上阀 VD2104；

② 置换气化炉燃烧室，氮气流量不低于 600m³/h；

③ 确认激冷室中压氮气盲板为通;

④ 打开截止阀 VA2313，置换激冷室。

(7) 吊出工艺烧嘴

① 将激冷室液位降到升温液位;

② 打开工艺气去抽引器大阀 VD2202;

③ 排净蒸汽管线凝液，打开蒸汽阀向抽引器供蒸汽，真空度保持在 50mmHg（1mmHg＝133.322Pa）以上。准备更换低温热偶;

④ 倒通烧嘴冷却水软管路上盲板 MB2008;

⑤ 倒通烧嘴冷却水软管路上盲板 MB2009;

⑥ 打开烧嘴冷却水软管前手阀 VA2704;

⑦ 将三通阀 VD2701 切至软管;

⑧ 将三通阀 VD2702 切至软管;

⑨ 打开 VD2703;

⑩ 关闭烧嘴冷却水硬管手阀 VA2701;

⑪ 总控关闭 XXV2018A（此前应把 SIS 联锁全部解除，并复位）;

⑫ 总控关闭 XXV2019A，并确认烧嘴冷却水正常;

⑬ 吊出大、小烧嘴。

(8) 清洗煤浆管线

① 关闭高压煤浆泵进口柱塞阀 VD2005;

② 确认煤浆炉头阀 VA2001 关闭;

③ 确认煤浆循环管线去煤浆槽手阀 VD2003 关闭;

④ 确认去地沟阀 VD2004 开;

⑤ 联系仪表打开煤浆切断阀 XXV2002A;

⑥ 联系仪表打开煤浆切断阀 XXV2003A;

⑦ 打开高压煤浆泵 P201 出口导淋 VD2012，排净管线煤浆;

⑧ 确认高压煤浆泵 P201 试压后盲板 MB2001 通;

⑨ 打开煤浆试压阀 VD2010;

⑩ 打开煤浆试压阀 VA2002;

⑪ 打开高压煤浆泵 P201 入口管线阀前导淋 VD2011;

⑫ 关闭高压煤浆泵 P201 出口导淋 VD2012;

⑬ 打开入口管线上的冲洗水阀 VD2007，确认煤浆试压阀管线地沟处有水流出，必要时启动高压煤浆泵;

⑭ 清洗 10min，至地沟处排出水变清为止，关闭试压阀门 VD2010;

⑮ 打开煤浆循环阀 XXV2001A，冲洗煤浆循环阀 XXV2001A 前短节，确认煤浆循环管线去地沟处有水流出;

⑯ 清洗完毕后，关闭高压煤浆泵 P201 入口管线冲洗水水阀 VD2007。

(9) 黑水排放

① 当激冷室出口水温 TIA2011＜85℃时，倒气化炉密封水槽 V205 前盲板为通;

② 打开气化炉密封水槽 V205A 前手动球阀;

③ 关闭激冷室黑水开工排放阀 LV2001A;

④ 关闭 VD2303;

⑤ 关闭 VD2304；

⑥ 打开 VD2301；

⑦ 总控关洗涤塔液位调节阀 LV2008A；

⑧ 打开洗涤塔底部排污阀 VD2517，排尽塔内余水。

(10) 锁斗系统停车

① 按暂停按钮，按停车按钮，停锁斗程序；

② 检查锁斗系统，各程控阀回到初始状态后按下复位按钮；

③ 按单体操作规程停锁斗循环泵 P204A；

④ 关闭锁斗冲洗水罐进口流量调节阀 FV2003A；

⑤ 手动打开锁斗排渣阀 XXV2010A；

⑥ 手动打开锁斗冲洗阀 XV2014A；

⑦ 将锁斗冲洗水罐 V204 中水放干净。

(11) 100#停车

① 煤排净后，停煤称重给料机；

② 按规程停添加剂给料泵 P102；

③ 待磨机出料槽 V101 液位降到 5%，按规程停磨机出料槽泵 P101；

④ 打开进口冲洗水阀 VD1033，冲洗泵体和进出管线进地沟；

⑤ 1min 后关冲洗水阀 VD1033；

⑥ 打开泵出口导淋 VD1035 排净出口管线；

⑦ 调节磨机给水流量 FIC1004，直至磨机出口干净，按规程停磨机 M101；

⑧ 关闭磨机给水流量调节阀 FV1004；

⑨ 按规程停磨机给水泵 P104A；

⑩ 用临时管线冲洗磨机出料槽，直到干净，磨机出料槽 V101 液位现场排放；

⑪ 关磨机出料槽 V101 底部柱塞阀。

5.1.4.3 紧急停车

(1) 程控停车时阀门动作

① 氧气切断阀 XXV2005A 关闭；

② 氧气切断阀 XXV2006A 关闭；

③ 氧气流量调节阀 FV2007A 关闭；

④ 中心氧气流量调节阀 HV2021A 保持原来阀位开度；

⑤ 高压煤浆泵停车；

⑥ 煤浆切断阀 XXV2002A 延时 1s 关闭；

⑦ 煤浆切断阀 XXV2003A 延时 1s 关闭；

⑧ 合成气出口阀 HV2004A 关闭；

⑨ 高压氮程控吹扫程序启动，氧气吹扫阀 XXV2020A 开；

⑩ 吹扫氧气管道 20s 关闭；

⑪ 延时 7s，煤浆吹扫阀 XV2004A 开；

⑫ 吹扫煤浆管道 10s 后关闭；

⑬ 延时 30s，氧气管道断间氮气保护阀 XXV2021A 开。

(2) 紧急停车后处理

① 当发生紧急停车后，立即查明原因，并采取相应措施，总控关闭氧气流量调节

阀 FV2007A；

② 总控关闭合成气出口阀 HV2004A；

③ 减小激冷水的流量，流量应大于 40m³/h；

④ 现场关闭氧气炉头阀 VD2103；

⑤ 现场关闭煤浆炉头阀 VA2001；

⑥ 现场关闭氧气吹扫阀 XXV2020A；

⑦ 现场关闭煤浆吹扫阀 XXV2004A 前阀 VD2009，氧气管道阀间氮气保护阀 XXV2021A 前阀未接到通知严禁关闭；

⑧ 视情况，准备恢复开车。

5.1.4.4 事故处理

德士古水煤浆气化工段仿真系统主要事故及处理方法见表5-4。

表5-4 德士古水煤浆气化工段仿真系统主要事故及处理方法

事故名称	事故现象	处理方法
全厂停电停车	全厂停电造成系统跳车，现场机泵停车；烧嘴冷却水及激冷水中断	停车处理 (1)停车后处理 ①当发生紧急停车后，立即汇报调度，并查明原因，总控关闭氧气流量调节阀 FV2007A ②总控关闭合成气出口阀 HV2004A ③现场关闭氧气炉头阀 VD2103 ④现场关闭煤浆炉头阀 VA2001 ⑤现场关闭氧气吹扫阀 XXV2020A ⑥现场关闭煤浆吹扫阀 XXV2004A 前阀 VD2009，氧气管道阀间氮气保护阀 XXV2021A 前阀未接到通知严禁关闭 ⑦总控操作人员，用剩余的仪表空气及 UPS 供电以最快速度关闭 FV2008A ⑧总控操作人员，用剩余的仪表空气及 UPS 供电以最快速度关闭 FV2016A ⑨总控操作人员，用剩余的仪表空气及 UPS 供电以最快速度关闭 FV2017A ⑩总控操作人员，用剩余的仪表空气及 UPS 供电以最快速度关闭 LV2008A，防止泵倒转 ⑪总控操作人员，用剩余的仪表空气及 UPS 供电以最快速度关闭 PV3001A1 ⑫总控操作人员，用剩余的仪表空气及 UPS 供电以最快速度关闭 PV3001A2 ⑬总控操作人员，用剩余的仪表空气及 UPS 供电以最快速度关闭 PV3002A1 ⑭总控操作人员，用剩余的仪表空气及 UPS 供电以最快速度关闭 PV3002A2 ⑮总控操作人员，用剩余的仪表空气及 UPS 供电以最快速度关闭 FV2014A ⑯总控操作人员，用剩余的仪表空气及 UPS 供电以最快速度关闭 FV2011A，防止高审低 ⑰现场将烧嘴冷却水泵自启动开关置于手动位置 ⑱现场将激冷水泵自启动开关置于手动位置 ⑲现场将高压灰水泵自启动开关置于手动位置 ⑳将高压煤浆泵开关至关位置，将驱动液压力泄下来 ㉑现场人员迅速关闭高压灰水泵出口阀门 VD3405 ㉒现场人员迅速关闭激冷水泵出口阀门 VD2511 ㉓现场人员迅速关闭低压灰水泵出口阀门 VD3203 ㉔现场人员迅速关闭烧嘴冷却水泵出口阀门 VD2605

事故名称	事故现象	处理方法
全厂停电停车	全厂停电造成系统跳车,现场机泵停车;烧嘴冷却水及激冷水中断	㉕现场人员迅速关闭锁斗循环泵出口阀门 VD2403 ㉖如原水未断,用原水清洗磨机出料槽泵 P101 及有关煤浆管线 ㉗若断原水超过 1h,将磨机出料槽煤浆泵 P101 进出口管线煤浆排入地沟,通知维修拆进口活门排隔腔煤浆 (2)恢复供电后操作 ①恢复供电后,首先恢复激冷水供应,启动激冷水泵 ②启动高压灰水泵 ③启动低压灰水泵 ④若事故烧嘴冷却水槽水未用完,启动烧嘴冷却水泵给烧嘴供水 ⑤联系调度,恢复仪表空气、原水供应 ⑥建立正常水循环流程 ⑦恢复激冷水供应后,系统进行泄压,未恢复激冷水供应禁止对系统泄压 ⑧系统泄压后,用氮气置换直至合格 ⑨并以最快速度拆下工艺烧嘴 ⑩检查烧嘴、耐火砖、渣口的情况 ⑪如短期停车,安装预热烧嘴气化炉恒温
烧嘴冷却水故障停车	气化系统跳车	紧急停车处理 ①总控关闭氧气流量调节阀 FV2007A ②总控关闭合成气出口阀 HV2004A ③减小激冷水的流量,流量应大于 $40m^3/h$ ④现场关闭氧气炉头阀 VD2103 ⑤现场关闭煤浆炉头阀 VA2001 ⑥现场关闭煤浆吹扫阀 XXV2004A 前阀 VD2009,氧气管道阀间氮气保护阀 XXV2021A 前阀未接到通知严禁关闭 ⑦检查漏的烧嘴两位阀是否关到位,现场关闭漏的烧嘴冷却水进烧嘴的手阀 ⑧按停车处理进行操作,置换合格后,按步骤拆下工艺烧嘴
激冷水过滤器堵塞	过滤器压差变大,甚至报警	切换过滤器,清理或更换滤芯 (1)切换激冷水过滤器 ①打开 S201B 出口阀 VD2310 ②缓慢打开 S201B 入口阀 VA2306 ③缓慢关闭 S201A 入口阀 VA2305 ④关闭 S201A 出口阀 VD2309 (2)反洗过滤器 ①打开 S201A 反洗水出口阀 VD2311 ②打开 S201A 反洗水入口阀 VA2307 ③反洗完成后,关闭 VA2037 ④关闭 VD2311
激冷室出口合成气温度高	激冷室合成气出口温度高	检查激冷水流量和激冷水温度,若不正常,调至正常;检查气化炉工况和负荷,并调节 ①检查激冷水流量和黑水排放量 ②关小黑水排放阀 ③开大激冷水流量阀 ④待液位上升后,调至正常,检查激冷室液位 ⑤气化炉出口压力超高 ⑥锁斗出口压力超高 ⑦烧嘴冷却水槽压力超高 ⑧闪蒸塔压力超高 ⑨除氧器压力超高 ⑩气化炉温度超高 ⑪托板温度超高 ⑫除氧器温度超高

事故名称	事故现象	处理方法
洗涤塔液位不正常	洗涤塔液位偏高或偏低	调节系统压力、灰水进水量、黑水排放量、激冷水量 ①打开 VA2503 排水 ②疏通管线和阀门 ③将洗涤塔液位调到正常值 ④气化炉出口压力超高 ⑤锁斗出口压力超高 ⑥烧嘴冷却水槽压力超高 ⑦闪蒸塔压力超高 ⑧除氧器压力超高 ⑨气化炉温度超高 ⑩托板温度超高 ⑪除氧器温度超高

5.2 鲁奇甲醇合成工艺仿真

5.2.1 工艺原理

甲醇是重要有机化工原料和优质燃料,主要用于制造二甲醛、醋酸、氯甲烷、甲氨、硫酸二甲酯等多种有机产品,也是农药、医药的重要原料之一;甲醇亦可代替汽油作燃料使用,是未来清洁能源之一。随着世界石油资源的减少和甲醇生产成本的降低,发展使用甲醇等新的替代燃料,已成为一种趋势。从我国能源需求及能源环境的现实看,生产甲醇为新的替代燃料,减少对石油的依赖,也是大势所趋。合成法生产甲醇主要以天然气、石油和煤作为主要原料。中国是资源和能源相对匮乏的国家,缺油少气,但煤炭资源相对丰富,大力发展煤制甲醇,以煤代替石油,是国家能源安全的需要,也是化学工业高速发展的需求。

煤制甲醇工艺主要是由煤气化、净化、合成、精制等部分组成。

甲醇生产的总流程长,工艺复杂。甲醇的合成是在高温、高压、催化剂存在下进行的,是典型的复合气-固相催化反应过程。随着甲醇合成催化剂技术的不断发展,目前总的趋势是由高压向中、低压发展。

高压工艺流程一般指的是使用锌铬催化剂,在 $300 \sim 400\,^{\circ}\text{C}$、30MPa 的条件下合成甲醇的过程。自从 1923 年第一次用这种方法合成甲醇成功后,差不多有 50 年的时间,世界上合成甲醇生产都沿用这种方法,仅在设计上有某些细节不同,例如甲醇合成塔内移热的方法有冷管型连续换热式和冷激型多段换热式两大类;反应气体流动的方式有轴向和径向或者二者兼有的混合型式;有副产蒸汽和不副产蒸汽的流程等。近几年来,我国开发了 $25 \sim 27\text{MPa}$ 压力下在铜基催化剂上合成甲醇的技术,出口气体中甲醇含量 4% 左右,反应温度 $230 \sim 290\,^{\circ}\text{C}$。

ICI 低压甲醇合成法是英国帝国化学工业集团 (Imperial Chemical Industries, ICI) 在

1966 年开发成功的甲醇生产方法。该方法打破了甲醇合成高压法的垄断，是甲醇生产工艺上的一次重大变革，它采用 51-1 型铜基催化剂，合成压力 5MPa。ICI 法所用的合成塔为热壁多段冷激式，结构简单，每段催化剂层上部装有菱形冷激气分配器，使冷激气均匀地进入催化剂层，用以调节塔内温度。低压法合成塔的型式还有联邦德国 Lurgi 公司的管束型副产蒸汽合成塔及美国电动研究所的三相甲醇合成系统。20 世纪 70 年代，我国轻工部四川维尼纶厂从法国 Speichim 公司引进了一套以乙炔尾气为原料日产 300t 低压甲醇装置（英国 ICI 专利技术）。20 世纪 80 年代，齐鲁石化公司第二化肥厂引进了联邦德国 Lurgi（鲁奇）公司的低压甲醇合成装置。

中压法是在低压法研究基础上进一步发展起来的，由于低压法操作压力低，导致设备体积相当庞大，不利于甲醇生产的大型化。因此发展了压力为 10MPa 左右的甲醇合成中压法。它能更有效地降低建厂费用和甲醇生产成本。例如 ICI 公司研究成功了 51-2 型铜基催化剂，其化学组成和活性与低压合成催化剂 51-1 型相当，只是催化剂的晶体结构不相同，制造成本比 51-1 型高。由于这种催化剂在较高压力下也能维持较长的寿命，从而使 ICI 公司有可能将原有的 5MPa 的合成压力提高到 10MPa，所用合成塔与低压法相同，也是四段冷激式，其流程和设备与低压法类似。

鲁奇甲醇合成工段仿真系统是根据 Lurgi 低压甲醇合成装置中管束型副产蒸汽合成系统的甲醇合成工段简化而成。

采用一氧化碳、二氧化碳加压催化氢化法合成甲醇，在合成塔内主要发生的反应是：

$$CO_2 + 3H_2 \longrightarrow CH_3OH + H_2O + 49kJ/mol$$
$$CO + H_2O \longrightarrow CO_2 + H_2 + 41kJ/mol$$

两式合并后即可得出 CO 生成 CH_3OH 的反应式：

$$CO + 2H_2 \longrightarrow CH_3OH + 90kJ/mol$$

5.2.2　仿真工艺流程说明

鲁奇甲醇合成工段仿真系统总图见图 5-24，压缩系统和合成系统现场图及 DCS 画面分别见图 5-25～图 5-28。

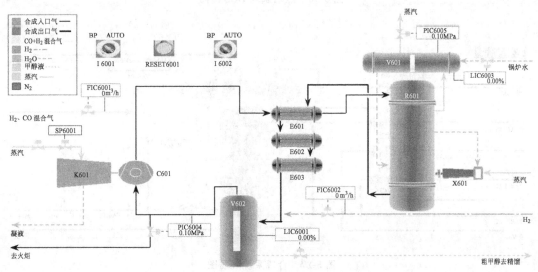

图 5-24　鲁奇甲醇合成工段仿真系统总图

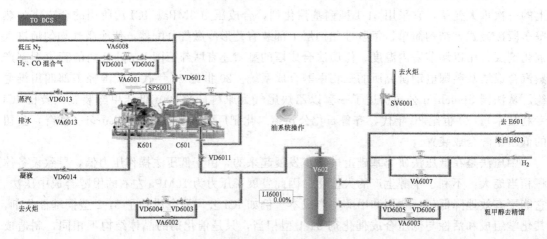

图 5-25 压缩系统现场图

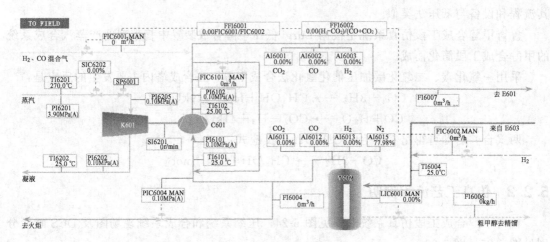

图 5-26 压缩系统 DCS 画面

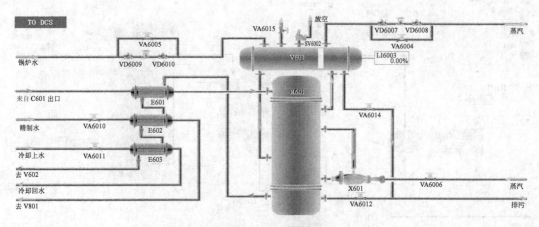

图 5-27 合成系统现场图

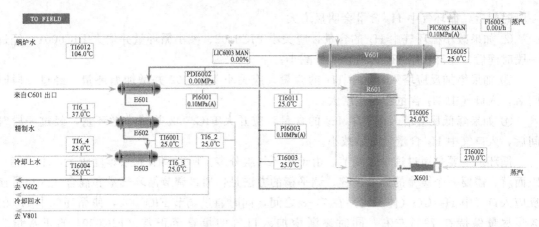

图 5-28　合成系统 DCS 画面

甲醇合成是强放热反应，进入催化剂层的合成原料气需先加热到反应温度（＞210℃）才能反应，而低压甲醇合成催化剂（铜基催化剂）又易过热失活（＞280℃），因此，必须将甲醇合成反应热及时移走。本反应系统将原料气加热和反应过程中移热结合，反应器和换热器结合连续移热，同时达到缩小设备体积和减少催化剂层温差的作用。低压合成甲醇的理想合成压力为 4.8～5.5MPa，在本仿真中，设定压力低于 3.5MPa 时反应即停止。

从上游低温甲醇洗工段来的合成气通过蒸汽驱动透平 K601 带动的循环压缩机 C601 运转，提供循环气连续运转的动力，并同时往循环系统中补充 H₂ 和混合气（CO＋H₂），再经中间换热器 E601 被甲醇合成塔 R601 出口气预热至 46℃后进入甲醇合成塔 R601，进行反应。反应放出的大量热通过废热锅炉 V601 移走，合成塔出口气由 255℃依次经中间换热器 E601、精制水预热器 E602、最终冷却器 E603 换热至 40℃，与补加的 H₂ 混合后进入甲醇分离器 V602，分离出的粗甲醇送往精馏系统进行精制，气相的一小部分送往火炬，气相的大部分作为循环气被送往循环压缩机 C601，被压缩的循环气与补加的混合气混合后经中间换热器 E601 进入甲醇合成塔 R601。

合成甲醇流程控制的重点是反应器的温度、系统压力以及合成原料气在反应器入口处各组分的含量。

反应器的温度主要是通过汽包来调节，如果反应器的温度较高并且升温速度较快，这时应将汽包蒸汽出口开大，增加蒸汽采出量，同时降低汽包压力，使反应器温度降低或温升速度变小；如果反应器的温度较低并且升温速度较慢，这时应将汽包蒸汽出口关小，减少蒸汽采出量，慢慢升高汽包压力，使反应器温度升高或温降速度变小；如果反应器温度仍然偏低或温降速度较大，可通过开启开工喷射器 X601 来调节。

系统压力主要靠混合气入口量 FIC6001、H₂ 入口量 FIC6002、放空量 PIC6004 以及甲醇在分离罐中的冷凝量来控制；在原料气进入反应塔前有一安全阀，当系统压力高于 5.7MPa 时，安全阀会自动打开，当系统压力降回 5.7MPa 以下时，安全阀自动关闭，从而保证系统压力不至过高。

合成原料气在反应器入口处各组分的含量是通过混合气入口量 FIC6001、H₂ 入口量 FIC6002 以及循环量来控制的。冷态开车时，由于循环气的组成没有达到稳态时的循环气组成，需要慢慢调节才能达到稳态时的循环气的组成。

调节组成的方法是：

① 如果增加循环气中 H₂ 的含量，应开大 FIC6002、增大循环量并减小 FIC6001，经过

一段时间后，循环气中 H_2 含量会明显增大；

② 如果减小循环气中 H_2 的含量，应关小 FIC6002、减小循环量并增大 FIC6001，经过一段时间后，循环气中 H_2 含量会明显减小；

③ 如果增加反应塔入口气中 H_2 的含量，应关小 FIC6002 并增加循环量，经过一段时间后，入口气中 H_2 含量会明显增大；

④ 如果降低反应塔入口气中 H_2 的含量，应开大 FIC6002 并减小循环量，经过一段时间后，入口气中 H_2 含量会明显减小。

循环量主要是通过透平来调节。由于循环气组分多，所以调节起来难度较大，不可能一蹴而就，需要一个缓慢的调节过程。调平衡的方法是：通过调节循环气量和混合气入口量使反应入口气中 H_2/CO（体积比）在 7~8 之间，同时通过调节 FIC6002，使循环气中 H_2 的含量尽量保持在 79% 左右，同时逐渐增加入口气的量直至正常（FIC6001 的正常量为 14877m^3/h，FIC6002 的正常量为 13804m^3/h），达到正常后，新鲜气中 H_2/CO（FFI6002）在 2.05~2.15 之间。

5.2.3 主要设备、调节器及显示仪表说明

(1) 主要设备

鲁奇甲醇合成仿真工段的主要设备和现场阀说明分别见表 5-5 和表 5-6。

表 5-5　鲁奇甲醇合成仿真工段主要设备

序号	设备位号	设备名称	序号	设备位号	设备名称
1	C601	循环压缩机	6	R601	甲醇合成塔
2	E601	中间换热器	7	V601	废热锅炉
3	E602	精制水预热器	8	V602	甲醇分离器
4	E603	最终冷却器	9	X601	开工喷射器
5	K601	蒸汽透平			

表 5-6　鲁奇甲醇合成仿真工段现场阀说明

序号	位号	说明	序号	位号	说明
1	VD6001	FIC6001 前阀	16	V6002	PIC6004 副线阀
2	VD6002	FIC6001 后阀	17	V6003	LIC6001 副线阀
3	VD6003	PIC6004 前阀	18	V6004	PIC6005 副线阀
4	VD6004	PIC6004 后阀	19	V6005	LIC6003 副线阀
5	VD6005	LIC6001 前阀	20	V6006	开工喷射器蒸汽入口阀
6	VD6006	LIC6001 后阀	21	V6007	FIC6002 副线阀
7	VD6007	PIC6005 前阀	22	V6008	低压 N_2 入口阀
8	VD6008	PIC6005 后阀	23	V6010	E602 冷物流入口阀
9	VD6009	LIC6003 前阀	24	V6011	E603 冷物流入口阀
10	VD6010	LIC6003 后阀	25	V6012	R601 排污阀
11	VD6011	压缩机前阀	26	V6014	F601 排污阀
12	VD6012	压缩机后阀	27	V6015	C601 开关阀
13	VD6013	透平蒸汽入口前阀	28	SP6001	K601 入口蒸汽电磁阀
14	VD6014	透平蒸汽入口后阀	29	SV6001	R601 入口气安全阀
15	V6001	FIC6001 副线阀	30	SV6002	F601 安全阀

(2) 调节器及正常工况操作参数

鲁奇甲醇合成仿真工段的工艺控制指标和仪表指标分别见表 5-7 和表 5-8。

表 5-7　鲁奇甲醇合成仿真工段工艺控制指标

序号	位号	正常值	单位	说明
1	FIC6101		m^3/h	压缩机 C601 防喘振流量控制
2	FIC6001	14877	m^3/h	H_2、CO 混合气进料控制
3	FIC6002	13804	m^3/h	H_2 进料控制
4	PIC6004	4.9	MPa	循环气压力控制
5	PIC6005	4.3	MPa	汽包 F601 压力控制
6	LIC6001	40	%	分离罐 V602 液位控制
7	LIC6003	50	%	汽包 F601 液位控制
8	SIC6202	50	%	透平 K601 蒸汽进量控制

表 5-8　鲁奇甲醇合成仿真工段仪表指标

序号	位号	正常值	单位	说明
1	PI6201	3.9	MPa	蒸汽透平 K601 蒸汽压力
2	PI6202	0.5	MPa	蒸汽透平 K601 进口压力
3	PI6205	3.8	MPa	蒸汽透平 K601 出口压力
4	TI6201	270	℃	蒸汽透平 K601 进口温度
5	TI6202	170	℃	蒸汽透平 K601 出口温度
6	SI6201	13700	r/min	蒸汽透平 K601 转速
7	PI6101	4.9	MPa	循环压缩机 C601 入口压力
8	PI6102	5.7	MPa	循环压缩机 C601 出口压力
9	TI6101	40	℃	循环压缩机 C601 进口温度
10	TI6102	44	℃	循环压缩机 C601 出口温度
11	PI6001	5.2	MPa	合成塔 R601 入口压力
12	PI6003	5.05	MPa	合成塔 R601 出口压力
13	PDI6002	0.15	MPa	合成塔 R601 进出口压差
14	TI6001	46	℃	合成塔 R601 进口温度
15	TI6003	255	℃	合成塔 R601 出口温度
16	TI6006	255	℃	合成塔 R601 温度
17	TI6001	91	℃	中间换热器 E601 热物流出口温度
18	FI6005	5.5	t/h	汽包 F601 蒸汽采出量
19	TI6005	250	℃	汽包 F601 温度
20	TI6012	104	℃	汽包 F601 入口锅炉水温度
21	LIC6003	50	%	废热锅炉 V601 现场液位显示
22	TI6004	40	℃	分离罐 V602 进口温度

序号	位号	正常值	单位	说明
23	LIC6001	50	%	分离罐 V602 现场液位显示
24	TI6002	270	℃	喷射器 X601 入口温度
25	FI6006	13456	kg/h	粗甲醇采出量
26	AI6011	3.5	%	循环气中 CO_2 的含量
27	AI6012	6.29	%	循环气中 CO 的含量
28	AI6013	79.31	%	循环气中 H_2 的含量
29	FFI6001	1.07	—	混合气与 H_2 体积流量之比
30	FFI6001	1.07	—	H_2 与混合气流量比
31	FFI6002	2.05~2.15	—	新鲜气中 H_2 与 CO 比

5.2.4 操作规程

5.2.4.1 冷态开车

(1) 系统置换

① 确认 V602 液位调节阀 LIC6001 的前阀 VD6005 关闭;

② 确认 V602 液位调节阀 LIC6001 的后阀 VD6006 关闭;

③ 确认 V602 液位调节阀 LIC6001 的旁路阀 VA6003 关闭;

④ 缓慢开启低压 N_2 入口阀 VA6008;

⑤ 开启 PIC6004 前阀 VD6003;

⑥ 开启 PIC6004 后阀 VD6004;

⑦ 开启 PIC6004;

⑧ 系统压力 PI6001 超过 0.55MPa;

⑨ 当 PI6001 接近 0.5MPa 系统中含氧量降至 0.25% 以下时,关闭 VA6008;

⑩ 关闭 PIC6004,进行 N_2 保压;

⑪ 系统压力 PI6001 维持 0.5MPa 保压;

⑫ 将系统中含氧量稀释至 0.25% 以下。

(2) 建立氮气循环

① 开 VA6010,投用换热器 E602;

② 开 VA6011,投用换热器 E603,使 TI6004 不超过 60℃;

③ 使"油系统操作"按钮处于按下状态,完成油系统操作;

④ 开启 FIC6101,防止压缩机喘振;

⑤ 开启压缩机 C601 前阀 VD6011;

⑥ 按 RESET6001 按钮,使 SP6001 复位;

⑦ 开启透平 K601 前阀 VD6013;

⑧ 开启透平 K601 后阀 VD6014;

⑨ 开启透平 K601 控制阀 SIC6202;

鲁奇甲醇合成
工段操作(1)
扫描二维码观看视频

⑩ PI6102 大于 PI6001 后，开启压缩机 C601 后阀 VD6012；

⑪ 当 PI6102 大于压力 PI6001 且压缩机运转正常后关闭防喘振阀；

⑫ TI6004 超过 60℃。

（3）建立汽包液位

① 开汽包放空阀 VA6015；

② 开汽包 F601 进锅炉水控制阀 LV6003 前阀 VD6009；

③ 开汽包 F601 进锅炉水控制阀 LV6003 后阀 VD6010；

④ 开汽包 F601 进锅炉水入口控制器 LIC6003；

⑤ 液位超过 20% 后，关汽包放空阀 VA6015；

⑥ 汽包液位 LIC6003 接近 50% 时，投自动；

⑦ 将 LIC6003 的自动值设置为 50%；

⑧ 将汽包液位 LIC6003 控制在 50%；

⑨ 汽包液位 LIC6003 超过 75%；

⑩ 汽包液位 LIC6003 低于 35%；

⑪ 未开放空阀就建立液位。

鲁奇甲醇合成
工段操作（2）
扫描二维码观看视频

（4）H_2 置换充压

① 现场开启 VA6007，进行 H_2 置换、充压；

② 开启 PIC6004；

③ 系统压力 PI6001 超过 2.5MPa；

④ 将 N_2 的体积含量降至 1%；

⑤ 将系统压力 PI6001 升至 2.0MPa；

⑥ N_2 的体积含量和系统压力合格后，关闭 VA6007；

⑦ N_2 的体积含量和系统压力合格后，关闭 PIC6004；

⑧ 置换不合格就通 H_2；

⑨ 结束 H_2 置换时系统中氮含量高于 1%。

鲁奇甲醇合成
工段操作（3）
扫描二维码观看视频

（5）投原料气

① 开启 FIC6001 前阀 VD6001；

② 开启 FIC8001 后阀 VD6002；

③ 开启 FIC6001（缓开），同时注意调节 SIC6202，保证循环压缩机的正常运行；

④ 开启 FIC6002；

⑤ 系统压力 PI6001 升至 5.0MPa；

⑥ 系统压力 PI6001 在 5.0MPa 时，关闭 FIC6001；

⑦ 系统压力 PI6001 在 5.0MPa 时，关闭 FIC6002；

⑧ 通 H_2、CO 混合气时，N_2 含量过高；

⑨ 系统压力 PI6001 超过 5.5MPa。

（6）反应器升温

开启喷射器 X601 的蒸汽入口阀 VA6006，使反应器温度 TI6006 缓慢升至 210℃。

（7）调至正常

① 反应稳定后关闭开工喷射器 X601 的蒸汽入口阀 VA6006；

② 缓慢开启 FIC6001，调节 SIC6202，最终加量至正常（14877m³/h）；

③ 缓慢开启 FIC6002，投料达正常时 FFI6001 约为 1；

④ 当 PIC6004 接近 4.9MPa 的时候，将 PIC6004 投自动；

⑤ 将 PIC6004 设为 4.9MPa；

⑥ 开启粗甲醇采出现场前阀 VD6005；

⑦ 开启粗甲醇采出现场后阀 VD6006；

⑧ 当 V602 液位超过 30%，开启 LIC6001；

⑨ LIC6001 接近 50%，投自动；

⑩ 将 LIC6001 设为 50%；

⑪ 开启汽包蒸汽出口前阀 VD6007；

⑫ 开启汽包蒸汽出口后阀 VD6008；

⑬ 当汽包压力达到 2.5MPa 后，开 PIC6005 并入中压蒸汽管网；

⑭ 汽包蒸汽出口控制器 PIC6005 接近 4.3MPa，投自动；

⑮ 将 PIC6005 设定为 4.3MPa；

⑯ 调至正常后，在总图上将"I 6001"打向自动（AUTO）；

⑰ 调至正常后，在总图上将"I 6002"打向自动（AUTO）；

⑱ 将新鲜气中 H_2 与 CO 比 FFI6002 控制在 2.05～2.15 之间；

⑲ 将分离罐液位 LIC6001 控制在 50%；

⑳ 将循环气中 CO_2 的含量调至 3.5% 左右；

㉑ 将循环气中 CO 的含量调至 6.29% 左右；

㉒ 将循环气中 H_2 的含量调至 79.3% 左右；

㉓ 将系统压力 PI6001 控制在 5.2MPa；

㉔ 将反应器温度 TI6006 控制在 255℃；

㉕ 将汽包温度 TI6005 控制在 250℃；

㉖ 将汽包压力 PIC6005 控制在 4.3MPa；

㉗ 将压缩机转速控制在 13700r/min；

㉘ 将 H_2、CO 混合气进料 FIC6001 控制在 14877m^3/h（标准状态）。

5.2.4.2 正常操作

稳态运行工况下各部分气体参考组成见表 5-9。

表 5-9 稳态运行工况下各部分气体参考组成（V/%）

组成	H_2（体积分数)/%	混合气（体积分数)/%	循环气（体积分数)/%	合成塔入口气（体积分数)/%	粗甲醇（质量分数)/%
CO_2	6.69	0.00	3.47	3.14	0.60
CO	4.69	50.10	6.30	10.20	0.08
H_2	88.13	49.31	79.31	76.17	0.00
CH_4	0.23	0.30	4.80	4.37	0.08
N_2	0.15	0.16	3.19	3.19	0.04
Ar	0.11	0.13	2.30	2.30	0.57
CH_3OH	0.00	0.00	0.62	0.62	93.70
H_2O	0.00	0.00	0.01	0.01	0.04
O_2	0.00	0.00	0.00	0.00	0.00
高沸点物	0.00	0.00	0.00	0.00	0.05

5.2.4.3 正常停车

(1) 停原料气

① 将 FIC6001 改为手动；

② 将 FIC6001 关闭；

③ 现场关闭 FIC6001 前阀 VD6001；

④ 现场关闭 FIC6001 后阀 VD6002；

⑤ 将 FIC6002 改为手动；

⑥ 将 FIC6002 关闭；

⑦ 将 PIC6004 改为手动调节，以一定的速度降压；

⑧ 将 PIC6005 改为手动调节，尽量维持 4.3MPa；

⑨ 使 H_2、CO 混合气进量为 0；

⑩ 使 H_2 进量为 0。

(2) 开蒸汽喷射器

① 开蒸汽阀 VA6006，投用 X601，使 TI6006 维持在 210℃以上；

② 开大 PIC6004，降低系统压力，同时关小压缩机；

③ 将 LIC6003 改为手动；

④ 将反应器温度 TI6006 控制在 210℃以上；

⑤ 反应阶段反应器温度 TI6006 低于 210℃。

(3) 降温降压

① 残余气体反应一段时间后，关蒸汽阀 VA6006；

② 全开 E602 冷却水阀 VA6010；

③ 全开 E603 冷却水阀 VA6011；

④ 全开 PIC6005；

⑤ 全开 PIC6004，并逐渐减小压缩机转速；

⑥ 当汽包压力降至接近 2.5MPa 后，关闭 PIC6005；

⑦ 现场关闭 PIC6005 前阀 VD6007；

⑧ 现场关闭 PIC6005 后阀 VD6008；

⑨ 开现场放空阀 VA6015，泄压至常压；

⑩ 将 LIC6003 关闭；

⑪ 关闭 LIC6003 的前阀 VD6010；

⑫ 关闭 LIC6003 的后阀 VD6009；

⑬ 汽包压力降至常压后，关 VA6015。

(4) 停循环压缩机/蒸汽透平 C/K601

① 逐渐关闭蒸汽透平 SIC6202；

② 关闭现场阀 VD6013；

③ 关闭现场阀 VD6014；

④ 关闭现场阀 VD6011；

⑤ 关闭现场阀 VD6012；

⑥ 使"油系统操作"按钮处于弹起状态，停用压缩机油系统和密封系统；

⑦ 将 I 6001 打向 Bypass；

⑧ 将 I 6002 打向 Bypass。

(5) N₂ 置换

① 开启现场阀 VA6008，进行 N₂ 置换，使 $H_2+CO_2+CO<1\%$（体积分数）；

② 待置换合格后关闭 VA6008；

③ 保持 PI6001 在 0.5MPa 时，关闭 PIC6004；

④ 关闭 PIC6004 的前阀 VD6003；

⑤ 关闭 PIC6004 的后阀 VD6004；

⑥ 将 N₂ 的体积含量升至 99.9%；

⑦ 维持系统压力 PI6001 为 0.5MPa，N₂ 保压。

(6) 停冷却水

① 关闭现场阀 VA6010；

② 关闭现场阀 VA6011。

5.2.4.4 事故处理

鲁奇甲醇合成工段仿真系统主要事故及处理方法见表 5-10。

表 5-10 鲁奇甲醇合成工段仿真系统主要事故及处理方法

事故名称	事故现象	处理方法
分离罐 V602 液位高或反应器 R601 温度高联锁	分离罐 V602 的液位 LIC6001 高于 70% 或反应器 R601 的温度 TI6006 高于 270℃，原料气进气阀 FIC6001 和 FIC6002 关闭，透平电磁阀 SP6001 关闭	①全开 LV6001，使 LIC6001 降至 70% 以下 ②关闭透平 K601 控制阀 SIC6202 ③联锁条件消除后，按"RESET6001"按钮复位 ④开启 FIC6101，防止压缩机喘振，当 PI6102 大于 PI6001 且压缩机运转正常后关闭 ⑤开启透平 K601 控制阀 SIC6202，重新启动压缩机 ⑥透平电磁阀 SP6001 复位后，手动开启进料控制阀 FIC6001、FIC6002 ⑦将分离罐液位 LIC6001 控制在 50% ⑧将系统压力 PI6001 控制在 5.2MPa
汽包液位低联锁	汽包 F601 的液位 LIC6003 低于 5%，温度低于 100℃，锅炉水入口阀 LIC6003 全开	①关闭透平 K601 控制阀 SIC6202 ②全开 LV6003，使汽包液位升至正常 ③联锁条件消除后，按"RESET6001"按钮复位 ④开启 FIC6101，防止压缩机喘振，当 PI6102 大于压力 PI6001 且压缩机运转正常后关闭 ⑤开启透平 K601 控制阀 SIC6202，重新启动压缩机 ⑥透平电磁阀 SP6001 复位后，手动开启进料控制阀 FIC6001、FIC6002 ⑦将汽包液位 LIC6003 控制在 50% ⑧将汽包压力 PIC6005 控制在 4.3MPa
FIC6001 阀卡	混合气进料量变小，造成系统不稳定	①关闭 FIC6001 前阀 ②关闭 FIC6001 的同时，开启混合气入口副线阀 VA6001，将流量调至正常 ③关闭 FIC6001 后阀，切断该管线，对该阀进行维修 ④将 H_2、CO 混合气流量调至 14877m³/h ⑤将新鲜气中 H_2 与 CO 比 FFI6002 控制在 2.05～2.15 之间 ⑥将循环气中 H_2 的含量调至 79.3% 左右

事故名称	事故现象	处理方法
透平坏	透平运转不正常,循环压缩机 C601 停	正常停车 (1)停原料气 ①将 I6001、I6002 打向 Bypass ②将 FIC6001 关闭 ③现场关闭 FIC6001 前阀 VD6001、后阀 VD6002 ④将 FIC6002 关闭 ⑤将 PIC6004 关闭
催化剂老化	反应速率降低,各成分的含量不正常,反应器温度降低,系统压力升高	⑥使 H_2、CO 混合气进量为 0 ⑦使 H_2 进量为 0 (2)停 C/K601 ①逐渐关闭 SIC6202 ②关闭现场阀 VD6013、VD6014、VD6011、VD6012 (3)泄压 将 PIC6004 全开直至 PI6001 小于 0.3MPa,后关小
循环压缩机坏	压缩机停止工作,出口压力等于入口压力,循环不能继续,导致反应不正常	(4)N_2 置换 ①开 VA6008,进行 N_2 置换 ②当 $CO+H_2 < 5\%$ 后,关闭 VA6008,用 0.5MPa 的 N_2 保压 ③将 PIC6004 关闭,保压 ④将 N_2 的体积含量升至 99.9% ⑤维持系统压力 PI6001 为 0.5MPa,N_2 保压
反应塔温度高报警	反应塔温度 TI6006 高于 265℃但低于 270℃	降低反应塔温度 ①将 PIC6005 调手动 ②全开汽包上部 PIC6005 控制阀,降低汽包压力,同时注意汽包液位 ③将 LIC6003 调手动 ④全开汽包液位控制器 LIC6003,增大冷水进量 ⑤待温度稳定下降之后,观察下降趋势,将 LIC6003 调至自动,设定液位为 50% ⑥将 PIC6005 投自动,设定为 4.3MPa ⑦将汽包液位 LIC6003 控制在 50% ⑧将汽包压力 PIC6005 控制在 4.3MPa ⑨将反应器温度 TI6006 控制在 255℃
反应器温度低报警	反应塔温度 TI6006 高于 210℃但低于 220℃	反应器升温 ①将 PIC6005 调手动 ②关小 V601 压力控制器 PIC6005,使压力逐渐恢复到 4.3MPa,同时注意汽包液位 ③缓慢打开喷射器入口阀 VA6006 ④当 TI6006 温度为 255℃时,逐渐关闭 VA6006 ⑤V601 压力 PIC6005 达到 4.3MPa 时,投自动,设定为 4.3MPa ⑥将汽包液位 LIC6003 控制在 50% ⑦将汽包压力 PIC6005 控制在 4.3MPa ⑧将反应器温度 TI6006 控制在 255℃

事故名称	事故现象	处理方法
分离罐液位高报警	分离罐液位 LIC6001 高于 65%,但低于 70%	①打开现场旁路阀 VA6003 ②全开 LIC6001 ③当液位接近 50%之后,关闭 VA6003 ④调节 LIC6001,稳定在 50%时投自动 ⑤将分离罐液位 LIC6001 控制在 50%
系统压力高	系统压力 PI6001 高于 5.5MPa,但低于 5.7MPa	减少进气量 ①关小 FIC6001 开度至 50 以下 ②关小 FIC6002 开度至 50 以下 ③适当开大 PIC6004 ④将反应器温度 TI6006 控制在 255℃ ⑤将系统压力 PI6001 控制在 5.2MPa
汽包液位低报警	汽包液位 LIC6003 低于 10%,但高于 5%	提高液位 ①开大 LIC6003,增大进水量 ②LIC6003 稳定在 50%时,投自动 ③将汽包液位 LIC6003 控制在 50% ④将汽包压力 PIC6005 控制在 4.3MPa ⑤将反应器温度 TI6006 控制在 255℃

5.2.4.5 紧急停车

(1) 停原料气

① 将 I 6001 打向 Bypass;

② 将 I 6002 打向 Bypass;

③ 将 FIC6001 改为手动;

④ 将 FIC6001 关闭;

⑤ 现场关闭 FIC6001 前阀 VD6001;

⑥ 现场关闭 FIC6001 后阀 VD6002;

⑦ 将 FIC6002 改为手动;

⑧ 将 FIC6002 关闭;

⑨ 使 H_2、CO 混合气进量为 0;

⑩ 使 H_2 进量为 0。

(2) 停 C/K601

① 逐渐关闭 SIC6202;

② 关闭现场阀 VD6013;

③ 关闭现场阀 VD6014;

④ 关闭现场阀 VD6011;

⑤ 关闭现场阀 VD6012。

(3) 泄压

① 将 PIC6004 改为手动;

② 将 PIC6004 全开,给系统泄压;

③ 当 PI6001 降至 0.3MPa 以下时,将 PIC6004 关小。

(4) N_2 置换

① 开 VA6008，进行 N_2 置换；

② 当 $CO+H_2<5\%$ 后，关闭 VA6008，用 0.5MPa 的 N_2 保压；

③ 将 PIC6004 关闭，保压；

④ 将 N_2 的体积含量升至 99.9%；

⑤ 维持系统压力 PI6001 为 0.5MPa，N_2 保压。

5.3 四塔甲醇精馏工艺仿真

5.3.1 工艺原理

采用四塔（3+1）精馏工艺，包括预塔、加压塔、常压塔及甲醇回收塔。预塔的主要目的是除去粗甲醇中溶解的气体（如 CO_2、CO、H_2 等）及低沸点组分（如二甲醚、甲酸甲酯），加压塔及常压塔的目的是除去水及高沸点杂质（如异丁基油），同时获得高纯度的优质甲醇产品。另外，为了减少废水排放，增设甲醇回收塔，进一步回收甲醇，减少废水中甲醇的含量。

三塔精馏加回收塔工艺流程的主要特点是热能的合理利用。采用双效精馏方法，将加压塔塔顶气相的冷凝潜热用作常压塔塔釜再沸器热源。废热回收：其一是将转化工段的转化气作为加压塔再沸器热源；其二是加压塔辅助再沸器、预塔再沸器冷凝水用来预热进料粗甲醇；其三是加压塔塔釜出料与加压塔进料充分换热。

5.3.2 仿真工艺流程说明

四塔甲醇精馏工段现场图及 DCS 画面分别见图 5-29～图 5-38。

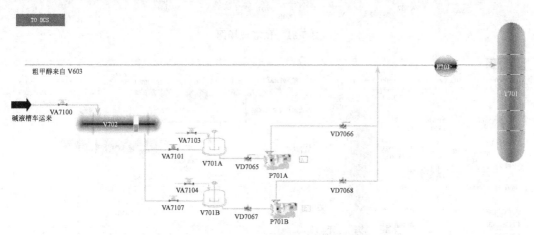

图 5-29　预塔加碱现场图

从甲醇合成工段来的粗甲醇进入粗甲醇预热器（E701）与预塔再沸器（E702）、加压塔再沸器（E706B）和回收塔再沸器（E714）来的冷凝水进行换热后进入预塔（T701），经 T701 分离后，塔顶气相为二甲醚、甲酸甲酯、二氧化碳、甲醇等蒸气，经二级冷凝后，不凝气通过火炬排放，冷凝液中补充脱盐水返回 T701 作为回流液，塔釜为甲醇水溶液，经

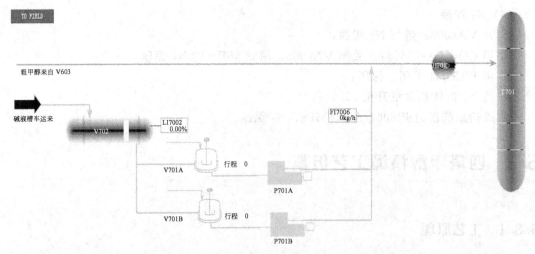

图 5-30　预塔加碱 DCS 画面

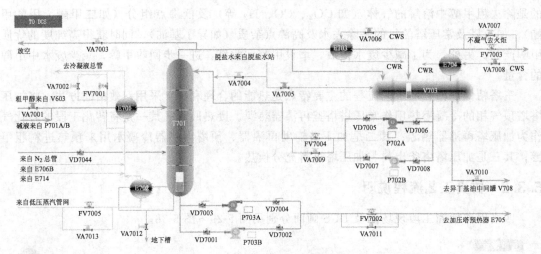

图 5-31　预塔现场图

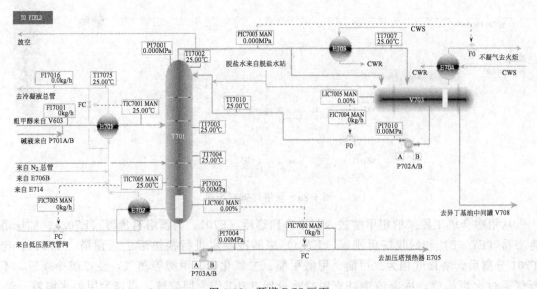

图 5-32　预塔 DCS 画面

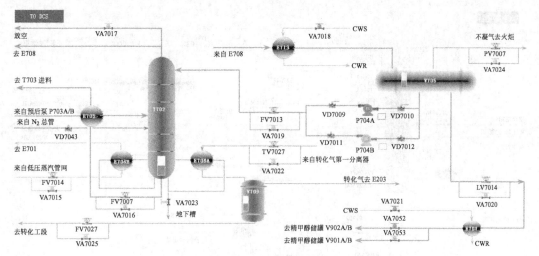

图 5-33　加压塔现场图

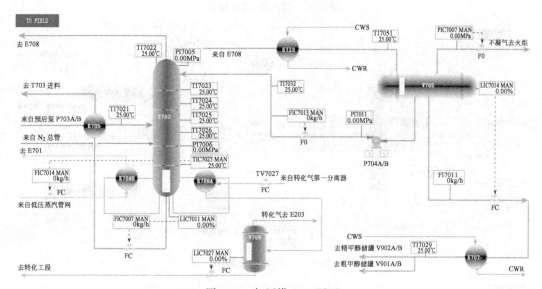

图 5-34　加压塔 DCS 画面

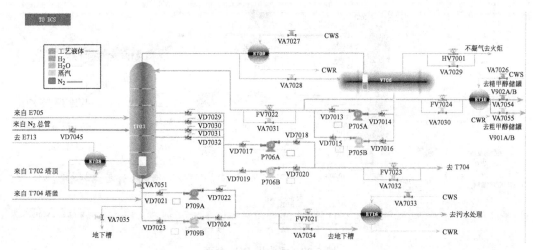

图 5-35　常压塔现场图

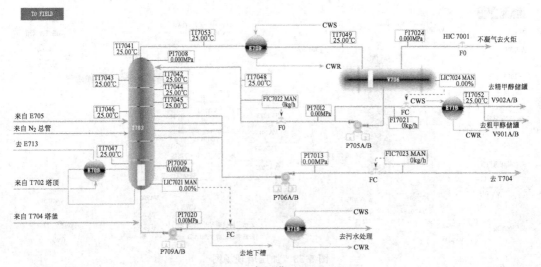

图 5-36　常压塔 DCS 画面

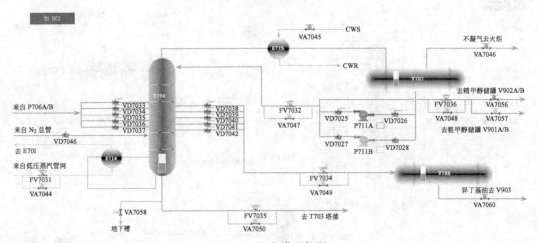

图 5-37　回收塔现场图

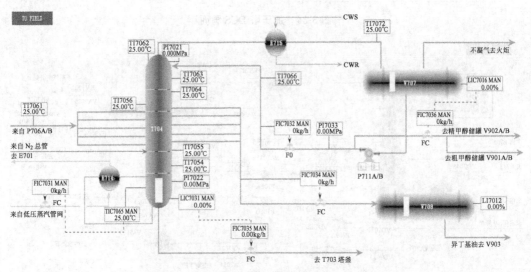

图 5-38　回收塔 DCS 画面

P703 增压后用加压塔（T702）塔釜出料液在 E705 中进行预热，然后进入 T702。

经 T702 分离后，塔顶气相为甲醇蒸气，与常压塔（T703）塔釜液换热后部分返回 T702 打回流，部分采出作为精甲醇产品，经 E707 冷却后送中间罐区产品罐，塔釜出料液在 E705 中与进料换热后作为 E703 塔的进料。

在 T703 中甲醇与轻重组分以及水得以彻底分离，塔顶气相为含微量不凝气的甲醇蒸气，经冷凝后，不凝气通过火炬排放，冷凝液部分返回 T703 打回流，部分采出作为精甲醇产品，经 E710 冷却后送中间罐区产品罐，塔下部侧线采出杂醇油作为回收塔（T704）的进料。塔釜出料液为含微量甲醇的水，经 P709 增压后送污水处理厂。

经 T704 分离后，塔顶产品为精甲醇，经 E715 冷却后部分返回 T704 回流，部分送精甲醇罐，塔中部侧线采出异丁基油送中间罐区副产品罐，底部的少量废水与 T703 塔底废水合并。

本工段复杂控制回路主要是串级回路的使用，使用了液位与流量串级回路和温度与流量串级回路。串级回路是在简单调节系统基础上发展起来的。在结构上，串级回路调节系统有两个闭合回路。主、副调节器串联，主调节器的输出为副调节器的给定值，系统通过副调节器的输出操纵调节阀动作，实现对主参数的定值调节。所以在串级回路调节系统中，主回路是定值调节系统，副回路是随动系统。

具体实例：预塔 T701 的塔釜温度控制 TIC7005 和再沸器热物流进料 FIC7005 构成一串级回路。温度调节器的输出值同时是流量调节器的给定值，即流量调节器 FIC7005 的设定（SP）值由温度调节器 TIC7005 的输出（OP）值控制，TIC7005.OP 的变化使 FIC7005.SP 产生相应的变化。

5.3.3 主要设备、调节器及显示仪表说明

(1) 主要设备

四塔精馏仿真工段主要设备见表 5-11。

表 5-11　四塔精馏仿真工段主要设备

序号	设备位号	设备名称	序号	设备位号	设备名称
1	E706A	加压塔蒸汽再沸器	18	P704	加压塔回流泵
2	E706B	加压塔转化气再沸器	19	P705	常压塔顶回流泵
3	E701	粗甲醇预热器	20	P706	回收塔进料泵
4	E702	预塔再沸器	21	P709	废液泵
5	E703	预塔一级冷凝器	22	P711	回收塔回流泵
6	E704	预塔二级冷凝器	23	T701	预塔
7	E705	加压塔预热器	24	T702	加压塔
8	E707	精甲醇冷凝器	25	T703	常压塔
9	E708	冷凝再沸器	26	T704	回收塔
10	E709	常压塔顶冷凝器	27	V702	碱液储罐
11	E713	加压塔二级冷凝器	28	V703	预塔回流罐
12	E714	回收塔再沸器	29	V705	加压塔回流罐
13	E715	回收塔冷凝器	30	V706	常压塔顶回流罐
14	E716	废水冷却器	31	V707	回收塔回流罐
15	P701	注碱泵	32	V708	回收塔产品分液罐
16	P702	预塔回流泵	33	V709	转化气分离器
17	P703	预塔塔底泵			

（2）工艺控制指标

本仿真工段的工艺控制指标和报警说明分别见表 5-12～表 5-16。

表 5-12　预塔工艺控制指标

序号	位号	说明	类型	正常值	工程单位
1	FI7001	T701 进料量	AI	33201	kg/h
2	FI7003	T701 脱盐水流量	AI	2300	kg/h
3	FIC7002	T701 塔釜采出量控制	PID	35176	kg/h
4	FIC7004	T701 塔顶回流量控制	PID	16690	kg/h
5	FIC7005	T701 加热蒸汽量控制	PID	11200	kg/h
6	TIC7001	T701 进料温度控制	PID	72	℃
7	TI7075	E701 热侧出口温度	AI	95	℃
8	TI7002	T701 塔顶温度	AI	73.9	℃
9	TI7003	T701 Ⅰ与Ⅱ填料间温度	AI	75.5	℃
10	TI7004	T701 Ⅱ与Ⅲ填料间温度	AI	76	℃
11	TI7005	T701 塔釜温度控制	PID	77.4	℃
12	TI7007	E703 出料温度	AI	70	℃
13	TI7010	T701 回流液温度	AI	68.2	℃
14	PI7001	T701 塔顶压力	AI	0.03	MPa
15	PIC7003	T701 塔顶气相压力控制	PID	0.03	MPa
16	PI7002	T701 塔釜压力	AI	0.038	MPa
17	PI7004	P703A/B 出口压力	AI	1.27	MPa
18	PI7010	P702A/B 出口压力	AI	0.49	MPa
19	LIC7005	V703 液位控制	PID	50	%
20	LIC7001	T701 塔釜液位控制	PID	50	%

表 5-13　加压塔工艺控制指标

序号	位号	说明	类型	正常值	工程单位
1	FIC7007	T702 塔釜采出量控制	PID	22747	kg/h
2	FIC7013	T702 塔顶回流量控制	PID	37413	kg/h
3	FIC7014	E706B 蒸汽流量控制	PID	15000	kg/h
4	FI7011	T702 塔顶采出量	AI	12430	kg/h
5	TI7021	T702 进料温度	AI	116.2	℃
6	TI7022	T702 塔顶温度	AI	128.1	℃
7	TI7023	T702 Ⅰ与Ⅱ填料间温度	AI	128.2	℃
8	TI7024	T702 Ⅱ与Ⅲ填料间温度	AI	128.4	℃
9	TI7025	T702 Ⅱ与Ⅲ填料间温度	AI	128.6	℃

序号	位号	说明	类型	正常值	工程单位
10	TI7026	T702Ⅱ与Ⅲ填料间温度	AI	132	℃
11	TIC7027	T702 塔釜温度控制	PID	134.8	℃
12	TI7051	E713 热侧出口温度	AI	127	℃
13	TI7032	T702 回流液温度	AI	125	℃
14	TI7029	E707 热侧出口温度	AI	40	℃
15	PI7005	T702 塔顶压力	AI	0.70	MPa
16	PIC7007	T702 塔顶气相压力控制	PID	0.65	MPa
17	PI7011	P704A/B 出口压力	AI	1.18	MPa
18	PI7006	T702 塔釜压力	AI	0.71	MPa
19	LIC7014	V705 液位控制	PID	50	%
20	LIC7011	T702 塔釜液位控制	PID	50	%

表 5-14 常压塔工艺控制指标

序号	位号	说明	类型	正常值	工程单位
1	FIC7022	T703 塔顶回流量控制	PID	27621	kg/h
2	FI7021	T703 塔顶采出量	AI	13950	kg/h
3	FIC7023	T703 侧线采出异丁基油量控制	PID	658	kg/h
4	TI7041	T703 塔顶温度	AI	66.6	℃
5	TI7042	T703Ⅰ与Ⅱ填料间温度	AI	67	℃
6	TI7043	T703Ⅱ与Ⅲ填料间温度	AI	67.7	℃
7	TI7044	T703Ⅲ与Ⅳ填料间温度	AI	68.3	℃
8	TI7045	T703Ⅳ与Ⅴ填料间温度	AI	69.1	℃
9	TI7046	T703Ⅴ填料与塔盘间温度	AI	73.3	℃
10	TI7047	T703 塔釜温度	AI	107	℃
11	TI7048	T703 回流液温度	AI	50	℃
12	TI7049	E709 热侧出口温度	AI	52	℃
13	TI7052	E710 热侧出口温度	AI	40	℃
14	TI7053	E709 入口温度	AI	66.6	℃
15	PI7008	T703 塔顶压力	AI	0.01	MPa
16	PI7024	V706 平衡管线压力	AI	0.01	MPa
17	PI7012	P705A/B 出口压力	AI	0.64	MPa
18	PI7013	P706A/B 出口压力	AI	0.54	MPa
19	PI7020	P709A/B 出口压力	AI	0.32	MPa
20	PI7009	T703 塔釜压力	AI	0.03	MPa
21	LIC7024	V706 液位控制	PID	50	%
22	LIC7021	T703 塔釜液位控制	PID	50	%

表 5-15　回收塔工艺控制指标

序号	位号	说明	类型	正常值	工程单位
1	FIC7032	T704 塔顶回流量控制	PID	1188	kg/h
2	FIC7036	T704 塔顶采出量控制	PID	135	kg/h
3	FIC7034	T704 侧线采出异丁基油量控制	PID	175	kg/h
4	FIC7031	E714 蒸汽流量控制	PID	700	kg/h
5	FIC7035	T704 塔釜采出量控制	PID	347	kg/h
6	TI7061	T704 进料温度	PID	87.6	℃
7	TI7062	T704 塔顶温度	AI	66.6	℃
8	TI7063	T704 Ⅰ与Ⅱ填料间温度	AI	67.4	℃
9	TI7064	T704 第Ⅱ层填料与塔盘间温度	AI	68.8	℃
10	TI7056	T704 塔板 14、15 间温度	AI	89	℃
11	TI7055	T704 塔板 10、11 间温度	AI	95	℃
12	TI7054	T704 塔板 6、7 间温度	AI	106	℃
13	TI7065	T704 塔釜温度	AI	107	℃
14	TI7066	T704 回流液温度	AI	45	℃
15	TI7072	E715 壳程出口温度	AI	47	℃
16	PI7021	T704 塔顶压力	AI	0.01	MPa
17	PI7033	P711A/B 出口压力	AI	0.44	MPa
18	PI7022	T704 塔釜压力	AI	0.03	MPa
19	LIC7016	V707 液位控制	PID	50	%
20	LIC7031	T704 塔釜液位控制	PID	50	%

表 5-16　报警说明

序号	模入点名称	模入点描述	报警类型
1	FI7001	预塔 T701 进料量	LOW
2	FI7003	预塔 T701 脱盐水流量	HI
3	FI7002	预塔 T701 塔釜采出量	HI
4	FI7004	预塔 T701 塔顶回流量	HI
5	FI7005	预塔 T701 加热蒸汽量	HI
6	TI7001	预塔 T701 进料温度	LOW
7	TI7075	E701 热侧出口温度	LOW
8	TI7002	预塔 T701 塔顶温度	HI
9	TI7003	预塔 T701 Ⅰ与Ⅱ填料间温度	HI
10	TI7004	预塔 T701 Ⅱ与Ⅲ填料间温度	HI
11	TI7005	预塔 T701 塔釜温度	HI
12	TI7007	E703 出料温度	HI

序号	模入点名称	模入点描述	报警类型
13	TI7010	预塔 T701 回流液温度	HI
14	PI7001	预塔 T701 塔顶压力	LOW
15	PI7010	预塔回流泵 P702A/B 出口压力	LOW
16	LI7005	预塔回流罐 V703 液位	HI
17	LI7001	预塔 T701 塔釜液位	LOW
18	FI7007	加压塔 T702 塔釜采出量	HI
19	FI7013	加压塔 T702 塔顶回流量	HI
20	FI7014	加压塔转化气再沸器 E706B 蒸汽流量	HI
21	FI7011	加压塔 T702 塔顶采出量	LOW
22	TI7021	加压塔 T702 进料温度	LOW
23	TI7022	加压塔 T702 塔顶温度	HI
24	TI7026	加压塔 T702 Ⅱ 与 Ⅲ 填料间温度	HI
25	TI7051	加压塔二冷 E713 热侧出口温度	HI
26	TI7032	加压塔 T702 回流液温度	HI
27	PI7005	加压塔 T702 塔顶压力	LOW
28	LI7014	加压塔回流罐 V705 液位	HI
29	LI7011	加压塔 T702 塔釜液位	LOW
30	LI7027	转化器第二分离器 V709 液位	HI
31	FI7022	常压塔 T703 塔顶回流量	HI
32	FI7021	常压塔 T703 塔顶采出量	LOW
33	FI7023	常压塔 T703 侧线采出异丁基油量	HI
34	TI7041	常压塔 T703 塔顶温度	HI
35	TI7045	常压塔 T703 Ⅳ 与 Ⅴ 填料间温度	HI
36	TI7046	常压塔 T703 Ⅴ 填料与塔盘间温度	HI
37	TI7047	常压塔 T703 塔釜温度	HI
38	TI7048	常压塔 T703 回流液温度	HI
39	TI7049	常压塔冷凝器 E709 热侧出口温度	HI
40	TI7052	精甲醇冷却器 E710 热侧出口温度	HI
41	TI7053	常压塔冷凝器 E709 入口温度	HI
42	PI7008	常压塔 T703 塔顶压力	LOW
43	PI7024	常压塔回流罐 V706 平衡管线压力	LOW
44	LI7024	常压塔回流罐 V706 液位	HI
45	LI7021	常压塔 T703 塔釜液位	LOW
46	FI7032	回收塔 T704 塔顶回流量	HI

序号	模入点名称	模入点描述	报警类型
47	FI7036	回收塔 T704 塔顶采出量	LOW
48	FI7034	回收塔 T704 侧线采出异丁基油量	HI
49	FI7031	回收塔再沸器 E714 蒸汽流量	HI
50	FI7035	回收塔 T704 塔釜采出量	HI
51	TI7061	回收塔 T704 进料温度	LOW
52	TI7062	回收塔 T704 塔顶温度	HI
53	TI7063	回收塔 T704 I 与 II 填料间温度	HI
54	TI7064	回收塔 T704 第 II 层填料与塔盘间温度	HI
55	TI7056	回收塔 T704 第 14 与 15 间温度	HI
56	TI7055	回收塔 T704 第 10 与 11 间温度	HI
57	TI7054	回收塔 T704 塔盘 6、7 间温度	HI
58	TI7065	回收塔 T704 塔釜温度	HI
59	TI7066	回收塔 T704 回流液温度	HI
60	TI7072	回收塔冷凝器 E715 壳程出口温度	HI
61	PI7021	回收塔 T704 塔顶压力	LOW
62	LI7016	回收塔回流罐 V707 液位	HI
63	LI7031	回收塔 T704 塔釜液位	LOW
64	LI7012	异丁基油中间罐 V708 液位	HI

5.3.4 操作规程

5.3.4.1 冷态开车

(1) 开车前准备

① 打开预塔冷凝器 E703 的冷却水阀 VA7006;

② 打开二级冷凝器 E704 的冷却水阀 VA7008;

③ 打开加压塔冷凝器 E713 的冷却水阀 VA7018;

④ 打开冷凝器 E707 的冷却水阀 VA7021;

⑤ 打开常压塔冷凝器 E709 的冷却水阀 VA7027;

⑥ 打开冷凝器 E710 的冷却水阀 VA7026;

⑦ 打开冷凝器 E716 的冷却水阀 VA7033;

⑧ 打开回收塔冷凝器 E715 的冷却水阀 VA7045;

⑨ 打开 VA7100 阀, 给 V702 建立一定液位;

⑩ 打开 N₂ 阀, 给加压塔 T702 充压至 0.65MPa;

⑪ 关闭 VD7043。

(2) 预塔、加压塔和常压塔开车

① 开粗甲醇预热器 E701 的进口阀门 VA7001, 向预塔 T701 进料;

四塔甲醇精馏
工段操作 (1)
扫描二维码观看视频

② 打开碱液计量泵 P701A 的入口阀 VD7065；

③ 打开碱液计量泵 P701A 的出口阀 VD7066；

④ 打开计量泵 P701A；

⑤ 加碱液，流量在 60kg/h 左右；

⑥ 待 T701 塔顶压力大于 0.02MPa 时，调节预塔排气阀 PIC7003 开度，使塔顶压力维持在 0.03MPa 左右；

⑦ 待预塔 T701 塔底液位超过 80％后，打开泵 P703A 的入口阀；

⑧ 启动泵 P703A；

⑨ 打开泵出口阀 VD7004；

⑩ 手动打开调节阀 FV7002，向加压塔 T702 进料；

⑪ 当加压塔 T702 塔釜液位超过 60％后，手动打开塔釜液位调节阀 FV7007，向常压塔 T703 进料；

⑫ 待常压塔 T703 塔底液位超过 50％后，打开塔底阀门 VA7051；

⑬ 打开泵 P709A 的入口阀 VD7021；

⑭ 启动泵；

⑮ 打开泵出口阀 VD7022；

⑯ 手动打开调节阀 FV7021，塔釜残液去污水处理；

⑰ 通过调节 FV7005 开度，给再沸器 E702 加热；

⑱ 通过调节阀门 PV7007 的开度，使加压塔回流罐 V705 压力维持在 0.65MPa；

⑲ 通过调节 FV7014 开度，给再沸器 E706B 加热；

⑳ 通过调节 TV7027 开度，给再沸器 E706A 加热；

㉑ 投用转化气分离器 V709 液位控制阀 LIC7027，设定 50％投自动；

㉒ 通过调节阀门 HV7001 的开度，使常压塔回流罐压力维持在 0.01MPa；

㉓ 常压塔压力大于 0.03MPa；

㉔ 开脱盐水阀 VA7005；

㉕ 开回流泵 P702A 入口阀 VD7006；

㉖ 启动泵；

㉗ 开泵出口阀；

㉘ 手动打开调节阀 FV7004，维持回流罐 V703 液位在 40％以上；

㉙ 回流罐 V703 液位维持在 50％；

㉚ 预塔的回流罐的液位超高；

㉛ 手动打开调节阀 FV7013，维持回流罐 V705 液位在 40％以上；

㉜ 开回流泵 P704A 入口阀 VD7010；

㉝ 启动泵；

㉞ 开泵出口阀；

㉟ 回流罐 V705 液位维持在 50％；

㊱ 加压塔的回流罐的液位超高；

㊲ 保证回流罐 V705 回流量，液位无法维持时，逐渐打开 LV7014；

㊳ 打开 VA7052，采出 T702 塔顶产品；

㊴ 维持常压塔塔釜液位在 80％左右；

㊵ 手动打开调节阀 FV7022，维持回流罐 V706 液位在 40％以上；

㊶ 开回流泵 P705A 入口阀；

㊷ 启动泵；

㊸ 开泵出口阀；

㊹ 回流罐 V706 液位维持在 50%；

㊺ 常压塔回流罐的液位超高；

㊻ 保证回流罐 V706 回流量，液位无法维持时，逐渐打开 FV7024；

㊼ 打开 VA7054，采出 T703 塔顶产品。

(3) 回收塔开车

① 常压塔侧线采出杂醇油作为回收塔 T704 进料，分别打开侧线采出阀 VD7029；

② 开侧线采出阀 VD7030；

③ 开侧线采出阀 VD7031；

④ 开侧线采出阀 VD7032；

⑤ 开回收塔 T704 进料泵入口阀；

⑥ 启动泵；

⑦ 开泵出口阀；

⑧ 手动打开调节阀 FV7023（开度>40%）；

⑨ 打开回收塔进料阀 VD7033；

⑩ 打开回收塔进料阀 VD7034；

⑪ 打开回收塔进料阀 VD7035；

⑫ 打开回收塔进料阀 VD7036；

⑬ 打开回收塔进料阀 VD7037；

⑭ 待塔 T704 塔底液位超过 50% 后，手动打开流量调节阀 FV7035，与 T703 塔底污水合并；

⑮ 通过调节 FV7031 开度，给再沸器 E714 加热；

⑯ 通过调节阀门 VA7046 的开度，使回收塔压力维持在 0.01MPa；

⑰ 开回流泵 P711A 入口阀；

⑱ 启动泵；

⑲ 开泵出口阀；

⑳ 手动打开调节阀 FV7032，维持回流罐 V707 液位在 40% 以上；

㉑ 回流罐 V707 液位超高；

㉒ 保证回流罐 V707 回流量，液位无法维持时，逐渐打开 FV7036；

㉓ 打开 VA7056，采出 T704 塔顶产品；

㉔ 回收塔侧线采出异丁基油，分别打开侧线采出阀 VD7038；

㉕ 打开侧线采出阀 VD7039；

㉖ 打开侧线采出阀 VD7040；

㉗ 打开侧线采出阀 VD7041；

㉘ 打开侧线采出阀 VD7042；

㉙ 手动打开调节阀 FV7034（开度>40%）；

㉚ 调节阀门 VA7060，使异丁基油中间罐 V708 液位维持在 50%。

(4) 调节至正常

① 待预塔塔压稳定后，设定 PIC7003 为 0.03MPa 投自动；

四塔甲醇精馏
工段操作（2）
扫描二维码观看视频

② 预塔塔压控制在 0.03MPa 左右；

③ T701 进料温度稳定在 72℃后，将 TIC7001 设置为自动；

④ 读取进料温度；

⑤ 当 FIC7004 稳定后设置 16690kg/h 投自动；

⑥ 设定 LIC7005 为 50%；

⑦ 将 FIC7004 设为串级；

⑧ FIC4004 流量稳定在 16690kg/h；

⑨ 当 P703 出口流量稳定，设定 FIC7002 为 35176kg/h 投自动；

⑩ 待 LIC7001 稳定后，设定为 50%；

⑪ 将 FIC7002 设为串级；

⑫ 读取预塔塔釜液位；

⑬ FIC7002 流量稳定在 35176kg/h；

⑭ 当 FIC7005 为 11200kg/h 稳定后，投自动；

⑮ 设定 TIC7005 为 77.4℃；

⑯ 将 FIC7005 设为串级；

⑰ 塔釜温度稳定在 77.4℃；

⑱ FIC7005 流量稳定在 11200kg/h；

⑲ 加压塔压力控制在 0.7MPa；

⑳ 设定 LIC7014 为 50%；

㉑ 当 FIC7013 为 37413kg/h 稳定后，投自动；

㉒ 将 FIC7013 流量稳定在 37413kg/h；

㉓ 当 FIC7007 为 22747kg/h 稳定后，投自动；

㉔ 设定 LIC7011 为 50%；

㉕ 将 FIC7007 设为串级；

㉖ 读取加压塔塔釜液位；

㉗ FIC7007 流量稳定在 22747kg/h；

㉘ 当 FIC7014 为 15000kg/h 稳定后，投自动；

㉙ 设定 TIC7027 为 134.8℃；

㉚ 将 FIC7014 设为串级；

㉛ 加压塔塔釜温度稳定在 134.8℃；

㉜ FIC7005 流量稳定在 11200kg/h；

㉝ 设定 LIC7024 为 50%；

㉞ 当 FIC7022 为 27621kg/h 稳定后，投自动；

㉟ FIC7022 流量稳定在 27621kg/h；

㊱ 设定 LIC7021 为 50%；

㊲ 读取常压塔塔釜液位；

㊳ 当 FIC7036 为 135kg/h 稳定后，投自动；

㊴ 设定 LIC7016 为 50%；

㊵ 将 FIC7036 设为串级；

㊶ FIC7036 流量稳定在 135kg/h；

㊷ 设定 FIC7032 为 1188kg/h；

㊸ FIC7032 流量稳定在 1188kg/h；

㊹ 当 FIC7035 为 346kg/h 稳定后，投自动；

㊺ 设定 LIC7031 为 50%；

㊻ 读取回收塔塔釜液位；

㊼ 将 FIC7035 流量稳定在 346kg/h；

㊽ 当 FIC7031 为 700kg/h 稳定后，投自动；

㊾ 设定 TIC7065 为 107℃；

㊿ 将 FIC7031 设为串级；

51 回收塔塔釜温度稳定在 107℃；

52 FIC7031 流量稳定在 700kg/h。

(5) 投用联锁

① 待泵运行稳定后，投用 P702 联锁；

② 待泵运行稳定后，投用 P703 联锁；

③ 待泵运行稳定后，投用 P704 联锁；

④ 待泵运行稳定后，投用 P705 联锁；

⑤ 待泵运行稳定后，投用 P706 联锁；

⑥ 待泵运行稳定后，投用 P709 联锁；

⑦ 待泵运行稳定后，投用 P711 联锁。

5.3.4.2 正常操作

稳态运行质量指标：

① 将预精馏塔塔顶压力 PIC7003 控制在 0.03MPa；

② 将加压塔塔顶压力 PI7005 控制在 0.7MPa；

③ 将常压塔塔顶压力 PI7008 控制在 0.01MPa；

④ 将回收塔塔顶压力 PI7021 控制在 0.01MPa；

⑤ 将加压塔回流槽的压力 PIC7007 控制在 0.65MPa；

⑥ 将预精馏塔塔顶温度控制在 73.9℃；

⑦ 将预精馏塔塔底温度控制在 77.4℃；

⑧ 将加压塔塔顶温度控制在 128.1℃；

⑨ 将加压塔塔底温度控制在 134.8℃；

⑩ 将常压塔塔顶温度控制在 66.6℃；

⑪ 将常压塔塔底温度控制在 77.4℃；

⑫ 将回收塔塔顶温度控制在 66.6℃；

⑬ 将回收塔塔底温度控制在 77.4℃；

⑭ 将预精馏塔塔底液位 LIC7001 控制在 50%；

⑮ 将预精馏塔塔底液位 LIC7011 控制在 50%；

⑯ 将预精馏塔塔底液位 LIC7021 控制在 50%；

⑰ 将预精馏塔塔底液位 LIC7031 控制在 50%；

⑱ 将预精馏塔回流量 FIC7004 控制在 16690.08kg/h；

⑲ 将加压馏塔回流量 FIC7013 控制在 37413kg/h；

⑳ 将常压馏塔回流量 FIC7022 控制在 27621kg/h；

○21 将回收塔回流量 FIC7032 控制在 1188kg/h。

5.3.4.3 正常停车

(1) 预塔停车

① 手动逐步关小进料阀 VA7001，使进料降至正常进料量的 70%；

② 停泵 P701A；

③ 关闭计量泵 P701A 出口阀 VD7066；

④ 关闭计量泵 P701A 入口阀 VD7065；

⑤ 断开 LIC7001 和 FIC7002 的串级，手动开大 FV7002，使液位 LIC7001 降至 30%；

⑥ 停预塔进料，关闭调节阀 VA7001；

⑦ 停预塔加热蒸汽，关闭阀门 FV7005；

⑧ 关闭加压塔进料泵出口阀 VD7004；

⑨ 停泵 P703A；

⑩ 关泵入口阀 VD7003；

⑪ 手动关闭 FV7002；

⑫ 打开塔釜泄液阀 VA7012，排出不合格产品；

⑬ 关闭脱盐水阀门 VA7005；

⑭ 断开 LIC7005 和 FIC7004 的串级，手动开大 FV7004，将回流罐内液体全部打入精馏塔，以降低塔内温度；

⑮ 当回流罐液位降至<5%，停回流，关闭调节阀 FV7004；

⑯ 关闭泵出口阀 VD7005；

⑰ 停泵 P702A；

⑱ 关闭泵入口阀 VD7006；

⑲ 当塔压降至常压后，关闭 FV7003；

⑳ 预塔温度降至 30℃左右时，关冷凝器冷凝水 VA7006；

○21 关 VA7008；

○22 当塔釜液位降至 0%，关闭泄液阀 VA7012。

(2) 加压塔停车

① 关闭精甲醇采出阀 VA7052；

② 打开粗甲醇采出阀 VA7053；

③ 手动开大 LV7014，使液位 LIC7014 降至 20%；

④ 手动关闭 LV7014；

⑤ 停加压塔加热蒸汽，关闭阀门 FV7014；

⑥ 关闭阀门 TV7027；

⑦ 断开 LIC7011 和 FIC7007 的串级，手动关闭 FV7007；

⑧ 打开塔釜泄液阀 VA7023 排出不合格产品；

⑨ 手动开大 FV7013，将回流罐内液体全部打入精馏塔，以降低塔内温度；

⑩ 当回流罐液位降至<5%，停回流，关闭调节阀 FV7013；

⑪ 关闭泵出口阀 VD7009；

⑫ 停泵 P704A；

⑬ 关闭泵入口阀 VD7010；

⑭ 塔釜液位降至 5% 左右，开大 PV7007 进行降压；

⑮ 当塔压降至常压后，关闭 PV7007；

⑯ 加压塔温度降至 30℃ 左右时，关冷凝器冷凝水 VA7018；

⑰ 关 VA7021；

⑱ 当塔釜液位降至 0% 后，关闭泄液阀 VA7023。

(3) 常压塔停车

① 关闭精甲醇采出阀 VA7054；

② 打开粗甲醇阀 VA7055；

③ 手动开大 FV7024，使液位 LIC7024 降至 20%；

④ 手动开大 FV7021，使液位 LIC7021 降至 30%；

⑤ 手动关闭 FV7024；

⑥ 打开塔釜泄液阀 VA7035，排出不合格产品；

⑦ 手动开大 FV7022，将回流罐内液体全部打入精馏塔，以降低塔内温度；

⑧ 当回流罐液位降至＜5%，停回流，关闭调节阀 FV7022；

⑨ 关闭泵出口阀 VD7013；

⑩ 停泵 P705A；

⑪ 关闭泵入口阀 VD7014；

⑫ 关闭测采产品出口阀 FV7023；

⑬ 关闭阀 VD7029；

⑭ 关闭阀 VD7030；

⑮ 关闭阀 VD7031；

⑯ 关闭阀 VD7032；

⑰ 关闭回收塔进料泵 P706A 的出口阀 VD7018；

⑱ 停泵 P706A；

⑲ 关闭泵入口阀 VD7017；

⑳ 当塔压降至常压后，关闭 HV7001；

㉑ 常压塔温度降至 30℃ 左右时，关冷凝器冷凝水阀 VA7027；

㉒ 关闭阀 VA7026；

㉓ 关闭阀 VA7033；

㉔ 当塔釜液位降至 0% 后，关闭泄液阀 VA7035；

㉕ 关闭阀 VA7051。

(4) 回收塔停车

① 关闭精甲醇采出阀 VA7056；

② 打开粗甲醇采出阀 VA7057；

③ 关闭回收塔进料阀 VD7033；

④ 关闭阀 VD7034；

⑤ 关闭阀 VD7035；

⑥ 关闭阀 VD7036；

⑦ 关闭阀 VD7037；

⑧ 停回收塔加热蒸汽阀 FV7031；

⑨ 断开 LIC7016 和 FIC7036 的串级，手动开大 FV7036，使液位 LIC7016 降至 20%；

⑩ 断开 LIC7031 和 FIC7035 的串联，手动开大 FV7035，使液位 LIC7031 降至 30%；

⑪ 手动关闭 FV7036；

⑫ 手动开大 FV7032，将回流罐内液体全部打入精馏塔，以降低塔内温度；

⑬ 当回流罐液位降至<5%，停回流，关闭调节阀 FV7032；

⑭ 关闭泵出口阀 VD7025；

⑮ 停泵 P711A；

⑯ 关闭泵入口阀 VD7026；

⑰ 关闭测采产品出口阀 FV7034；

⑱ 关闭阀 VD7038；

⑲ 关闭阀 VD7039；

⑳ 关闭阀 VD7040；

㉑ 关闭阀 VD7041；

㉒ 关闭阀 VD7042；

㉓ 当塔压降至常压后，关闭 VA7046；

㉔ 回收塔温度降至 30℃ 左右时，关冷凝器冷凝水 VA7045；

㉕ 当塔釜液位降至 0% 后，关闭污水阀 FV7035；

㉖ 关闭釜底废液泵 P709A 的出口阀 VD7022；

㉗ 停泵 P709A；

㉘ 关闭入口阀 VD7021；

㉙ 手动关闭 FV7021。

5.3.4.4 事故处理

四塔甲醇精馏工段仿真系统主要事故及处理方法见表 5-17。

表 5-17　四塔甲醇精馏工段仿真系统主要事故及处理方法

事故名称	事故现象	处理方法
回流控制阀 FV7004 阀卡	回流量减小，塔顶温度上升，压力增大	打开旁路阀 VA7009,保持回流 ①将 FIC7004 设为手动模式 ②打开旁通阀 VA7009,保持回流
回流泵 P702A 故障	P702A 断电，回流中断，塔顶压力、温度上升	启动备用泵 P702B ①开备用泵入口阀 VD7008 ②启动备用泵 P702B ③开备用泵出口阀 VD7007 ④关泵出口阀 VD7005 ⑤停泵 P702A ⑥关泵入口阀 VD7006
回流罐 V703 液位超高	V703 液位超高，塔温度下降	启动备用泵 P702B ①打开泵 P702B 前阀 VD7008 ②启动泵 P702B ③打开泵 P702B 后阀 VD7007 ④将 FIC7004 设为手动模式 ⑤当 V703 液位接近正常液位时,关闭泵 P702B 后阀 VD7007 ⑥关闭泵 P702B ⑦关闭泵 P702B 前阀 VD7008 ⑧及时调整阀 FV7004,使 FIC7004 流量稳定在 16690kg/h 左右 ⑨回流罐液位 LIC7005 稳定在 50% ⑩LIC7005 稳定在 50% 后,将 FIC7004 设为串级

5.4 丙烯聚合工艺仿真

5.4.1 工艺原理

聚丙烯 (polypropylene, PP) 是由丙烯单体在催化剂作用下经过聚合反应生成的一种具有优良性能的通用热塑性合成树脂,其具有堆密度小、无毒害、加工性好、抗冲击强度大、抗挠曲性以及电绝缘性好等优点,在汽车工业、家用电器、包装工业、工程塑料、建材等各种工业和民用塑料制品领域应用非常广泛,是世界上产量仅次于聚乙烯和聚氯乙烯的第三大通用塑料。市场对聚丙烯树脂的巨大需求量推动了聚丙烯行业的快速发展,随着新型催化剂和新聚合工艺的不断进步,聚丙烯高性能新产品也不断涌现,其应用领域也将大大拓展。在我国,聚丙烯塑料的消费量仅次于聚乙烯位列第二位。近年来,我国聚丙烯消费量逐年增长,使得我国聚丙烯行业发展前景更加广阔。

自 1957 年,意大利蒙特卡蒂尼 (Montecatini) 公司实现了聚丙烯工业化生产以来,聚丙烯的生产方法主要包括溶液法、浆液法 (也称溶剂法)、本体法、本体和气相组合法、气相法等几种生产工艺。

液相本体与气相本体组合式连续聚合工艺 (简称 SPG 工艺),是中国石化集团上海工程有限公司开发的一种丙烯聚合工艺。它以工业丙烯为主要原料,经过脱水、脱硫、脱氧、脱砷,使原料丙烯达到聚合要求,然后在一定温度、压力、催化剂及分子量调整剂的共同作用下,采用立式丙烯液相本体淤浆聚合与卧式气相聚合相结合的方法,使丙烯发生聚合反应,并经气固分离、干燥、汽蒸以及丙烯回收等工序生产出合格的聚丙烯粉料产品,该工艺吸收了液相法易于生产均聚物,气相法易于生产共聚物的特点,生产的产品粒度分布均匀,综合能耗较低、催化剂利用效率高。本仿真系统是针对 SPG 工艺进行设计的。

5.4.1.1 丙烯精制系统

原料丙烯中由于含有微量水、硫化物、CO、CO_2、O_2、ASH_3 等杂质,达不到聚合级丙烯的要求,因此需在聚合前进行精制。原料丙烯经固碱脱水器粗脱水、水解、脱硫、氧化铝脱水、Ni 催化剂脱氧、3A 分子筛脱水、脱砷后以达到聚合级要求。

5.4.1.2 催化剂配制进料系统

SPG 工艺采用混合催化剂,催化剂有三种:CS-I 型 (Ti) 高效催化剂为主催化剂 (A 催化剂)、三乙基铝为助催化剂 (B 催化剂)、二苯基二甲氧基硅烷为外给电子体 (C 催化剂)。聚合反应在 A 催化剂的活性中心上发生,三乙基铝在丙烯聚合反应中主要起烷基化作用,聚合反应时,三乙基铝能够将主催化剂中的 Ti^{4+} 还原为 Ti^{3+},形成 Ti-C 活性中心,丙烯单体通过活性中心发生聚合反应,给电子体 (C 催化剂),能够提高催化剂的立体定向性,改善催化剂体系的综合性能,达到调控聚合物性能的目的。

5.4.1.3 聚合反应系统

SPG 工艺丙烯聚合系统包括丙烯预聚合、丙烯液相本体聚合和丙烯气相本体聚合三个聚合过程。

(1) 丙烯预聚合

原料丙烯由原料泵输送到预聚釜,在预聚釜中丙烯单体在 A、B、C 三种催化剂的作用下进行预聚反应，丙烯单体反应量一般控制在 5%～10%，预聚压力 3.0～3.80MPa，预聚温度 15℃以下。

（2）丙烯液相本体聚合

经过预聚后的丙烯浆液进入反应釜进行液相本体聚合反应，正常生产时，液相反应压力控制在 3.0～3.5MPa，液相反应温度控制在 67～69℃。

（3）丙烯气相本体聚合

经液相反应后的聚丙烯浆液输送到气相聚合反应釜中实现丙烯气相反应，以提高反应程度，反应釜压力通常控制在 2.5～2.7MPa，反应温度控制在 80～100℃。

5.4.1.4 后处理系统

经过气相反应釜反应后的聚丙烯粉料和一部分液相丙烯进入后处理系统得到聚丙烯粉料产品，后处理系统主要包括气固分离、干燥、汽蒸、丙烯气洗涤、丙烯气回收系统。

5.4.2 仿真工艺流程说明

丙烯聚合仿真界面如图 5-39～图 5-47 所示。

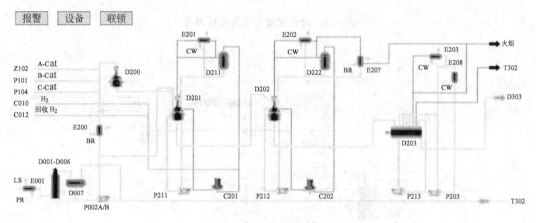

图 5-39 丙烯聚合工段总貌图

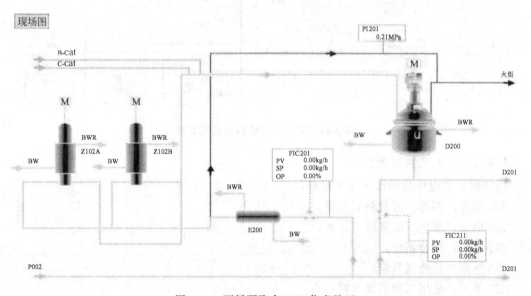

图 5-40 丙烯预聚合 DCS 仿真界面

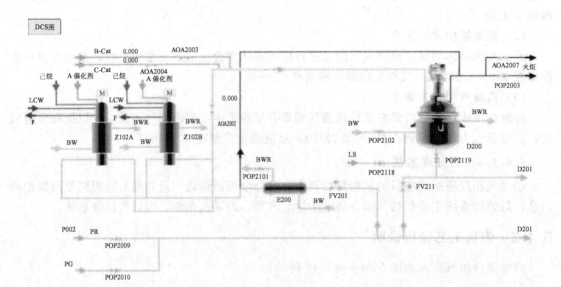

图 5-41 丙烯预聚合仿真现场界面

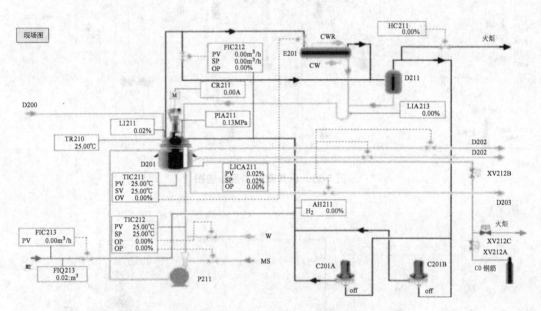

图 5-42 第 1 反应器 DCS 仿真界面

5.4.2.1 工艺流程简介

装置按工艺流程分为以下几个部分：

000 单元：丙烯、氮气精制系统；

100 单元：催化剂配置进料系统；

200 单元：聚合系统；

300 单元：后处理系统；

800 单元：公用工程系统（略）。

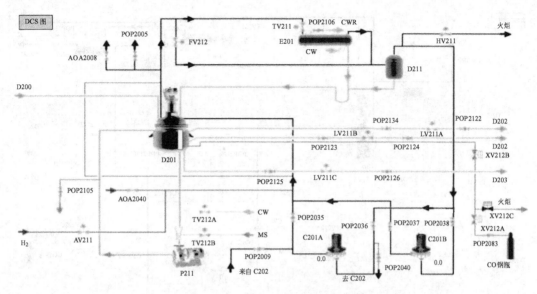

图 5-43　第 1 反应器仿真现场界面

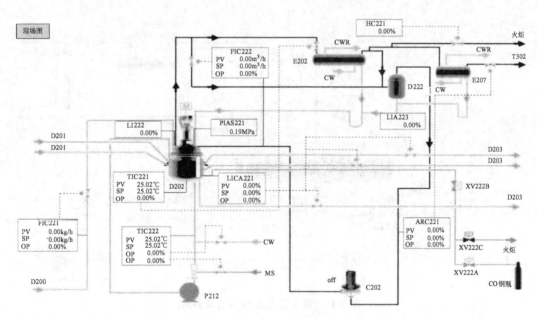

图 5-44　第 2 反应器 DCS 仿真界面

(1) 000 单元

原料丙烯经 D001A/B 固碱脱水器粗脱水，D002 羰基硫水解器、D003 脱硫器掐去羰基硫及 H_2S，然后进入两条可互相切换的脱水、脱氧、再脱水的精制线：经 D004A/B 氧化铝脱水器，D005A/BNi 催化剂脱氧器、D006A/B 分子筛脱水器精制处理后的丙烯中水分脱至 10ppm 以下，硫脱至 0.1ppm 以下，然后进入丙烯罐 D007，经 P002A/B 丙烯加料泵打入聚合釜。

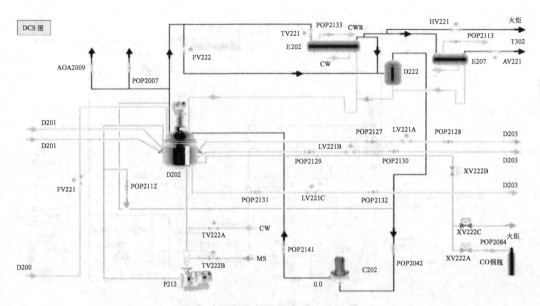

图 5-45　第 2 反应器仿真现场界面

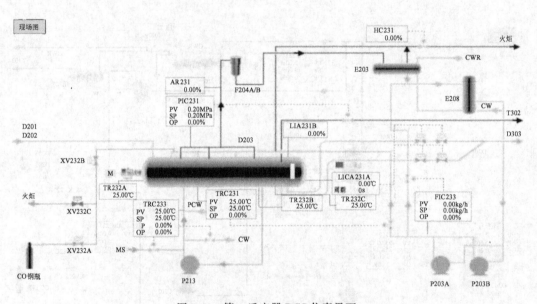

图 5-46　第 3 反应器 DCS 仿真界面

(2) 100 单元

高效载体催化剂系统由 A（Ti 催化剂，A-Cat）、B（三乙基铝，B-Cat）及 C（硅烷，C-Cat）组成。A 催化剂由 A 催化剂加料器 Z101A/B 加入 D200 预聚釜。B 催化剂存放在 D101B 催化剂计量罐中，经 B 催化剂计量泵 P101A/B 加入 D200 预聚釜，B 催化剂以 100% 浓度加入 D200。这样做的好处是可以降低干燥器入口挥发分的含量，但安全上要特别注意，管道的安装、验收要特别严格，因为一旦泄漏就会着火。C 催化剂的加入量非常小，必须先在 D110A/B、C 催化剂计量罐中配制成 15% 的己烷溶液，然后用 C 催化剂计量泵 P104A/B 打入 D200。

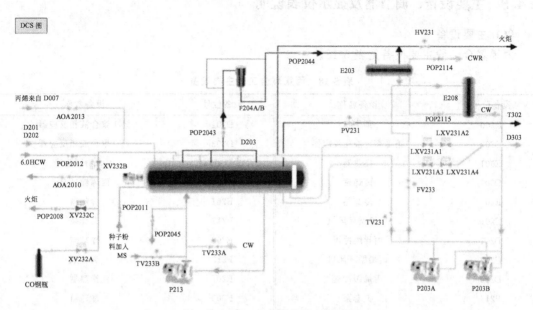

DCS 图

图 5-47 第 3 反应器仿真现场界面

(3) 200 单元

丙烯、A、B、C 催化剂先在 D200 预聚釜中进行预聚合反应，预聚压力 3.1～
3.96MPa，温度低于 20℃，然后进入第 1、2 反应器（D201、D202）在液态丙烯中进行淤
浆聚合，聚合压力 3.1～3.96MPa，温度 70～67℃。由 D202 排出的淤浆直接进入第 3 反应
器 D203 进行气相聚合，聚合压力 2.8～3.2MPa，温度 80℃。

(4) 300 单元

聚合物与丙烯气依靠自身的压力离开第 3 反应器 D203 进入旋风分离器 D301、D302-1、
D302-2，分离聚合物之后的丙烯气相经油洗塔 T301 洗去低聚物、烷基铝、细粉料后经压缩
机 C301 加压与 D203 未反应丙烯一起，进入高压丙烯洗涤塔 T302，分离去烷基铝、氢气之
后的丙烯回至丙烯罐 D007，T302 塔底的含烷基铝、低分子聚合物、己烷及丙烷成分较高的
丙烯送至气分以平衡系内的丙烯浓度，一部分重组分及粉料气化后回至 T301 入口，T302
的气相进丙烯回收塔 T303 回收丙烯，

5.4.2.2 工艺仿真范围

本单元仿真培训软件仿真范围只包括 200 单元，公用工程系统及其附属系统不进行过程
定量模拟，只做部分事故定性仿真（如仿突然停水、电、汽、风；工艺联锁停车；安全紧急
事故停车）；压缩机的油路和水路等辅助系统不做仿真模拟。所有各公用工程部分：水、电、
汽、风等均处于正常平稳状况。

装置仿真培训系统以仿 DCS 操作为主，而对现场操作进行适当简化，以能配合内操
（DCS）操作为准则，并能实现全流程的开工、正常运行、停工及事故处理操作；调节阀的
前后阀及旁路阀如无特殊需要不做模拟；泵的后阀如无特殊需要不做模拟；对于一些现场的
间歇操作（如化学药品配制等）不做仿真模拟；其中开工操作从各装置进料开始，假定进料
前的开工准备工作全部就绪。

5.4.3　主要设备、调节器及显示仪表说明

(1) 主要设备

丙烯聚合工段主要设备见表 5-18。

表 5-18　丙烯聚合工段主要设备

设备位号	设备名称	设备位号	设备名称
D200	预聚釜	D201	第 1 聚合液相反应器
D202	第 2 聚合液相反应器	D203	第 3 聚合液相反应器
E001	换热器	D001~D006	丙烯精制系统
D007	丙烯罐	P002	丙烯输送泵
E200	冷却器	E201	冷却器
C201	丙烯循环风机	P211	夹套泵
D211	丙烯缓冲罐	E202	冷却器
C202	丙烯循环风机	P212	夹套泵
D222	丙烯缓冲罐	E207	换热器
P213	夹套泵	E203	冷却器
P203	丙烯凝液泵	E208	换热器

(2) 调节器及正常工况操作参数

丙烯聚合工段调节器及正常工况操作参数见表 5-19。

表 5-19　丙烯聚合工段调节器及正常工况操作参数

位号	说明	类型	正常值	工程单位
PI201	D200 压力	PID	3.1/3.7	MPa(G)
FIC201	进 D200 丙烯总流量	PID	450	kg/h
PIA211	D201 压力	PID	3.0/3.6	MPa(G)
FIC211	进 D201 丙烯流量	PID	2050	kg/h
FIC212	进 D201 循环气流量	PID	45	m³/h
LICA211	D201 液位	PID	45	45%
LI212	D201 液位	PID	1848	mm
LIA213	D201 回流液管液位	PID	2000	mm
TR210	D201 气相温度	PID	70	℃
TIC211	D201 液相温度	PID	70	℃
PI201	D200 压力	PID	3.1/3.7	MPa(G)
FIC201	进 D200 丙烯总流量	PID	450	kg/h
PIA211	D201 压力	PID	3.0/3.6	MPa(G)
FIC211	进 D201 丙烯流量	PID	2050	kg/h
ARC211	D201 气相色谱	PID	0.24~9.4	%
PIA221	D201 压力	PID	3.0/3.6	MPa(G)
FIC222	进 D202 循环气流量	PID	40	m³/h
LICA221	D202 液位	PID	45	%
LI222	D202 液位	PID	1848	mm
LIA223	D202 回流液管液位	PID	2000	mm

5.4.4 操作规程

5.4.4.1 冷态开车

(1) 种子粉料加入 D203

① 打开 D203 种子料粉加入阀 POP2011，料位 10% 后，关闭阀 POP2011；

丙烯聚合工段操作（1）
扫描二维码观看视频

② 开高压氮气阀 POP2012 充压，当 D203 充压至 0.5MPa，关氮气阀 POP2012；

③ 现场打开 D203 气相至 E203 手阀，开 POP2043、POP2044；

④ DCS 开 D203 气相至 E203 手阀，开 HC231，放空至 0.05MPa 后，关 HC231；

⑤ 总控启动 D203 搅拌。

(2) 气态丙烯进 D200 置换

① 现场启动气态丙烯进料阀 POP2010；

② 开 FIC201 阀将丙烯引入 D200，D200 压力达 0.5MPa 后，关 FIC201；

③ 开 D200 现场火炬阀 POP2003，AOA2007 进行放空，放空至 0.05MPa 后，关闭 AOA2007、POP2003。

(3) D201 置换

① 开 FIC211 阀，将气态丙烯引入 D201；

② 开 D201 塔顶流量阀 FIC212，对 D201 系统进行置换；

③ 开 D201 塔顶温度阀 TIC211，引入气态丙烯，对 E201 进行置换；

④ 开 C201A 入口阀 POP2036；

⑤ 开 C201A 出口阀 POP2035；

⑥ 启动 C201A，打开 C201A 调节转速；

⑦ 当 PIA211 达 0.5MPa 时，关 FIC211 阀；

⑧ 停 D201 风机 C201A；

⑨ 开 HIC211 阀放空；

⑩ 放至 0.05MPa，关 HC211；

⑪ 关闭 TV211 阀；

⑫ 关 C201A 出口阀 POP2035；

⑬ 关 C201A 入口阀 POP2036。

(4) D202 置换

① 开 FIC221 阀，将气态丙烯引入 D202；

丙烯聚合工段操作（2）
扫描二维码观看视频

② 开 FV222 阀，引入气态丙烯，对 D202 系统进行置换；

③ 开 TV221 阀，引入气态丙烯，对 E202 系统进行置换；

④ 开 C202 入口阀 POP2042；

⑤ 开 C202 出口阀 POP2041；

⑥ 启动压缩机 C202，调整转速；

⑦ 当 PIAS221 达 0.5MPa 时，关 FIC221；

⑧ 停压缩机 C202；

⑨ 关闭 C202 出口阀 POP2041；

⑩ 关闭 C202 入口阀 POP2042；

⑪ 开 HC221 阀放空；

⑫ 放至 0.05MPa，关闭 HC221 阀；

⑬ 关闭 TV221 阀。

(5) D203 置换

① 现场开 D007 引气相丙烯阀 AOA2013；

② 充压至 0.5MPa 后，关 AOA2013；

③ 开 HC231 阀，放空；

④ 放空至 PIC231 为 0.05MPa 后，关 HC231。

(6) D200 升压

① 开 FIC201，D200 升压；

② PI201 指示为 0.7MPa 后，关 FIC201。

(7) D201 升压

① 开 FIC211 引气相丙烯；

② PIA211 指示为 0.7MPa 后，关 FIC211。

(8) D202 升压

① 开 FIC221 引气相丙烯；

② PIAS221 指示为 0.7MPa 后，关 FIC221。

(9) 向 D200 加液态丙烯

① 关气相丙烯进料阀 POP2010；

② 开液态丙烯进料阀 POP2009；

③ 开 E200BWR 循环冷却水阀门 POP2101；

④ 开 D200 夹套 BW 入口阀 POP2102；

⑤ 开 FIC201，引液态丙烯入 D200；

⑥ 启动 D200 搅拌；

⑦ 当 PI201 指示为 3.0MPa 时，开现场釜底阀 POP2119。

(10) 向 D201 加液态丙烯

① 开 FIC211，向 D201 进液态丙烯；

② 启动 D201 搅拌；

③ 现场开 E201 循环冷却水 CWR 阀门 POP2106；

④ 开 LICA211A 一条线前后手阀 POP2134、POP2122；

⑤ 开 C201A 入口阀 POP2036；

⑥ 开 C201A 出口阀 POP2035；

⑦ 开压缩机 C201A，调整转速；

⑧ 开启聚合釜 D201 的夹套循环水泵 P211；

⑨ 调节 FIC212 为 45m³/h；

⑩ 开 MS 阀，釜底 TIC212 升温（阀门开度＞50％）；

⑪ 调节 TIC211，控制釜温为 70℃左右；

⑫ 调节控制器 LICA211，控制聚合釜 D201 液位为 45％左右。

(11) 向 D202 加液相丙烯

① 开 FIC221，向 D202 进液相丙烯；

丙烯聚合工段操作（3）
扫描二维码观看视频

② 打开 D201 液相出料阀控制器 LICA211，向 D202 进液相物料；

③ 启动 D202 搅拌；

④ 现场开 E202CWR 循环冷却水阀 POP2133；

⑤ 现场开 E207CWR 循环冷却水阀 POP2113；

⑥ 开 LICA221A 一条线前后阀 POP2127、POP2128；

⑦ 开 C202 入口阀 POP2042；

⑧ 开 C202 出口阀 POP2041；

⑨ 启动压缩机 C202，调节转速；

⑩ 调节 FIC222 为 40m³/h；

⑪ 启动聚合釜 D202 循环水泵 P212；

⑫ 开 MS 阀，釜底 TIC222 升温；

⑬ 调节 TIC221，控制釜温为 67℃左右；

⑭ 调节控制器 LICA221，控制聚合釜 D202 液位为 45％左右。

(12) 向 D203 加液态丙烯

① 打开 D202 聚合釜控制器 LICA221，向 D203 进液相丙烯；

② 开 E203CWR 循环冷却水出口阀 POP2114；

③ 开 E203CWR 循环冷却水进口阀 POP2115；

④ 启动反应釜夹套循环水泵 P213；

⑤ 开 MS 阀，釜底 TRC233 升温；

⑥ 调整 TRC231，控制釜温为 80℃；

⑦ 启动 P203A。

(13) 加氢

打开 FIC213，加氢至 D201。

(14) 向系统加催化剂

① 现场打开阀门 AOA2004，调节 C-Cat 进预聚合反应釜 D200 的量；

② 打开聚合釜 D201 的阻聚剂 CO 的现场阀 POP2083；

③ 打开聚合釜 D202 的阻聚剂 CO 的现场阀 POP2084；

④ 现场打开阀门 AOA2003，调节 B-Cat 进预聚合反应釜 D200 的量；

⑤ 现场打开阀门 AOA2002，调节 A-Cat 进预聚合反应釜 D200 的量。

5.4.4.2　正常操作

丙烯聚合工段正常工况操作参数见表 5-20。

5.4.4.3　正常停车

(1) 切除联锁

① 将全面停车联锁切到 BP（By Pass）位置，切除联锁；

② 将 D201 搅拌停联锁切到 BP（By Pass）位置，切除联锁；

③ 将 D202 搅拌停联锁切到 BP（By Pass）位置，切除联锁；

④ 将 D203 搅拌停联锁切到 BP（By Pass）位置，切除联锁；

⑤ 将 PIAS211 联锁切到 BP（By Pass）位置，切除联锁；

⑥ 将 PIAS221 联锁切到 BP（By Pass）位置，切除联锁；

⑦ 将 D202 停引发 D201 联锁切到 BP（By Pass）位置，切除联锁。

表 5-20 丙烯聚合工段正常工况操作参数

项目名称	仪表位号	标准设定值	项目名称	仪表位号	标准设定值
D200 压力	PI201	3.1/3.7MPa(G)	D202 液位	LI222	1848mm
进 D200 丙烯总流量	FIC201	450kg/h	D202 回流液管液位	LIA223	2000mm
D201 压力	PIA211	3.0/3.6MPa(G)	D202 气相温度	TR220	
进 D201 丙烯流量	FIC211	2050kg/h	D202 液相温度	TIC221	67℃
进 D201 循环气流量	FIC212	45m³/h	P212 出口温度	TIC222	
D201 液位	LICA211	45%	D202 气相压力	HC221	
D201 液位	LI212	1848mm	D202 气相色谱	ARC221	0.24%~9.4%
D201 回流液管液位	LIA213	2000mm	D202 加 CO	XV222A/B/C	
D201 气相温度	TR210	70℃	D203 压力	PIC231	2.8MPa(G)
D201 液相温度	TIC211	70℃	P203A/B 出口流量	FIC233	15m³/h
P211 出口温度	TIC212		D203 料位	LICA231A	900mm
D201 气相压力	HC211		D203 料位	LIA231B	900mm
D201 气相色谱	ARC211	0.24%~9.4%	D203 温度	TRC231	80℃
D201 加 CO	XV212A/B/C		D203 温度	TR232A/B/C	80℃
D201 压力	PIA221	3.0/3.6MPa(G)	P213 出口温度	TIC233	
进 D202 丙烯流量	FIC221		D203 压力	HC231	
进 D202 循环气流量	FIC222	40m³/h	D203 加 CO	XV232A/B/C	
D202 液位	LICA221	45%			

(2) 停催化剂进料

① 关闭催化剂 A 进料阀 AOA2002，停催化剂 A；

② 关闭催化剂 B 进料阀 AOA2003，停催化剂 B；

③ 关闭催化剂 C 进料阀 AOA2004，停催化剂 C；

④ 关 D201 氢气进料 FIC213，停止氢进入 D201；

⑤ 关 D201 氢气进料 AOA2040，停止氢进入 D201。

(3) 维持三釜的平稳操作

① 将 D201 夹套温度 TIC212 投手动；

② D201 夹套 CW 切换至 MS；

③ 控制 D201 温度在 65~70℃；

④ 将 D202 夹套温度 TIC222 投手动；

⑤ D202 夹套 CW 切换至 MS；

⑥ 控制 D202 温度在 60~64℃；

⑦ 将 D203 夹套温度 TIC233 投手动；

⑧ D203 夹套 CW 切换至 MS；

⑨ 控制 D203 温度在 80℃左右。

(4) D201，D202 排料

① 关闭 D200 丙烯进料 FV201、D201 丙烯进料 FV211、D202 丙烯进料 FV221；

② 关闭 POP2101，停 E200 冷冻水，关闭 POP2102，停 D200 冷冻水；

③ D200 停搅拌；

④ 将 D201 液位控制 LICA211 投手动；

⑤ 全开 LICA211，从 D201 向 D202 卸料，当 D201 倒空后，关闭 LICA211，停止 D201 出料，停 D201 搅拌；

⑥ 停 C201；

⑦ 关闭 POP2106，停 E206 冷却水；

⑧ 将 D202 液位控制 LICA221 投手动；

⑨ 全开 LICA221，从 D202 向 D203 卸料，当 D202 倒空后，关闭 LICA221，停止 D202 出料，停 D202 搅拌；

⑩ 停 C202；

⑪ 关闭 POP2113，停 E207 冷却水，关闭 POP2133，停 E202 冷却水；

⑫ 降低 LICA231A 排放周期，加速 D203 卸料；

⑬ 当 D203 倒空后，关闭 LICA231A，停 P203A；

⑭ 关闭 POP2114，停 E203 冷却水，关闭 POP2115，停 E208 冷却水；

⑮ 停 D203 搅拌；

⑯ 将 D202 尾气组分 ARC221 投手动，关闭 AV221；

⑰ 将 D203 压力控制 PIC231 投手动，关闭 PV231。

(5) 放空

① 开 D200 放空阀 AOA2007、POP2003；

② 开 D201 放空阀 AOA2008、POP2005，将 D201 放空阀 HV211 设为＞10％开度；

③ 开 D202 放空阀 AOA2009、POP2007，将 D202 放空阀 HV221 设为＞10％开度；

④ 开 D203 放空阀 AOA2010、POP2008，将 D203 放空阀 HV231 设为＞10％开度。

5.4.4.4 事故处理

(1) 事故及处理方法

离心泵操作主要事故及处理方法见表 5-21。

表 5-21　离心泵操作主要事故及处理方法

序号	事故名称	事故现象	处理方法
1	停电	停电	紧急停车
2	停水	冷却水停	紧急停车
3	停蒸汽	蒸汽停	紧急停车
4	IA 停	仪表风停止供应，必须紧急停车，全系统联锁停车	紧急停车
5	原料中断	原料中断	紧急停车
6	氮气中断	造成干燥闪蒸单元不能正常操作	①关闭 LICA231 阀，停止向干燥系统放料 ②D201 隔离进行自循环 ③D202 隔离进行自循环 ④D203 隔离进行自循环
7	低压密封油中断	P812A/B 停泵，出口压力下降大，各个用户压力表和流量表指示下降	紧急停车
8	高低密封油中断	原料中断	紧急停车
9	A-Cat 不上量	A 催化剂加入量不足	①减小 FIC201 的进料量 ②维持 D201 温度、压力控制

序号	事故名称	事故现象	处理方法
10	聚合反应异常	聚合反应异常	①调整 A-Cat 的转动周期,减小 A 催化剂量 ②适当增加 FIC201 的流量
11	D201 的温度压力突然升高	D201 的温度压力突然升高	①提高 TIC212 的 CW 阀开度,减少蒸汽 ②提高 FIC201 进料量
12	D203 的温度压力突然升高	D203 的温度压力突然升高	①关闭 TRC231 前后手阀 ②开副线阀调整流量
13	浆液管线不下料	浆液管线不下料	①增大 TIC212 蒸汽量,提高夹套水温 ②D202 向 T302 泄压 ③最终调节 D201 与 D202 压差为 0.2MPa
14	D201 液封突然消失	D201 液封消失	紧急停车
15	D201 搅拌停止	D201 搅拌停止	紧急停车
16	D201～D202 间管线堵塞	管线堵塞	①现场开另一条 D201 至 D202 浆液调节阀前后手阀 ②开 D201 至 D203 浆液调节阀前后手阀

(2) 紧急停车步骤

① 联锁旁路(打开 PT211);
② 现场 CO 截止阀关闭;
③ 控制 D201 温度在 65℃;
④ 控制 D202 温度在 60℃;
⑤ 保持 D201、D202 的压差;
⑥ 关闭 FIC201、FIC211;
⑦ 停 E200、D200 夹套冷冻水;
⑧ 当 D201 排净后,关闭 LICA211;
⑨ 停 C201、E201,开 HC211;
⑩ 排净 D202 后,关闭 LIC221;
⑪ 停 C202、E203、E207,开 HC221;
⑫ 当 D203 料位排完后,停止排料;
⑬ 停 P203、E203、E208;
⑭ 开 D203 放空阀 HC231。

(3) 自动保护系统

① 当 D201 压力 PIAS211 超过 4.0MPa 时发出联锁信号,HC211 阀门自动打开。

② 当 D202 压力 PIAS221 超过 4.0MPa 时发出联锁信号,HC221 阀门自动打开。

③ 当 D201 因搅拌停止,压力和温度不正常升高或接收到 D202 停车信号及全面停车信号时,发出联锁信号,相应阀门开始动作:FIC201 阀门关,ARC211 阀门关,XV212A/B 阀门开,XV212C 关,TIC212B 关,TIC212A 开,LIC211 阀门关。

④ 当 D202 因搅拌停止,压力和温度不正常升高或接收到 D203 停车信号及全面停车信号时,发出联锁信号,相应阀门开始动作:XV222A/B 阀门开,XV222C 阀门关、FIC221 阀门关、ARC221 阀门关、TIC222B(MS)阀门关,TIC222A(CW)阀门开,LIC221 阀门关,同时 D201 系统停车,FIC201、FIC211、ARC211、TIC212B、LIC211 阀门关,TIC212A 阀门开。

⑤ 当 D203 因搅拌停止,压力和温度不正常升高或接收到全面停车信号时,发出联锁信号,相应阀门开始动作:HC231 阀门开,LIC231、PIC231 阀门关,C301 停,XV232A/B 阀门开,XV232C、TIC233B 阀门关,TIC233 阀门开,同时 D201、D202 系统停车。

思考题

1. 查阅资料,了解水煤浆气化的代表性技术都有哪些?各有何特点?

2. 水煤浆气化技术相比其他煤气化技术的优点和缺点？

3. 水煤浆气化对煤质有何要求？

4. 德士古水煤浆气化工艺主要包括哪些工段？各工段的主要任务是什么？各工段核心设备的工作原理？

5. 了解不同气化技术所使用的烧嘴结构的异同？

6. 合成甲醇原料气的有效成分是什么？

7. 甲醇合成反应的特点有哪些？

8. 合成工段的主要控制点有哪些？

9. 使用的催化剂（触媒）组成是什么？

10. 合成汽包安全阀起动值为多少？

11. 甲醇装置有哪些易爆物质？

12. CO_2 对合成甲醇有哪些有利影响？

13. CO_2 的存在对合成反应有哪些不利影响？

14. 测量值和设定值的偏差在什么情况下投自动比较适宜？

15. 合成塔最佳温度一般控制在多少（℃）？

16. 循环气中的惰性气体有哪些成分？

17. 循环气中 CO_2 含量一般控制在多少？

18. 四塔精馏工艺与三塔精馏工艺相比，最显著的优点是什么？

19. 四塔精馏工艺中预塔的作用是什么？

20. 预精馏塔中加碱液的作用是什么？

21. 四塔精馏工艺是如何实现热量的合理高效利用的？

22. 分析"事故处理"中典型事故发生的原因以及避免事故发生的主要方法？

23. 简述丙烯聚合反应部分的工艺流程。

24. 丙烯聚合反应进行快慢与哪些因素有关？

25. 丙烯聚合反应进行过程中如果停止搅拌会出现什么情况？

26. 影响丙烯聚合反应产品质量的主要因素有哪些？

参 考 文 献

［1］ 东方仿真科技（北京）有限公司. 通用产品软件使用手册，2017.

［2］ 日本横河公司. CS3000-DCS 系统操作手册.

［3］ 徐宏等. 化工仿真操作实训. 第 2 版. 北京：化学工业出版社，2016.

［4］ 吴重光. 化工仿真实习指南. 第 3 版. 北京：化学工业出版社，2012.

［5］ 陈群. 化工仿真操作实训. 第 2 版. 北京：化学工业出版社，2013.

［6］ 杨百梅等. 化工仿真实训与指导. 北京：化学工业出版社，2016.

［7］ 赵刚. 化工仿真实训指导. 第 3 版. 北京：化学工业出版社，2013.